中国科学院教材建设专家委员会规划教材

全国高等医药院校规划教材

案例版™

供临床、预防、基础、口腔、麻醉、影像、药学、检验、护理、法医等专业使用

医学细胞生物学

第 2 版

主　编　蔡绍京　霍正浩

副 主 编　单长民　肖桂芝　魏文科　夏米西努尔·伊力克
　　　　　朱志强　朱金玲　侯 威　沈 滟　陈立梅　姚瑞芹

编　　委　（以姓氏笔画为序）

马　朋	滨洲医学院	陈立梅	北华大学
王尔孚	北华大学	单长民	滨州医学院
冯立新	承德医学院	钟慧军	宁夏医科大学
朱志强	沈阳医学院	侯　威	辽宁医学院
朱金玲	佳木斯大学	姚瑞芹	徐州医学院
杨　琳	大理学院	夏米西努尔·伊力克	新疆医科大学
肖桂芝	承德医学院	高　兵	沈阳医学院
沈　滟	河南科技大学	蔡绍京	徐州医学院
沈国民	河南科技大学	霍正浩	宁夏医科大学
陆　宏	宁夏医科大学	魏文科	湖北民族学院
张玉萍	佳木斯大学		

科学出版社

北　京

郑　重　声　明

　　为顺应教育部教学改革潮流和改进现有的教学模式,适应目前高等医学院校的教育现状,提高医学教学质量,培养具有创新精神和创新能力的医学人才,科学出版社在充分调研的基础上,引进国外先进的教学模式,独创案例与教学内容相结合的编写形式,组织编写了国内首套引领医学教育发展趋势的案例版教材。案例教学在医学教育中,是培养高素质、创新型和实用型医学人才的有效途径。

　　案例版教材版权所有,其内容和引用案例的编写模式受法律保护,一切抄袭、模仿和盗版等侵权行为及不正当竞争行为,将被追究法律责任。

图书在版编目(CIP)数据

医学细胞生物学:案例版 / 蔡绍京,霍正浩主编 . —2 版 . —北京:科学出版社,2012.1

中国科学院教材建设专家委员会规划教材·全国高等医药院校规划教材
ISBN 978-7-03-033083-3

Ⅰ. 医… 　Ⅱ.①蔡… ②霍… 　Ⅲ. 人体细胞学:细胞生物学-医学院校-教材 　Ⅳ. R329.2

中国版本图书馆 CIP 数据核字(2011)第 269044 号

责任编辑:胡冶国 / 责任校对:钟　洋
责任印制:赵　博 / 封面设计:范璧合

科 学 出 版 社 出版
北京东黄城根北街 16 号
邮政编码:100717
http://www.sciencep.com

北京世汉凌云印刷有限公司 　印刷
科学出版社发行　各地新华书店经销
*

2007 年 8 月第 一 版　　开本:850×1168　1/16
2012 年 1 月第 二 版　　印张:12
2019 年 8 月第十四次印刷　字数:413 000

定价:39.80 元
(如有印装质量问题,我社负责调换)

第2版前言

细胞是生物体最基本的结构单位;细胞生物学是生命科学的重要分支学科,是研究细胞基本生命活动规律的科学,与医学科学密切相关。20世纪细胞生物学和分子生物学的发展,使医学研究深入到分子水平。医学细胞生物学的理论、技术和方法,在研究人体结构、功能和生命活动规律,探讨疾病发生发展机制中发挥着重要作用,在疾病诊断和治疗中也得到了越来越多的应用。因此,医学细胞生物学是基础医学和临床医学的重要基础。

《医学细胞生物学》(案例版)2007年出版,至今已4年。为反映生命科学的最新研究进展,适应医学教育发展的需要,在科学出版社指导下,2010年底,本书启动了第2版的修订工作。

2011年1月,在徐州医学院召开了第2版编委会议。与会者根据4年来的教学实践及师生的反馈意见,对第1版教材进行了分析、讨论,大家认为:第1版教材的框架及内容安排基本合理;案例的设置激发了学生的学习兴趣,对培养学生分析问题、解决问题能力和自学能力起到了促进作用。当然,教材也存在一些不足之处,如:内容稍显单薄,某些案例、视窗的设置不尽合理,插图质量有待提高等。为了保证编写工作的连续性及教材质量,第2版编写时,原则上,原参编单位编写任务不变,少数院校的编写内容作了调整。

2011年4月,各位编者完成初稿并发给其他编者审阅、征求意见;6月,在大理学院召开了审稿会,各位编者根据审稿会的意见又对书稿进行了认真修改;最后由主编统稿。

除增加"细胞工程"一章外,第2版基本保持了第1版的基本框架结构。与第1版相比,第2版显著改进的方面包括:①增加了近年来细胞生物学研究领域的最新研究进展,内容更充实,能满足学生毕业后执业医师资格考试及硕士研究生入学考试的需求。②案例设计紧扣内容的知识点,案例分析更具条理性和启发性;视窗的内容简明易懂,有助于拓宽学生的视野。③插图的数量增加,图的质量显著提高:除电镜照片外,全部插图均为彩图。④依据全国科学技术名词审定委员会公布的《细胞生物学名词》(第2版,2009),对名词(包括英文)及名词释义进行了修改。⑤语言、文字更加通顺、流畅,更具可读性。

参加第2版编写工作的院校,除第1版参加的北华大学、河南科技大学、新疆医科大学、滨州医学院、宁夏医科大学和徐州医学院6所院校外,还有新加入的沈阳医学院、辽宁医学院、长治医学院、承德医学院、武警后勤学院、湖北民族学院、大理学院、扬州大学及佳木斯大学9所院校。各位编者在教学、科研工作十分繁忙的情况下,为本书的编写牺牲了大量休息时间,对编写工作精益求精、一丝不苟、数易其稿,体现了对学生的高度负责的精神。

本书的编写得到徐州医学院和大理学院领导的支持和帮助,为编委会议和审稿会的召开做出了贡献,在此深表谢意;同时,还要感谢第1版主编王尔孚教授及没有参加第2版编写工作的第1版编者潘克俭、卫荣华、阮绪芝、张晓、周勇等,他们的辛勤努力为第2版的编写奠定了基础。

本书编写过程中,各位编者参阅了国内外众多作者的相关书籍和文献(附书末),并选用了部分插图,特向这些作者致谢。

虽然各位编者做出了很大努力,但由于专业水平及写作能力所限,书中难免存在缺点及错误,真诚期望同行专家、使用本教材院校的师生及其他读者提出批评意见,以便再版时修正。

蔡绍京　霍正浩

2011年10月

第1版前言

细胞生物学是生命科学领域的前沿学科,也是医学的重要基础学科。在21世纪生命科学和医学快速发展的今天,为使医学生能够在有限的时间内掌握细胞生物学的基础理论和基础知识,同时也为适应五年制医学院校教学改革和教学实践,加强基础理论与医学实践联系的需求,我们尝试编写了这本案例版《医学细胞生物学》教材。

本教材共分13章,内容上注重细胞生物学的基础知识与基本技能,对近年来细胞生物学的热点问题及进展内容也有适量介绍。本教材注重实用性,能满足五年制医学院校各专业细胞生物学教学要求。

本教材由北华大学、徐州医学院、宁夏医学院、河南科技大学、新疆医科大学、滨州医学院、成都医学院、郧阳医学院等8所院校14位教师编写完成。

在了解各院校教学实际的基础上,我们对与其他学科有较多重复的内容做了必要的删减。例如,在细胞核一章,将基因的转录、翻译及其调控的过程做了删减。这样更有利于把细胞生物学的最基本内容阐述清楚。

本教材的编写得到了河南科技大学医学院、宁夏医学院领导及生物学教研室全体同仁的支持、帮助,特此表示感谢。

编写案例版教材是一种新的尝试,受专业水平和编写能力的限制,加之时间仓促,难免存在错误或不当之处,望同行及使用本教材的师生给予批评指正,以便再版时修正、完善。

主　编
2007 年 6 月

目　录

第一章　绪　论

第一节　细胞与细胞生物学

自然界中存在着成千上万种千姿百态的生物，小至细菌，大到花草树木、鸟兽鱼虫，直至人类，用肉眼观察很难找出它们结构上的共同之处，但在显微镜下，它们的基本结构相同，都由细胞构成。细胞（cell）是生物体结构和功能的基本单位，要认识生物生命活动的规律，必须从"细胞"入手。

1665年，英国科学家Robert Hooke发现细胞，至今已有300多年的历史。在光学显微镜水平，研究细胞的化学组成、形态结构及功能的学科，称为细胞学（cytology）。随着科学的发展，人们对细胞的研究逐渐深入，已远远超出了光学显微镜可见的形态结构，也不再局限于对细胞功能变化的简单描述。传统的细胞学逐渐发展成为现代的细胞生物学（cell biology）。细胞生物学对细胞的研究，已从细胞的整体和显微水平深入到亚显微和分子水平，将多个层次有机结合，以动态观点考察细胞的结构和功能，探索细胞的基本生命活动，包括细胞的代谢、繁殖、生长、发育、遗传和变异、分化、运动以及衰老和死亡等生命现象。细胞生物学已不再孤立地研究某个细胞、细胞器、生物大分子或某个生命活动的现象，而是研究细胞的变化发展过程、细胞之间的相互关系以及细胞与环境之间的相互关系。简言之，细胞生物学是应用现代物理、化学技术和分子生物学方法，从细胞整体、显微、亚显微和分子等水平上研究细胞结构、功能及生命活动规律的学科。细胞生物学的研究内容包括：质膜、细胞质和细胞核的结构、功能及其相互关系，细胞总体和动态的功能活动（细胞生长、分裂、发育分化、遗传变异等）以及这些相互关系和功能活动的分子基础。

细胞生物学的兴起与分子生物学的发展密不可分，分子生物学（molecular biology）的研究成果对细胞生物学的发展有重大影响。近50多年来，分子生物学研究领域的重大进展，如DNA双螺旋结构模型的提出、基因序列分析、DNA重组技术和酶分子活性基团的定位等都推动细胞生物学向更深层次迅速发展。细胞生物学介于分子生物学和个体生物学之间，与分子生物学和个体生物学相互衔接、相互渗透。因此，细胞生物学是一门承上启下的学科。细胞生物学与分子生物学一样，都是生命科学的重要支柱和核心学科，也是21世纪生命科学前沿活跃的具有良好发展前景和辐射力的学科。

医学细胞生物学（medical cell biology）是应用细胞生物学的理论和方法，研究人体细胞的形态结构与功能等生命活动规律和人类疾病发生、发展及其防治的科学。因此，本书在介绍细胞生物学基础知识的同时，还将讨论细胞病变与人类疾病发生的关系、疾病发生的细胞生物学基础，应用细胞生物学的方法，诊断、治疗疾病的前景等。

第二节　细胞生物学的发展

科学的发展依赖于研究技术的进步，细胞生物学的形成和发展与显微技术和实验技术的进步密不可分，其发展历程包括5个阶段。

一、细胞生物学的萌芽

细胞的发现与显微镜的发明是分不开的。1590年，荷兰眼镜制造商Z. Janssen兄弟试制出第一台复式显微镜；1665年，英国科学家Robert Hooke制造了第一台对科学研究有价值的显微镜，用其对软木及其他植物组织薄片观察时，发现了许多蜂窝状的小室，当时将这种小室称为cell（cell，由拉丁文cellulae演变而来）。实际上，他所见到的仅仅是植物死细胞纤维质的细胞壁。

真正观察到活细胞的是荷兰科学家Anton van Leeuwenhoek（图1-1），他相继于1673年和1677年，使用能放大300倍的显微镜观察到了原生动物纤毛虫、细菌和哺乳动物的精子，1674年观察到了鲑鱼红细胞及其细胞核。同一时期，意大利的Malpighi与英国的Grew注意到了植物细胞的细胞壁与细胞质的区别。

A.van Leeuwenhoek

图1-1　细胞的发现者

1

视窗 1-1

自学成才的光辉典范——Leeuwenhoek

Leeuwenhoek(1632—1723)只上过中学,当过布商的学徒工,靠卖衣布和纽扣为生,直到1671年(39岁)才开始科学研究。他当初磨制透镜的目的是为了检测布匹的质量。他一生亲手磨制了550个透镜,组装了247架显微镜。据对他所磨制的至今仍收藏在荷兰乌德勒支博物馆的显微镜检测,其放大倍数为270倍、分辨率为2.7μm;而根据他当初的记录分析判断,他使用过的显微镜的放大倍数应为500倍、分辨率为1.0μm,这样高的水平,在当时是十分惊人的。

在40多年的科学生涯中,他观察了大量动植物的活细胞,看到了鲑鱼的细胞核,在牙垢中发现了细菌,并且对一些细胞的大小也进行了测量,他测得的红细胞直径7.2μm、细菌直径3μm,与现代测量的数值十分相近。因此,Leeuwenhoek作为细胞的发现者,当之无愧。鉴于在生物学上的卓越贡献,Leeuwenhoek于1680年当选为英国皇家学会外籍会员;1699年获得巴黎科学院通讯院士荣誉称号。Leeuwenhoek一生刻苦奋斗,孜孜以求,由一个布店学徒工成长为出类拔萃的学者,为后人树立了自学成才的光辉典范。

从显微镜发明到19世纪初的200多年中,由于显微技术未得到根本改进,故细胞的研究没有突破性进展,这一时期可以认为是细胞生物学的萌芽阶段。

二、细胞学说的建立

19世纪初到中叶,德国植物学家 M. J Schleiden(1838)和动物学家 T. Schwann(1839),根据前人的研究成果,结合自己的工作,总结并提出了著名的"细胞学说"(cell theory),即"一切生物,从单细胞生物到高等动物和植物都是由细胞组成的;细胞是生物形态结构和功能活动的基本单位"(图1-2)。

M.J Schleiden

T. Schwann

图1-2　细胞学说的建立者

1858年,德国细胞病理学家 R. Virchow 提出"一切细胞只能来自原来的细胞"的观点,并把细胞理论应用于病理学研究,说明"机体的一切病理表现都基于细胞的损伤",他的这些观点是对细胞学说的重要补充。

细胞学说的要点是:①所有生物体都是由细胞组成的,细胞是组成多细胞生物体的基本单位;②细胞是生物体结构与功能的单位;③细胞来源于已经存在的细胞,即由细胞分裂而来。

细胞学说阐明了生物界的统一性和共同起源,对生命科学的许多领域的研究和发展起到了积极的推动作用,奠定了现代生物学发展的重要基石。恩格斯高度评价细胞学说,将其与进化论、能量守恒定律共同列为19世纪自然科学的三大发现。

三、经典细胞学阶段

细胞学说的创立,有力推动了细胞的研究,并逐渐形成了一门新的学科——细胞学。19世纪中叶到20世纪初期,可以认为是经典细胞学阶段。这一时期,细胞学研究的主要成果是提出了原生质学说,发现了受精和细胞分裂现象,观察到了细胞中的一些细胞器等。

根据原生质学说(1861,Max Schultze;1880,Hanstein),细胞是由质膜(plasma membrane)包围的一团原生质(protoplasm),包括细胞核内的核质(karyoplasm)和核外的细胞质(cytoplasm)。在细胞分裂研究中,先后发现了无丝分裂(amitosis)(1841,Remark)、有丝分裂(mitosis)(1880,W. Flemming)和减数分裂(meiosis)(1883,van Beneden;1886,E. Strasburger)现象。在细胞质研究方面,随着显微镜分辨力的提高,石蜡切片方法、保存细胞结构的固定液和染色技术的应用,细胞内几种重要细胞器,即中心体(centrosome)、线粒体(mitochondrion)和高尔基体(Golgi body)等相继被发现,人们对细胞结构的认识达到了新的水平。

四、实验细胞学阶段

从20世纪初期到中叶,细胞的研究逐渐从形态学观察深入到对细胞化学成分、生理功能以及细胞与胚胎发育和遗传关系的研究,研究方法也从单纯使用显微镜发展到采用多种实验手段。因此,这一时期被称为实验细胞学时期。不同实验技术和方法的应用,以及与相邻学科的密切结合、相互渗透,促进了实验细胞学的分支学科相继形成。

1902年,Boveri 和 W. Sutton 把染色体的行为同孟德尔的遗传因子联系起来,提出了"染色体遗传理论";同年,W. Cannon 认为遗传因子位于染色体上,提出了"遗传的染色体学说";1909 年，W. Johannsen 把遗传因子改称为 gene（基因）；1910 年，T. Morgan 在大量实验工作的基础上，建立了"基因学说"。由此，细胞学和遗传学的结合形成了细胞遗传学（cytogenetics）。

1909 年，R. Harrison 建立了组织培养技术，直接观察和分析细胞的形态和生理活动；1943 年，A. Claude 应用高速离心法从活细胞中分离出细胞核和多种细胞器，如线粒体、叶绿体和微粒体（内质网的碎片），然后再进一步研究它们的生理功能、化学组成和各种酶类在细胞器中的定位等。这样，细胞学与生理学融合形成了细胞生理学（cytophysiology）。

1921 年，R. Feulgen 首创测定细胞核内 DNA 的 Feulgen 染色法；1940 年，J. Brachet 建立了应用甲基绿、派洛宁检测细胞中 RNA 的 Unna 染色技术；与此同时，Casperson 采用紫外显微分光光度法检测细胞中的 DNA 含量。这些对细胞内大分子的分布、定性及定量的实验研究称为细胞化学（cytochemistry）。

实验细胞学的进展极大丰富了细胞学内容，也为细胞生物学的形成奠定了基础。

五、细胞生物学的形成

受分辨率和放大倍数的限制，无法应用光学显微镜对细胞进行更深入的研究。20 世纪 30 年代电子显微镜的诞生及 20 世纪 50 年代分子生物学的兴起，使细胞的研究深入到亚显微水平和分子水平。

自 20 世纪 50 年代开始，人们应用电子显微镜观察到了细胞的各种超微结构，包括质膜、内质网、叶绿体、高尔基体、溶酶体、线粒体、核糖体等；20 世纪 70 年代的超高压电子显微镜的出现，使人们观察到了细胞质、细胞核中网状分布的细胞骨架；20 世纪 80 年代扫描隧道显微镜和原子力显微镜的发明，使细胞的结构研究深入到大分子层次——可研究 DNA 和蛋白质等生物大分子的立体结构。

这一时期，在分子水平研究细胞的形态结构和生理功能，揭示细胞生命活动机制，取得了许多成就，形成了分子生物学。例如，1953 年，J. Watson 和 F. Crick 提出 DNA 双螺旋结构模型；1958 年，M. Meselson 和 F. Stahl 提出遗传信息的流向是 DNA →RNA→蛋白质；1955 年，G. Grick 提出三联体密码假说；1961 年，M. Nirenberg 和 Mathaei 根据核糖核酸实验确定了每一种氨基酸的"密码"。这些研究成果及后来建立的 DNA 重组技术（1968，P. Berg）、DNA 序列分析技术（1975，F. Sanger 和 W. Gilbert）和 PCR 技术（1986，K. Mulis 等）等分子生物学研究技术，不断渗透到细胞学各领域，使细胞的形态结构和功能研究深入到了分子水平。由此可见，从 20 世纪 60 年代开始，逐渐形成了从细胞整体、显微、亚显微

和分子等不同水平研究细胞结构、功能及生命活动规律的学科，即细胞生物学。

分子生物学以核酸和蛋白质为研究对象，细胞生物学以细胞为研究对象，细胞生物学与分子生物学有着内在的、不可分割的联系，两者之间相互渗透、相得益彰。分子水平的细胞生物学研究，聚焦于细胞生命活动与亚细胞成分生物分子变化的关系，是当代细胞生物学研究的重点，它将细胞生物学引向一个更高的阶段——分子细胞生物学（molecular cell biology）。分子细胞生物学的兴起是细胞生物学研究重点转移的反映，是现代细胞生物学的基本特征，是 21 世纪生物学的又一次革命。

第三节 细胞生物学与医学

细胞生物学与医学的关系十分密切。基础医学各学科，如组织学与胚胎学、病理学、微生物学、生理学、生物化学、分子生物学、遗传学、免疫学等，都要求从细胞水平阐明各自研究领域生命现象的机制，这些学科同细胞生物学相互渗透、相互交叉。生命科学的各分支学科的交叉汇合是 21 世纪生命科学的发展趋势，每一分支学科都要到细胞中探索生命现象的奥秘。例如，神经冲动的传导、肌肉收缩、活细胞内物质分子参与化学反应、药物与机体的作用等生理学、生物化学、药理学的研究，均需以细胞生物学理论为基础。细胞生物学的新概念、新理论、新技术已渗透到医学研究的各个领域。

人体由细胞组成，细胞既是人体正常结构和功能的基本单位，也是疾病发生的基本单位；细胞正常结构和功能损伤，必然导致细胞结构的破坏和功能的紊乱，最终导致疾病，即细胞结构和功能的异常是疾病发生的根源和基础。正如 1858 年德国病理学家 Virchow 所说，"一切病理现象都来自细胞的损伤"。细胞生物学对细胞生命活动规律及细胞病理的研究成果极大地推动了医学的发展和进步。

细胞生物学在细胞分化、细胞凋亡、癌基因等方面的研究，使人们对疾病病因、病理、及发病机制有了全新的认识；以细胞生物学的原理、方法探索疾病的病因、诊断、治疗是医学研究的重要手段。

随着细胞生物学的发展，细胞化学、免疫组化、电镜技术、原位杂交、核型分析等新的细胞生物学技术，为疾病的诊断提供了新的手段。近年来，分子细胞生物学的研究进展为疾病治疗开辟了新的途径，有力推动了细胞治疗、基因治疗、肿瘤生物治疗及组织工程等一系列新的治疗方法的发展。

细胞生物学是现代医学的基础和支柱学科，是医学教育中一门重要的基础课程。作为医学生，学习细胞生物学的基本理论，掌握细胞生物学研究的基本技能，将为学习其他基础医学和临床医学课程打下坚实

的基础。现就细胞生物学与医学的关系,举例简述如下。

一、疾病发生的细胞学基础

(一) 细胞结构改变

质膜结构改变将影响细胞的功能。磷脂是质膜的重要成分之一,肺泡细胞质膜鞘磷脂和卵磷脂比值若超过正常范围,细胞就会凹陷和破裂,导致通气障碍。膜蛋白异常可导致膜转运载体蛋白病和膜受体病。例如,胱氨酸尿症是由于患者基因突变,引起肾小管上皮细胞质膜转运胱氨酸的载体蛋白功能下降或丧失所致。患者原尿中大量胱氨酸不被重吸收,可形成胱氨酸结石。家族性高胆固醇血症是由于患者LDL受体蛋白基因缺陷,导致质膜上LDL受体先天缺失或减少所致。

溶酶体与细胞吞噬物的消化分解有关,被称为"清道夫"。进入细胞的有害物质如不能被及时清除,可导致严重后果。肝细胞受肝炎病毒、酒精、四氯化碳等有害物质作用,可致内质网肿胀,镜下的肝脏病理切片上可见到典型气球样改变。

(二) 细胞分化异常

人体由200多种细胞组成,这些细胞的结构和功能差异是细胞分化的结果。细胞分化(cell differentiation)是指在个体发育过程中,由单个受精卵(未分化细胞)产生的细胞在形态结构、生化组成和功能等方面形成明显的稳定性差异的过程。

癌细胞来自高度分化的体细胞,主要特征之一是恶性生长和无休止分裂,其在性质上又转变为类似未分化的原始细胞,失去了专一性,这种现象称为细胞的去分化(dedifferentiation)。癌细胞不仅失去了原有细胞具有的正常功能,而且还获得了未分化细胞所没有的破坏能力;它失去了细胞间接触抑制的特性,不断分裂、四处扩散;在不受控制的分裂、生长过程中,夺取机体营养、释放毒素、侵袭正常组织,最终使机体消耗殆尽、枯竭而死。如果人们对正常细胞的分化和癌细胞的去分化机制有所了解,并能在分子水平上弄清其规律,就有可能找到使癌细胞逆转为正常分化细胞的方法。因此,细胞生长、分裂和分化的研究是与肿瘤防治密切相关的重要课题。

(三) 细胞凋亡异常

机体大量细胞在一定发育时期出现的正常死亡,称为程序性细胞死亡(programmed cell death),也称为细胞凋亡(apoptosis)。细胞凋亡异常是某些疾病的病因。在T细胞、B细胞分化成熟过程中,由于免疫系统的选择作用,95%的前T细胞、前B细胞均要死亡,并且成熟的淋巴细胞寿命也只有一天。这样,

细胞死一批,再生一批,相互交替,严格有序。若这种程序性细胞死亡过程异常,细胞只生不死,就会导致淋巴细胞堆积,形成白血病;该死的细胞不死,还将导致自身免疫病。

在肿瘤研究中,人们发现,肿瘤的发生不仅与肿瘤细胞生长速度有关,而且也与肿瘤细胞死亡速度有关。研究表明,细胞凋亡异常是肿瘤发生发展的重要因素。哺乳动物的癌基因参与细胞凋亡的调控,原癌基因c-myc的过表达可致细胞凋亡,而原癌基因bcl-2的过表达,则可抑制c-myc诱导细胞凋亡的作用。抗癌基因p53在诱导细胞凋亡中也起重要作用。辐射或化疗引起淋巴细胞DNA损伤时,p53基因产物P53蛋白大量增加,同时出现细胞凋亡;进一步分析发现,淋巴细胞DNA损伤引起细胞凋亡必需P53蛋白的存在,当p53基因失活或P53蛋白被其他癌基因产物抑制时,突变细胞得以继续存活,并发展为癌细胞。这说明p53基因产物诱导细胞凋亡可提供一种防御机制,使DNA损伤的突变细胞不能存活并演变为癌细胞。

二、细胞生物学与疾病的诊治

(一) 细胞工程

细胞工程(cell engineering)是运用细胞生物学、分子生物学的方法和工程学的原理,在细胞水平,按照人的需要,对细胞的遗传性状进行人为修饰,以获得有利用价值的细胞或细胞相关产品的综合技术体系。细胞工程技术在医学研究和实验中的应用日益广泛,在许多疾病的诊断和治疗中发挥着越来越重要的作用。

1. 单克隆抗体　运用B淋巴细胞杂交瘤技术制备的单克隆抗体,简称单抗(monoclonal antibody),在细胞工程中占有重要的地位。单抗主要用作体外诊断试剂,目前已研制出几百种体外诊断试剂盒。另外,单抗作为靶向药物的载体有广阔的应用前景。单抗具有与其对应抗原特异结合的特性,如果在载体分子上连接适当的治疗用药物(弹头),那么,这种结合型的单抗就有可能将治疗药物定向传递到药物作用的靶细胞,使治疗药物直接作用于病灶局部,发挥最大的治疗作用,同时避免该药物对其他组织器官的损害。这种药物与单抗偶联制成的"抗体——药物"结合物称为靶向抗肿瘤药物,也称为"生物导弹"。

2. 肿瘤疫苗　应用细胞生物学实验技术,通过病毒将动物的正常细胞和癌细胞融合,或将癌细胞的核移植到去核的卵细胞内,发育一段时间以减轻毒性;然后再将其制成肿瘤疫苗。研究表明,肿瘤疫苗注入患有肿瘤的动物体内,具有抑癌作用。目前,这项研究引起广大学者的普遍关注,有可能成为治疗人

类肿瘤的新途径。

3. 人工细胞　人工细胞是为避免生物体的排他性及对进入机体药物的破坏作用,利用质膜的结构特点制成的具有细胞功能的微囊。人工细胞对某些疾病可起到很好的治疗作用。例如,利用微囊包封过氧化氢酶治疗小鼠遗传性过氧化氢酶缺乏症;在微囊中封入大鼠胰岛细胞移植到大鼠腹腔,治疗大鼠糖尿病;含吸附剂和解毒剂的人工细胞作用于血液,用以治疗肝性脑病,这种人工细胞也称为人工肝。

4. 其他细胞产品　通过诱导突变或转基因方法定向改变细胞的遗传组成,使之获得新的遗传性状,再通过体外细胞培养,从而使细胞产生具有治疗作用的细胞产品。例如,由重组哺乳动物细胞规模化生产的医用蛋白"组织型纤溶酶原激活剂(tPA)",作为溶血栓的药物,可用于脑卒中、心肌梗死等血栓疾病的溶栓治疗。

（二）细胞治疗

细胞治疗(cell therapy)是将体外培养的具有正常功能的细胞植入患者体内,或直接导入病变部位,以代偿病变细胞所丧失的功能。干细胞是具有多分化潜能和自我复制功能的未分化细胞,胚胎干细胞具有分化为胚胎或成体的全部组织细胞的能力,成体干细胞可分化为一种或几种子代组织细胞。将干细胞分离并使它们向特定方向分化,就可以用健康的组织细胞取代患者体内病变的组织细胞。

帕金森病是大脑黑质多巴胺分泌神经元退化引起的疾病,神经干细胞具有被诱导分化为多巴胺神经元的潜能,将体外扩增的人神经干细胞移植至帕金森病模型大鼠,能在大鼠体内分化为成熟的多巴胺神经元,并可建立突触连接,可有效改善模型大鼠的帕金森病症状。

糖尿病是机体不能分泌或分泌不足或不能有效利用胰岛素所致。2001 年,美国科学家在体外将小鼠胚胎干细胞诱导为可分泌胰岛素的细胞,将其注入糖尿病小鼠的脾脏内,24 小时后发现,小鼠体内产生了胰岛素,血糖水平也恢复正常。以色列学者证明,人胚胎干细胞也可诱导为分泌胰岛素的细胞,为糖尿病干细胞移植提供了细胞源泉,此研究成果为糖尿病患者带来了根治疾病的希望。

另外,还可诱导干细胞分化为心肌细胞修复心脏,分化为软骨细胞修复关节;移植骨髓造血干细胞治疗白血病、再生障碍性贫血等。肿瘤放疗或化疗对造血系统的损伤,也可通过骨髓移植恢复造血功能。

（三）组织工程

组织工程(tissue engineering)是通过体外构建组织器官,用于替代人体受损或缺失的组织器官的治疗方法。传统的组织工程是将组织特异的种子细胞种植在生物支架材料上,在体外培养构建组织器官。干细胞的多向分化潜能为组织工程提供了很好的种子细胞来源,特别是利用患者自身干细胞构建组织器官用于移植,可解决移植组织的免疫排斥问题。目前用上皮干细胞制备人工皮肤用作皮肤移植物、用骨髓间质干细胞等制备组织工程化骨和软骨用于修复组织缺损等已获得成功。

思　考　题

1. 细胞学与细胞生物学有何不同?
2. 细胞生物学与医学有何关系?医学生为何要学习细胞生物学?

（蔡绍京　杨　琳）

第二章 细胞生物学研究方法

动物细胞的直径大多为 $10\sim20\mu m$,相当于人眼睛的分辨率的十分之一,况且细胞内还有精细复杂的内部结构和生理活动,所以,观察并研究细胞的形态、结构、组成及其功能活动必须借助仪器设备和相关的实验方法。细胞生物学的研究内容非常广泛,涉及的研究方法也很多,本章仅简要介绍常用的技术方法。

第一节 细胞形态结构的观察方法

分辨率(resolution)是指能清楚分辨物体细微结构最小间隔的能力,即能分清相邻两个物点间最小距离的能力。人眼睛的分辨率只有 0.2mm,很难直接观察细胞及其精细、复杂的内部结构。显微镜的应用扩大了人们的视野,普通光学显微镜的分辨率为 $0.2\mu m$,最大放大倍数为 1000 倍;电子显微镜的最大分辨率为 0.2nm,放大倍数可达 150 万倍(图 2-1)。

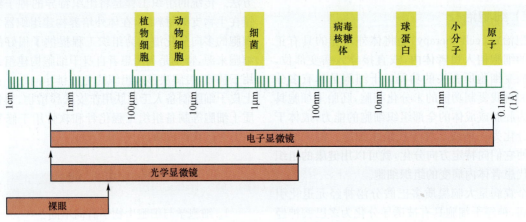

图 2-1 人眼睛和显微镜分辨率比较

一、显微结构的观察

显微结构(microscopic structure)是指在过光学显微镜所能观察到的细胞结构。光学显微镜(light microscope)是细胞生物学研究中最常用的工具,种类繁多,常用的有以下几种。

(一)普通光学显微镜

普通光学显微镜由 3 部分构成,即:①照明系统,包括光源和聚光器;②光学放大系统,由两组玻璃透镜——物镜和目镜组成,是显微镜的主体;③机械系统,用于固定标本和照明、光学放大系统的准确调控。

显微镜下观察的物像是否清晰不仅取决于放大倍数,还与显微镜的分辨率有关。分辨率的大小取决于光的波长、镜口率和介质的折射率,用公式表示为:

$$R=\frac{0.61\lambda}{n\sin\alpha}$$

其中,n 表示聚光镜和物镜之间介质的折射率,空气的 n 为 1,香柏油的 n 为 1.5;α 表示样品对物镜角孔径的半角;λ 表示照明光源的波长,可见光 λ 为 $0.5\mu m$。

一般来说,一定波长的光源不能用以探查比它本身波长短的结构细节,这是显微镜的基本限度。因此,光学显微镜的分辨限度(limit resolution)受可见光波长($0.4\sim0.7\mu m$)的限制。细菌和线粒体的长径约 $0.5\mu m$ 大小,是光学显微镜能够观察到的最小结构。光镜能观察到的细胞结构有线粒体、中心体、高尔基体、核仁等。

(二)相差显微镜

利用光的衍射和干涉现象,将透过标本的光线程度差或相位差转换成肉眼可分辨的振幅差的显微镜称为相差显微镜(phase contrast microscope)。相差显微镜能够将标本对光的衍射差异转变成明、暗差异,因此可看到普通光学显微镜难以观察的未经染色的标本及活细胞的形态结构。与普通显微镜相反,倒置相差显微镜(inverted phase contrast microscope)的光源和聚光器装在载物台下方,便于观察培养瓶中贴壁生长细胞的结构和活动;如再装配上影像设备,则可在镜下拍摄体外培养细胞的生长状态或功能活动,如细胞分裂、细胞迁移运动及细胞内部结构或组分在细胞生命活动中的动态。

（三）微分干涉相差显微镜

微分干涉相差显微镜（differential interference contrast microscope）所采用的光源是偏振光，能在很大程度上降低光噪声，相对于相差显微镜而言，其显微图像边缘没有光晕，分辨率较高，立体感强，有明显的浮雕感。因此，其图像质量明显高于相差显微镜，适合无色透明标本（如活细胞）的观察。

（四）暗视野显微镜

暗视野显微镜（dark-field microscope）也可用于观察活细胞等无色透明标本。与普通显微镜不同，暗视野显微镜使用特殊聚光器，其通光孔中央有一个圆形遮光板，能将照明光源的中央部挡住，使照明光线不能进入物镜和目镜，只允许被标本反射和衍射的光线进入物镜，使被检物体在黑暗背景下呈现明亮图像。这种特殊照明方式使标本反差增大、分辨率提高，可观察到直径为 4～200nm 的颗粒，分辨率比普通光学显微镜高 50 倍。暗视野显微镜观察的是物体的轮廓，分辨不清内部的微细构造。图 2-2 显示的是同一细胞在 4 种光学显微镜下的图像。

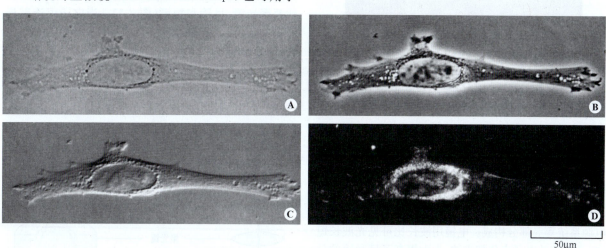

图 2-2　4 种光学显微镜下的同一细胞图像
A. 普通光学显微镜；B. 相差显微镜；C. 微分干涉相差显微镜；D. 暗视野显微镜

（五）激光扫描共聚焦显微镜

激光扫描共聚焦显微镜（laser scanning confocal microscope，LSCM）技术用激光作扫描光源，逐点、逐行、逐面快速扫描成像，扫描的激光与荧光收集共用一个物镜，物镜的焦点即扫描激光的聚焦点，也是瞬时成像的物点。由于激光束的波长较短，光束很细，所以，激光扫描共聚焦显微镜分辨率较高，大约是普通光学显微镜的 3 倍。系统 1 次调焦，图像扫描限制在样品的 1 个平面；系统多次调焦，即可获得样品不同层次的图像，即断层扫描图像。这些图像信息都储于计算机内，通过计算机处理，可显示样品的三维立体结构。

激光扫描共聚焦显微镜广泛应用于细胞生物学、生理学、病理学、解剖学、胚胎学、免疫学和神经生物学等研究领域，可用于荧光定量测量、共焦图像分析、三维图像重建、活细胞动力学参数监测和胞间通讯研究等，是当今世界最先进的细胞生物学分析仪器。

（六）荧光显微镜

荧光显微镜（fluorescence microscope）是在光镜水平对特异性蛋白质等生物大分子定性、定位研究的最常用的工具之一，其基本结构包括光源装置、滤色系统（包括激发光的滤光片和阻断滤光片）和光学系统。光源采用发光很强的高压汞灯，这种高压汞灯的光通过激发滤光片后，可以产生特定波长的激发光（如紫外光或蓝紫光）；一定波长的激发光通过标本，可激发细胞内的荧光物质，使之发出一定颜色的可观察到的荧光；再通过物镜、目镜的放大及目镜中阻断滤光片对激发光过滤，便可在显微镜下观察到细胞中荧光的存在。

生物体内有些物质受激发光（如紫外线）照射后可直接发出荧光，如黄素单核苷酸（FMN）、黄素腺嘌呤二核苷酸（FAD）、烟酰胺腺嘌呤二核苷酸（NADH）、木质素（绿色）、叶绿素（红色）等。有些物质本身不发荧光，但经荧光染料处理后，标本中对荧光染料有选择性吸收的部分受激发可发出次生荧光。常用的荧光染料包括：荧光素（免疫荧光的经典染料）、丫啶橙、罗丹明、伊红、德克萨斯红（Texas 红）、绿色荧光蛋白（GFP，用于蛋白质定性定位）、碘化丙啶（PI）、藻红蛋白（PE）、4′,6-二脒基-2-苯基吲哚（DAPI，用于显示细胞核和染色体）等。

近年来，随着分子生物学研究手段的不断发展，荧光显微技术在细胞内特定结构定位方面得到了广泛应用（图 2-3）。

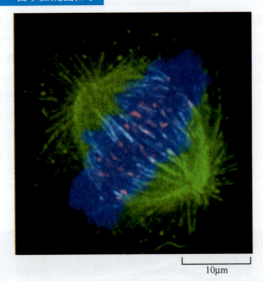

图2-3　多荧光探针显微技术显示细胞分裂
绿色荧光抗体显示纺锤体微管；红色荧光抗体显示
着丝粒；蓝色荧光抗体显示染色体DNA

二、超微结构的观察

1932年，德国学者Ruska发明了第一台电子显微镜（electron microscope）。电子显微镜简称电镜，由电子照明系统、电磁透镜成像系统、真空系统、记录系统、电源系统等5部分构成。电镜用波长比可见光波长短100 000倍的电子束代替光波，大大提高了显微镜的分辨率。电镜观察到的结构称为超微结构（ultrastructure），也称为亚显微结构（submicroscopic structure），是超出光学显微镜分辨水平的细胞结构的统称。电子显微镜的发明和应用促进了细胞生物学的发展。

> **视窗2-1**
> **20世纪的重大发明——电子显微镜**
>
> 　　1928年，德国电机工程师Ernst Ruska（1906—1988）开始研制电子显微镜，经过4年努力，世界上第一台电子显微镜在柏林工科大学高压实验室里诞生，但这台电子显微镜的放大倍数仅12倍。1934年，Ruska把电子显微镜分辨率提高到50nm后感到无能为力了。1935年，Miller等应用电子显微镜观察苍蝇的翅膀与腿，并拍出了照片，这激发了Ruska进一步研究的热情，Ruska和Borries一起设计、改进研究方案，经过3年的努力，世界上第一台高分辨率电子显微镜终于在1938年诞生了。这台电子显微镜的分辨率达到0.144～0.2nm，超出光学显微镜一千倍，这是一台真正的高分辨率电子显微镜。1986年，Ruska获得了诺贝尔物理学奖，他为人类探索微观世界做出了巨大贡献。
> 　　电子显微镜的发明与应用，为人类获得新型材料及促进现代医学的发展创造了条件，应用广

> 泛的纳米材料就是在电子显微镜应用基础上发展起来的，肝炎病毒也是通过电子显微镜观察到的。电子显微镜的发明与应用为21世纪科学技术的飞速发展奠定了基础。

（一）透射电子显微镜

1. 基本原理　透射电子显微镜（transmission electron microscope，TEM）简称透射电镜。与光镜相比，透射电镜用电子枪发射的高速电子束（电子流）代替可见光，用特殊的电极或磁极（静电透镜和磁透镜）代替聚光镜、目镜和物镜（图2-4）。当电子束透射样品时，由于样品不同部位对入射电子具有不同散射度，因而可形成不同电子密度（即浓淡差）的高度放大图像。显示在荧光屏上的放大图像可通过光学或数码照相系统记录。由于电子波的波长远短于可见光波，所以，电镜的分辨率远高于光学显微镜的分辨率，电子显微镜的放大倍数可达百万倍。透射电镜主要用于观察细胞的超微结构。

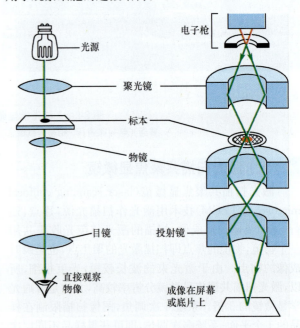

图2-4　光学显微镜与电子显微镜的光路图比较

2. 样品制备

（1）超薄切片技术：由于电子束的透射能力有限，因此，透射电镜要求样品的厚度为50nm左右，且能承受电子束的轰击，并使切片有足够的反差。这种厚度为50nm左右的切片称为超薄切片（ultrathin section），超薄切片是透射电镜对样品的最基本要求。

制作超薄切片，通常先用锇酸和戊二醛双重固定样品，以保持所观察样品的真实性；然后用丙酮逐级脱水，环氧树脂包埋，以保持所观察样品有良好的支撑；再用热膨胀或螺旋推进的方式切片，以控制切片的厚度；最后用重金属（铀、铅）盐染色，制成的标本形

成明暗反差。

（2）负染色技术：负染色（negative staining）技术是利用高密度重金属物质在透射电镜下不显示结构的特性，用重金属盐（如磷钨酸钠）对铺展在载网上的样品染色；样品经干燥后，整个载网都铺上了一层重金属盐；有凸出颗粒的地方没有染料沉积，在图像中背景是黑暗的，而未被包埋的样品颗粒则透明光亮，从而衬托出样品的精细结构，出现负染效果。因此，负染色技术是染背景、不染样品的染色方法。

负染色技术可使分辨率提高到 1.5nm 左右。某些微小生物标本、细胞内生物大分子组成的结构，如病毒、线粒体基粒、核糖体和蛋白质组成的纤维等，可通过负染色电镜技术观察其精细结构，还可以从不同角度观察其三维结构。

（3）冷冻断裂蚀刻复型技术：冷冻断裂蚀刻复型（freeze fracture etching replication）技术的基本方法是：先将生物样品在液氮（－196℃）中快速冷冻，防止形成冰晶；然后将冷冻的样品迅速转移到冷冻装置中，并迅速抽成真空；在真空条件下，用冰刀横切冷冻样品，使样品的内层被分开、露出两个表面。因此，冷冻断裂蚀刻复型技术可显示断面的精细结构（图 2-5）。例如，用冰刀可将质膜切成 P 面（protoplasmic face）和 E 面（exoplasmic face），在 P 面和 E 面上可清晰观察到膜蛋白质（图 4-18）。

（4）冷冻蚀刻技术：冷冻蚀刻（freeze etching）技术是在冷冻断裂技术基础上发展起来的、更复杂的复型技术，其基本方法是：将冷冻断裂的质膜样品的温度稍微升高，让样品中的冰在真空中升华，则质膜表面显示出浮雕样结构；对浮雕表面进行铂-碳复型，并在腐蚀性溶液中除去生物材料；复型经重蒸水多次清洗后，捞在铜网上即可进行电镜观察。

（二）扫描电子显微镜

扫描电子显微镜（scanning electron microscope，SEM）简称扫描电镜，是应用电子束在样品表面扫描、激发二次电子成像的电子显微镜。与透射电子显微镜成像方式完全不同，扫描电镜成像在荧光屏上，主要用来观察标本的表面结构。

扫描电镜的分辨率不及透射电镜，一般在 3nm 左右，但所形成图像的立体感很强（图 2-6），而且样品制备简单，不需做超薄切片。一般样品只需经固定、脱水、干燥，在其表面喷镀一层金属膜后（镀膜可增加二次电子，以产生鲜明的影像）即可进行观察。扫描电镜用于观察标本表面精细的三维形态结构。此外，在电子束的轰击下，样品中的不同原子还会发出具有特定波长的 X 线，若在扫描电镜的基础上，增加 1 个能谱仪，收集发射的 X 线信号，就可对样品各个微区的元素成分进行分析。

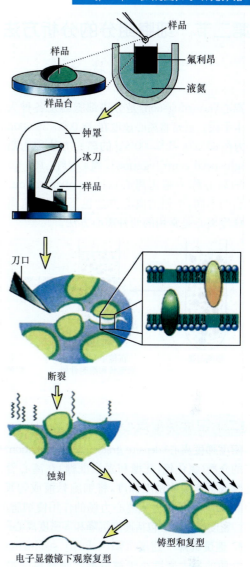

图 2-5 冷冻断裂蚀刻复型技术

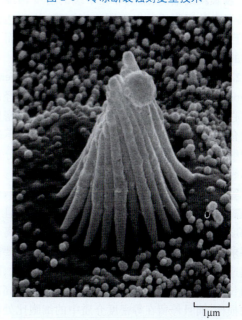

图 2-6 牛蛙内耳绒毛细胞突出的纤毛(扫描电子显微镜)

第二节　细胞组分的分析方法

一、离心技术

离心(centrifugation)是分离细胞器及各种大分子的基本手段。通常将离心速度在 18 000～35 000r/min、离心力在 60 000～100 000×g 的离心方法称为高速离心(high speed centrifugation),离心力在 100 000×g 以上的离心称为超速离心(ultracentrifugation)。分离的目的不同,所用的离心方法也不同,差速离心和密度梯度离心是常用的两种离心方法。

（一）差速离心

通过不断增加相对离心力,使密度均一介质中大小、形状不同的颗粒由低速到高速逐级分离的方法称为差速离心(differential centrifugation)。差速离心可用于分离大小悬殊的细胞,但更多应用于分离细胞结构组分,是分离细胞核和细胞器的常用方法。各种细胞器的沉降顺序依次为:细胞核、线粒体、溶酶体与过氧化物酶体、内质网与高尔基体、核糖体。差速离心可将细胞器初步分离(图 2-7),如需进一步分离纯化,则需应用密度梯度离心方法。

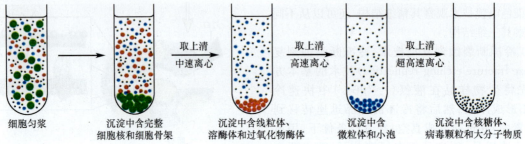

取上清　　　　　　　　取上清　　　　　　　　取上清
中速离心　　　　　　　高速离心　　　　　　　超高速离心

细胞匀浆　　　沉淀中含完整　　　沉淀中含线粒体、　　　沉淀中含　　　沉淀中含核糖体、
　　　　　　　细胞核和细胞骨架　溶酶体和过氧化物酶体　微粒体和小泡　病毒颗粒和大分子物质

图 2-7　差速离心进行细胞组分分离

（二）密度梯度离心

密度梯度离心(density gradient centrifugation)是用一定的介质(氯化铯,蔗糖和多聚蔗糖)在离心管内形成连续或不连续的密度梯度,将细胞悬液或匀浆置于介质的顶部,通过重力或离心力场的作用使细胞分层、分离。密度梯度离心包括速度沉降和等密度离心两种。

1. 速度沉降　速度沉降(velocity sedimentation)采用介质的最大密度小于被分离生物颗粒的最小密度,生物颗粒或细胞、细胞器在平缓的密度梯度介质中,按各自的沉降系数以不同速度沉降,从而达到分离的目的。速度沉降主要用于分离密度相近而大小不等的细胞或细胞器。

2. 等密度离心　等密度离心(isodensity centrifugation)是细胞或细胞器在连续梯度的介质中经足够大离心力和足够长时间,沉降或漂浮到与自身密度相等的介质处,并停留在那里达到平衡,从而将不同密度的细胞或细胞器分离。等密度沉降适用于分离密度不等的颗粒。

等密度沉降要求在较高密度的介质中进行,介质的最高密度应大于被分离组分的最大密度,而且介质的梯度变化不能太平缓;再者,等密度沉降的离心力场要求比速率沉降法大 10～100 倍,故往往需要高速或超速离心,离心时间也较长。然而,离心力大、离心时间长都对细胞不利,大细胞比小细胞更易受高离心力的损伤,而且停留在等密度介质中的细胞比处在移动中的细胞受到更大的损伤。因此,等密度沉降方法只适于分离细胞器,不适于分离和纯化细胞。

视窗 2-2

密度梯度离心实验证实 DNA 半保留复制

DNA 半保留复制是 1957 年哈佛大学教授 Meselson 和他的学生 Stahl 通过氯化铯密度梯度离心实验证实的。氯化铯密度梯度离心技术,可将质量差异微小的分子分开,在离心管内形成连续的 CsCl 浓度梯度。离心管底部溶液的密度最大,顶部最小。经过离心,溶于 CsCl 溶液的 DNA 分子集中在一条狭窄的带上,DNA 分子与该处 CsCl 密度相等。

Meselson 和 Stahl 采用稳定的同位素^{15}N 作 DNA 标记,使 DNA 分子密度显著增加,从而可通过密度梯度离心将 DNA 亲代链和子代链区分开来。先将大肠埃希菌(E. coli)在含有^{15}NH$_4$Cl 作为唯一氮源的培养液上培养若干代,使合成的 DNA 的 N 原子全部被^{15}N 标记;提取 DNA 进行 CsCl 梯度离心。然后,将生长在^{15}NH$_4$Cl 培养液的 E. coli 转移到以密度较低的^{14}NH$_4$Cl 作为唯一氮源的培养液中培养,分别提取增殖 1 代和增殖 2 代的 DNA 进行密度梯度离心。

结果表明,N 原子全部被^{15}N 标记的 DNA 离心时,只出现位于离心管底部的一条带;在^{14}N 氮源培养液中培养 1 代提取的 DNA,密度梯度离心后,也出现 1 条带,但位于^{15}N 标记 DNA 带的上面;培养 2 代提取的 DNA 离心后,出现两条带,第一条带位置与培养 1 代的 DNA 带相同,第二条带位于第一条带上面,说明第二条带的 DNA 密度更轻。

此实验充分证明 DNA 的复制是以半保留方式进行的：在 ^{15}N 氮源培养液上生长的 E. coli，其 DNA 两条链的 N 原子全部被 ^{15}N 标记，密度相对最高，故 DNA 带出现在离心管的底部；在 ^{14}N 氮源培养液中培养 1 代的 E. coli，其 DNA 带位于 ^{15}N 标记 DNA 带的上面，说明此 DNA 一条链是复制后新链，含有 ^{14}N 标记的 N 原子，密度较低；在 ^{14}N 氮源培养液中培养 2 代的 E. coli，其 DNA 呈现两条带，说明经过两次半保留复制，产生了两种密度的 DNA 分子，位于最上面的 DNA 两条链均含有 ^{14}N 标记的 N 原子，故最轻。

二、免疫细胞化学法

免疫细胞化学法（immunocytochemistry，ICC）是根据抗体同抗原特异结合的原理，以标记抗体为探针，在光镜或电镜下显示细胞内抗原成分，并对抗原进行定位、定性及定量研究的技术。

根据标记物的不同，免疫细胞化学技术分为免疫荧光法和酶标免疫法两种。前者常用的荧光素有异硫氰酸荧光素、罗丹明等；后者常用的酶为辣根过氧化物酶，酶与底物反应后形成不透明的沉积物，从而显示出抗原存在的部位。

根据抗体与抗原的结合方式不同，可将免疫细胞化学技术分为直接法和间接法两种。前者是将带标记的抗体与抗原反应，直接显示出细胞中抗原存在的部位；后者是在抗体抗原初级反应基础上，再用带标记的次级抗体同初级抗体反应，从而使初级反应放大，显示增强。

三、放射自显影

放射自显影（radioautography，autoradiography）是利用放射性同位素产生的电离辐射，对感光乳胶的氯化银晶体产生潜影，再经过显影、定影处理，把感光的氯化银还原成黑色的银颗粒，即可根据银颗粒的部位和数量，分析出标本中放射性示踪物的分布，以进行定位和定量分析的方法。例如，将 ^{14}C 或 ^{3}H 标记的化合物导入活体内一段时间，取材制成切片或涂片，涂上氯化银乳胶；经一定时间的放射性曝光，带有放射性物质的组织结构使乳胶感光，经显影、定影处理，即可观察到相应的组织结构。

实验室常用 ^{3}H 胸腺嘧啶脱氧核苷标记（^{3}H-TDR）显示 DNA，用 ^{3}H 尿嘧啶核苷（^{3}H-UDR）标记显示 RNA，用 ^{3}H 氨基酸标记显示蛋白质，用 ^{3}H 甘露糖、^{3}H 岩藻糖标记显示多糖。放射自显影术用于研究标记化合物在机体、组织和细胞中的分布、定位、排出以及合成、更新、作用机理、作用部位等。

四、流式细胞术

流式细胞术（flow cytometry，FCM）是应用流式细胞仪（flow cytometer，FCM）对细胞进行快速定量分析与分选的实验技术。

流式细胞仪的主要部件包括：①激光光源：激光光源可发出合适波长的光；②流室：流室（flow chamber）是生物颗粒与鞘液（sheath fluid）相混的场所，包裹细胞的鞘液经喷嘴（tip）流出，受激光照射可发射出不同的光信号；③信号接收器：由光学透镜装置和光电倍增管组成的信号接收器（detector）接收放大各种光信号，并把它们转变成电脉冲信号；④信号分析部件：信号分析部件对信号做出分析。

流式细胞仪分选细胞的原理是：用荧光特异性抗体与相应抗原结合的方式，标定欲分离的细胞；包在鞘液中的细胞通过高频振荡控制的喷嘴，形成包含单个细胞的液滴；在激光束的照射下，细胞发出散射光和荧光；经探测器检测的散射光和荧光转换为电信号，送入计算机处理，输出结果。流式细胞仪可分选出高纯度的细胞亚群，分离纯度可达 99%（图 2-8）。

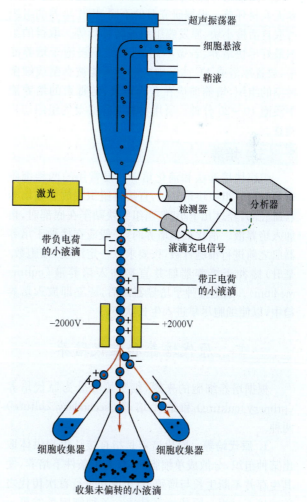

图 2-8　流式细胞仪分选细胞示意图

第三节　细胞培养

高等生物是多细胞构成的整体,要研究单个细胞或某一群细胞在体内(in vivo)的功能活动十分困难。但如果将活细胞进行体外培养(in vitro culture),观察和研究则方便得多。在体外条件下,用培养液维持细胞生长与增殖的技术称为细胞培养(cell culture)。细胞培养是细胞生物学研究的常用手段,广泛应用于细胞生命过程、细胞癌变及细胞工程等研究领域。

一、细胞培养的主要步骤

(一) 准备

细胞培养的准备工作包括器皿清洗、干燥与消毒,培养液与相关试剂的配制、分装及灭菌,无菌室或超净台的清洁与消毒,培养箱及相关仪器的检查与调试等。

(二) 取材

取材是指无菌环境下从机体取出某种组织,经过消化分散细胞、分离等处理的过程。细胞株的扩大培养无取材环节。根据研究目的不同,用作培养的组织可取自活检小块、原发癌组织或转移灶等。取得的组织最好尽快培养,若做不到,可将组织浸泡于培养液中,放置冰浴或4℃冰箱中。对有可能被真菌或细菌污染的组织,培养前应在含青霉素、链霉素的培养液中浸泡10~20分钟。所用材料要作必要的组织切片检查。

(三) 培养

组织块培养法和消化培养法是常用的两种细胞培养方法。组织块培养时,直接将组织块放置在培养器皿底部,经过几个小时,当组织块贴牢在底部时,再加入培养液。消化细胞培养时,一般应在接种于培养器皿之前进行细胞计数,按要求以一定浓度(细胞数/毫升)接种于培养器皿并直接加入培养液(culture medium)。细胞接种于培养器皿后,应立即放入培养箱中,以使细胞尽早进入生长状态。

二、原代培养和继代培养

根据培养细胞的来源,细胞培养分为原代培养(primary culture)和继代培养(secondary culture)两种。

1. 原代培养　原代培养是指直接从生物供体取出某种组织,分散成单细胞后,在人工条件下培养,使其生存并不断生长与增殖,直至成功进行首次传代之前的培养过程。原代培养是建立各种细胞系的第一步(图2-9)。

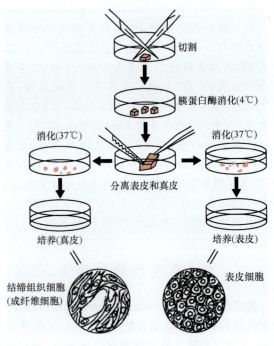

图2-9　皮肤细胞的原代培养

2. 继代培养　培养的细胞通过增殖达到一定数量后,为避免因生存空间不足或密度过大,造成细胞营养障碍,进而影响其生长,需要及时对细胞进行分离、稀释和移瓶培养。将培养的细胞从原培养瓶中分离,经培养液稀释后接种于新的培养瓶中培养的过程称为继代培养。培养细胞的"一代"不表示细胞分裂一次,而是指培养细胞从接种到再次转移培养的过程。在一次传代培养过程中,细胞能增殖3~6次。

原代培养的组织细胞首次传代成功后繁殖的细胞群体称为细胞系(cell line)。通常将在体外生存期有限、传代不超过50次的细胞系称为有限细胞系(finite cell line);已获无限繁殖能力、在体外能持续生存的细胞系称为无限细胞系或连续细胞系(infinite cell line)。无限细胞系大多已发生染色体改变,常见于来自肿瘤组织的细胞系,因此,无限细胞系本质上是已转化的细胞系。通过严格的生物学鉴定,来源于单细胞分离培养或筛选后增殖的细胞群称为细胞株(cell strain);培养过程中,细胞株保持其特性和标志,具有有限的分裂潜能,通常能分裂25~50次。

三、单层培养与悬浮培养

(一) 单层培养

大多数培养细胞属贴壁依赖性细胞,这类细胞悬浮在培养瓶中几十分钟至几小时后,就呈单层贴附在瓶壁上,故这类细胞的培养方式称为单层培养(monolayer culture)。通常单层培养的细胞有接触抑制(contact inhibition)的特性,但肿瘤细胞失去接触抑制特性,可持续分裂增殖。

(二) 悬浮培养

淋巴细胞、某些癌细胞及白血病细胞等常用悬浮培养(suspension culture)的方法。悬浮培养的细胞在培养过程中不贴壁,一直悬浮在培养液中生长。悬浮培养的条件较为复杂,难度也较大,但可同时获得大量的培养细胞。

悬浮培养的细胞易受培养环境的影响,因此,人为改变培养条件(如物理、化学、生物等外界因素的变化),可观察、研究细胞在单因素或多因素影响下结构和功能变化。

思 考 题

1. 为什么说细胞的各种生命活动现象的研究要从显微、亚显微、分子3个水平进行?
2. 光学显微镜技术与电子显微镜技术有哪些不同? 二者为什么不能互相替代?
3. 细胞培养的过程及注意事项有哪些? 为什么说体外培养方法是生物医药领域不可或缺的技术?

(钟慧军 魏文科)

第三章 细胞概述

第一节 细胞是生命活动的基本单位

自然界中的生物种类繁多，肉眼观察很难发现它们的共同之处，但在显微镜下，这些千姿百态的生物，除病毒外，基本结构都是相似的，都是由细胞构成的。简单的低等生物仅由单细胞组成，而复杂的高等生物则由执行各种特定功能的细胞群构成，各种细胞分工合作，共同实现生物体完整的生命活动。因此，细胞是生命活动的基本单位，即细胞既是构成有机体结构的基本单位，又是有机体进行各种功能活动的基本单位。比如，细胞具有独立完整的代谢体系，是代谢的基本单位；有机体的生长与发育依赖细胞分裂、细胞体积增长、细胞分化与凋亡而实现，因此，细胞是生长与发育的基本单位；细胞含有机体全套的遗传信息，具有遗传的全能性，是遗传的基本单位。

细胞作为生命活动的基本单位，其共性表现为：第一，所有细胞均有结构相似的质膜，质膜使细胞与周围环境隔开，形成相对稳定的内环境，并通过质膜与周围环境进行物质交换和信息交流；第二，所有细胞都具有 DNA 和 RNA 两种核酸，作为遗传信息储存、复制与转录的载体。第三，除个别特化细胞外，所有细胞都有核糖体；第四，细胞分裂是生命繁衍的基础和保证，所有细胞都以一分为二的方式分裂增殖。

第二节 细胞的化学组成

组成生物体的各种细胞，形态、结构和功能虽有差异，但均由生命物质原生质（protoplasm）组成。组成原生质的元素有 50 多种，最主要的是碳、氢、氧、氮 4 种，约占细胞总量的 90%；其次是磷、硫、氯、钾、钠、钙、镁、铁 8 种。这 12 种元素占细胞总量的 99.9%以上。此外，细胞还含有极少量的微量元素，如铜、锌、硼、钼、碘、锰、钴、钨、钡、镍等，微量元素也是生命活动不可缺少的。

细胞中各种元素的原子以不同化学键相互结合形成各种分子。一个细胞可含有 1000 多种分子，可分为小分子物质和大分子物质两类。小分子物质包括无机化合物（水、无机盐）和有机小分子（单糖、脂肪酸、核苷酸和氨基酸等）；大分子物质包括核酸、蛋白质、脂类和多糖等。大分子物质分子量巨大，结构复杂。

各类有机小分子是组成相应大分子的基本结构单位，核酸、蛋白质、多糖分别由核苷酸、氨基酸、单糖构成。细胞内小分子组装成大分子，不仅是分子大

和结构的变化，更赋予了大分子与小分子截然不同的生物学特性。大分子能够完成细胞的各种复杂功能，例如，组装细胞组分，催化化学反应，产生运动以及储存、传递和表达遗传信息等。因此，核酸、蛋白质、多糖等大分子在生命活动中起重要作用，它们也被称为生物大分子（biological macromolecules）。

一、水和无机盐

（一）水

水是生命之源，是细胞中含量最多的成分，占细胞总量的 70%～80%。细胞中的大部分化学反应都在水环境中进行，所以水是细胞生命的活动介质。水是极性分子，是各种含极性键的极性有机分子和离子的最好溶剂。

细胞中的水以游离水和结合水两种形式存在。游离水占细胞水含量的 95%以上，构成细胞内的液体环境，是细胞代谢反应的溶剂；结合水是以氢键与蛋白质结合的水分子，占细胞内全部水的 4.5%，是细胞结构的组成成分。

（二）无机盐

细胞中无机盐主要以离子状态存在，含量较多的无机阳离子有 Na^+、K^+、Ca^{2+}、Fe^{3+}、Mg^{2+} 等，阴离子有 Cl^-、SO_4^{2-}、PO_4^{3-}、HCO_3^- 等。游离于水中的无机离子维持细胞内外液的 pH 和渗透压，以保障细胞的正常生理活动；有的无机离子同蛋白质或脂质结合成具有特定功能的结合蛋白（如血红蛋白）或类脂（如磷脂）；有的无机离子还作为酶反应的辅助因子。因此，无机盐是维持细胞正常生命活动不可缺少的成分。

二、有机小分子

细胞内小分子有机化合物的分子量为 100～1000，约占细胞有机化合物总量的 10%。细胞内含有 4 类有机小分子：核苷酸（nucleotide）、氨基酸（amino acid）、单糖（monosaccharide）和脂肪酸（fatty acid）。

（一）核苷酸

核苷酸是组成核酸的基本单位，也称为单核苷酸。每个核苷酸分子由戊糖、含氮碱基和磷酸各 1 分子脱水缩合而成。戊糖有 D-核糖或 2-脱氧-D-核糖

两种(图 3-1);含氮碱基有嘌呤和嘧啶两类,嘌呤包括腺嘌呤(A)和鸟嘌呤(G),嘧啶包括胞嘧啶(C)、胸腺嘧啶(T)和尿嘧啶(U)。

戊糖 C^1 上 OH 与嘧啶 N^1 或嘌呤 N^9 之间形成 N-糖苷键,同时脱水缩合生成糖苷。由 D-核糖组成的核苷称为核糖核苷,由 2-脱氧-D-核糖组成的核苷称为脱氧核糖核苷。两类核苷戊糖 C^5 上的 OH 分别与磷酸上的 H 之间形成 C^5 酯键,同时,脱水缩合、分别生成核糖核苷酸和脱氧核糖核苷酸。核糖核苷酸是组成 RNA 的基本单位,脱氧核糖核苷酸是组成 DNA 的基本单位。

组成 RNA 的核糖核苷酸包括 4 种:腺嘌呤核糖核苷酸、鸟嘌呤核糖核苷酸、胞嘧啶核糖核苷酸和尿嘧啶核糖核苷酸,分别简称为腺苷酸(AMP)(图 3-2)、鸟苷酸(GMP)、胞苷酸(CMP)和尿苷酸(UMP)。

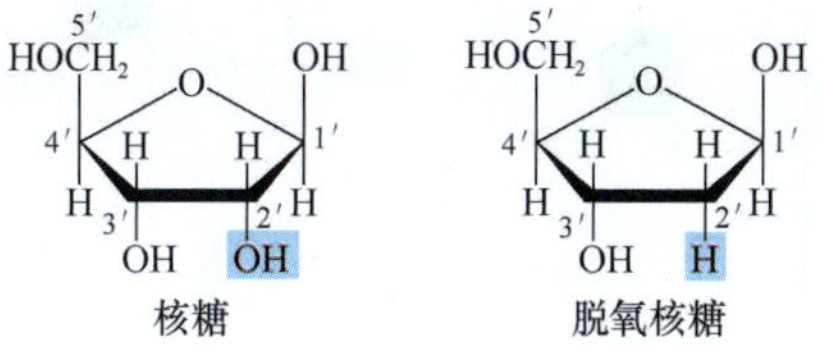

图 3-1 核糖与脱氧核糖

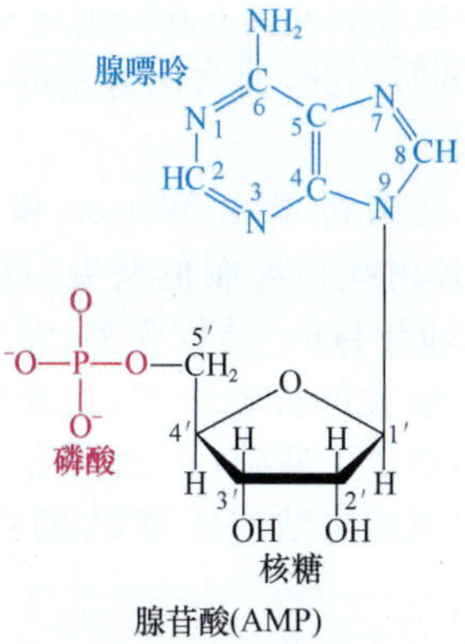

图 3-2 核苷酸的构成

组成 DNA 的脱氧核糖核苷酸也包括 4 种:腺嘌呤脱氧核糖核苷酸、鸟嘌呤脱氧核糖核苷酸、胞嘧啶脱氧核糖核苷酸和胸腺嘧啶脱氧核糖核苷酸,分别简称为脱氧腺苷酸(dAMP)、脱氧鸟苷酸(dGMP)脱氧胞苷酸(dCMP)和脱氧胸苷酸(dTMP)(表 3-1)。

上述两类核苷酸中磷酸均以 C^5 酯键与核苷的戊糖相连,称为 5′核苷酸;如果磷酸同时与戊糖上两个 OH 脱水形成酯键,则生成环核苷酸,常见的有 3′,5′环腺苷酸(cAMP),3′,5′环鸟苷酸(cGMP)。

组成 RNA 和 DNA 的核苷酸只含有一个磷酸分子,也称为核苷一磷酸。例如,腺苷酸(AMP)可称为腺苷一磷酸简称腺一磷。含 2 个和 3 个磷酸分子的核苷酸分别称为核苷二磷酸和核苷三磷酸,如腺苷二磷酸(ADP)简称腺二磷,腺苷三磷酸(ATP)简称腺三磷。ATP 是生物体内通用的能量"货币"。

表 3-1 两类核苷酸的比较

	核糖核苷酸	脱氧核糖核苷酸
戊糖	核糖	脱氧核糖
碱基	A,G,C,U	A,G,C,T
磷酸	磷酸	磷酸
核苷	核糖核苷	脱氧核糖核苷
一磷酸核苷酸	AMP、GMP、CMP、UMP	dAMP、dGMP、dCMP、dTMP
二磷酸核苷酸	ADP、GDP、CDP、UDP	dADP、dGDP、dCDP、dTDP
三磷酸核苷酸	ATP、GTP、CTP、UTP	dATP、dGTP、dCTP、dTTP

视窗 3-1

能量"货币"——ATP

通常把水解时释放 20.92kJ/mol 以上能量的化合物称为高能化合物,ATP 末端磷酸基团水解释放的能量是 30.5kJ/mol,可见 ATP 是高能化合物。与磷酸肌酸相比,ATP 的能量要低一些,因此,磷酸肌酸中的能量可在不需额外供能的情况下转移给 ATP。葡萄糖分子彻底氧化为二氧化碳和水,释放 2870kJ/mol 的能量。由此看来,存在于葡萄糖分子中的能量就像存在银行里的钱,而储存在 ATP 分子中的能量则像"零钱",更容易在细胞中被利用,故人们将 ATP 比喻为能量"货币"。

(二)氨基酸

氨基酸是组成蛋白质的基本单位,自然界中生物体内的氨基酸有 300 多种,但组成人体蛋白质的氨基酸仅 20 种,每种氨基酸均含有羧基(—COOH),在邻接羧基的 α 碳原子上还结合有氨基(—NH_2)和侧链(—R)。不同氨基酸的差别主要是 R 链不同,R 链决定氨基酸不同的理化特性,不同的理化特性又决定了氨基酸所组成蛋白质的特性,因此,R 链是蛋白质复杂功能的基础。

(三)单糖

单糖是组成多糖的基本单位,大多数单糖由碳、氢、氧 3 种元素组成,化学通式为 $(CH_2O)_n$。细胞中的单糖以核糖、脱氧核糖(五碳糖)和葡萄糖(六碳糖)最重要。核糖和脱氧核糖分别是核糖核苷酸和脱氧核糖核苷酸的组成成分,葡萄糖是机体生命活动的重要供能物质,也是构成多糖的主要单体。

(四)脂肪酸

体内少数脂肪酸以游离形式存在于组织与细胞中,大部分脂肪酸存在于脂肪、类脂和固醇等脂类中。脂肪酸分子结构包括疏水的烃链和亲水的羧基两部分，通式为 $CH_3(CH_2)_nCOOH$。细胞内几乎所有脂肪酸分子都是通过其羧基与其他分子共价连接。

各种脂肪酸的烃链长度及所含碳——碳双键的数目和位置的不同，决定了它们不同的化学特性。按烃链中是否含双键，脂肪酸分为不饱和脂肪酸和饱和脂肪酸两类。亚油酸、亚麻酸和花生四烯酸均为不饱和脂肪酸，前二者为人体必需，但人体不能合成，需从膳食中摄取，称为必需脂肪酸；花生四烯酸转变生成的前列腺素、白三烯等不饱和脂肪酸衍生物，属信号分子，与机体的炎症反应、免疫和凝血功能有关。

按重量比计算，脂肪酸分解产生的能量，相当于葡萄糖分解产生能量的两倍。然而细胞中脂肪酸的主要功能不是氧化供能，而是构成磷脂，磷脂是生物膜的主要成分。

三、核　　酸

细胞中的核酸包括主要分布于细胞核的 DNA 和主要分布于细胞质的 RNA 两大类，它们分别由脱氧核糖核苷酸和核糖核苷酸聚合而成。

虽然组成 DNA 和 RNA 的核苷酸均为核苷一磷酸，但 DNA 和 RNA 是以核苷三磷酸为原料合成的。一个核苷三磷酸戊糖 $5'C$ 连接的 α 磷酸与另一个核苷三磷酸戊糖 $3'OH$ 脱水形成 $3',5'$ 磷酸二酯键，同时释放 1 分子焦磷酸；许多单核苷酸依此方式依次聚合，形成多核苷酸链（图 3-3），即核酸分子。

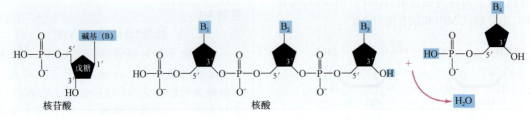

图 3-3　核苷酸的聚合

多核苷酸链具有方向性，末端单核苷酸戊糖 $5'C$ 上连有磷酸基的一端为 $5'$ 端或头端，末端单核苷酸戊糖 $3'C$ 上连有游离 OH 的为 $3'$ 端或尾端（图 3-4）。

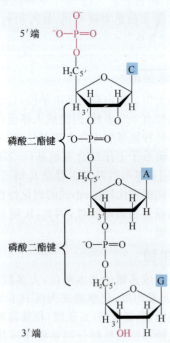

图 3-4　多核苷酸链的方向性

各种脱氧核糖核苷酸都具有相同的脱氧核糖和磷酸，只是碱基的不同，因此，通常用碱基的排列顺序表示 DNA 的一级结构。

1953 年，美国科学家 Watson 和 Crick 根据对 DNA 纤维的 X 射线衍射图的研究，提出了 DNA 双螺旋（DNA double helix）结构模型，对核酸的生物学功能研究起了极大的推动作用，为现代分子生物学和分子遗传学奠定了基础，是 20 世纪自然科学研究的重大突破。双螺旋结构是 DNA 的二级结构，其要点是：

（1）DNA 分子由两条反向平行的多核苷酸链组成，即一条是 $5' \to 3'$，另一条是 $3' \to 5'$。亲水的脱氧核糖和磷酸构成骨架，位于链的外侧，碱基位于内侧。

（2）DNA 双链间的碱基通过氢键互补结合。A 和 T 间通过 2 个氢键互补结合，G 和 C 间通过 3 个氢键互补结合。相互配对的一对碱基称为碱基对（base pair，bp）。通过碱基的互补配对，使 DNA 双链彼此互补，即互为互补链。也就是说，只要确定了一条链的碱基顺序，另一条链也就确定了。例如，一条 DNA 单链的碱基排列顺序为 $5' \cdots AGGTCACCT \cdots 3'$，则另一条 DNA 单链的碱基排列顺序必然为 $3' \cdots TCCAGTGGA \cdots 5'$。

（3）DNA 双链围绕同一中心轴以右手方向盘绕成双螺旋结构。螺旋直径 2nm；螺旋内每一对碱基均位于同一平面，且垂直于螺旋纵轴；螺旋内相邻碱基对间夹角为 36°，纵向间距为 0.34nm；每 10 个 bp 螺旋上升一圈；螺距 3.4nm（图 3-5）。

（一）DNA

1. 分子结构　细胞中每条染色单体含 1 个 DNA 分子，DNA 的分子量非常大。DNA 分子中 4 种脱氧核糖核苷酸的排列顺序称为 DNA 的一级结构。由于

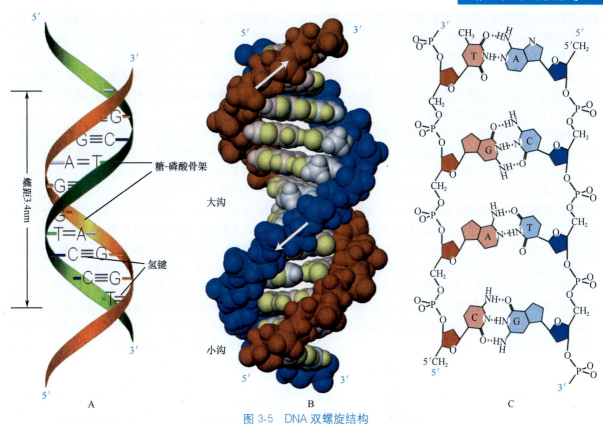

图 3-5 DNA 双螺旋结构
A. 模式图；B. 空间构型；C. 互补碱基间形成氢键

2. 功能　DNA 的功能是储存、复制和传递遗传信息。

　　(1) 储存遗传信息：虽然组成 DNA 分子只有 4 种核苷酸，但核苷酸数量非常大，且随机排列。由 n 个核苷酸组成的 1 个 DNA 分子，其可能的排列组合数为 4^n。如此多的排列组合可能性显示了 DNA 的复杂性，即遗传信息的多样性。这说明，DNA 分子的线性核苷酸序列中蕴藏着大量的遗传信息。

　　(2) 复制遗传信息：细胞通过有丝分裂产生子代细胞；亲代个体通过减数分裂产生配子，两性配子结合成受精卵，发育成子代个体。在有丝分裂过程中，亲代细胞的遗传信息通过 DNA 复制传递给子代细胞；而亲代个体的遗传信息，通过 DNA 复制，经减数分裂过程传给配子，进而传递到子代个体。因此，DNA 复制是生命遗传的基础。

　　由于 DNA 双链是互补的，故两条链携带有相同的遗传信息。以 DNA 双链分别为模板，在 DNA 聚合酶作用下，合成出两条新链，从而形成两个完全相同的子代 DNA 分子，即 1 个 DNA 分子的遗传信息被完整复制。由于复制形成的子代 DNA 分子含有 1 条亲代 DNA 模板链和 1 条子代 DNA 新链，故称这种 DNA 复制方式为半保留复制(semi-conservative replication)。

　　(3) 传递遗传信息：细胞内 DNA 分子通过转录生成 RNA，再通过翻译形成蛋白质的过程称为基因表达。通过基因表达，DNA 蕴藏的遗传信息最终以蛋白质的形式得以体现。蛋白质参与细胞各种生命活动，决定细胞复杂的生物学行为。因此，DNA 是细胞乃至个体生命活动的信息基础。

(二) RNA

　　与 DNA 相比，RNA 的主要差别在于：①DNA 由脱氧核糖核苷酸组成,RNA由核糖核苷酸组成,即二者所含戊糖不同;②DNA中的胸腺嘧啶被RNA中尿嘧啶取代;③DNA为双链结构,RNA大多以单链形式存在,但RNA分子的某些区域可形成假双链结构;④DNA分子大、结构复杂,RNA分子通常较小,功能多样,故其种类、大小和结构也具多样化。

1. mRNA 细胞中mRNA含量较少,约占RNA总量的1%～5%;其含量虽少,但种类甚多且极不均一,哺乳动物的每个细胞可含数千种大小不同的mRNA。mRNA是遗传信息从DNA流向蛋白质的"中转站",作为蛋白质合成的模板(template),为蛋白质合成提供信息。mRNA易被体内可溶性核糖核酸酶或多核苷酸磷酸化酶降解,是一类不稳定的RNA。

原核细胞内转录出的mRNA可直接翻译为蛋白质,而真核细胞则不同。真核细胞中,DNA转录的pre-RNA不成熟,需要经过去除内含子、5′端加帽和3′端加尾的加工过程,才能成为成熟的mRNA,作为合成蛋白质的模板。

2. rRNA 细胞中rRNA含量丰富,占细胞总RNA的80%以上。rRNA也呈单链状。在3种主要RNA分子中,rRNA的分子量最大;不同rRNA的分子存在差异,其大小常用沉降系数S表示。rRNA的功能是参与核糖体的形成,核糖体中rRNA占60%,蛋白质占40%。

组成原核细胞核糖体的rRNA有23S、16S和5S 3种,16S rRNA和蛋白质组成30S小亚基,23S和5S两种rRNA与蛋白质组成50S大亚基,大小亚基组装成70S核糖体。真核细胞中,18S rRNA和蛋白质组成40S小亚基,28S、5.8S和5S 3种rRNA与蛋白质组成60S大亚基,大小亚基组装成80S核糖体。

3. tRNA tRNA是细胞内分子量最小的一类RNA,目前已完成一级结构测定的100多种tRNA都由74～95个核苷酸组成。tRNA占细胞总RNA的10%～15%,通常游离于细胞质中,呈可溶状态,又称为可溶性RNA(sRNA)。tRNA二级结构为三叶草形,三级结构为倒"L"形(图3-6)。

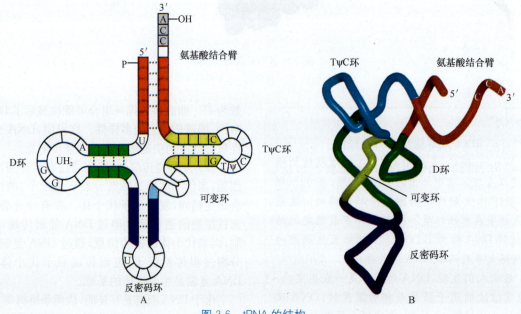

图3-6 tRNA的结构
A. 二级结构(三叶草形);B. 三级结构(倒L形)

tRNA均具有以下结构特征:

(1)含有稀有碱基:稀有碱基(rare base)包括双氢尿嘧啶(DHU)、假尿嘧啶(Ψ)和甲基化嘌呤(ᵐG、ᵐA)等,占所有碱基的10%～20%。

(2)形成茎环结构:组成tRNA的几十个核苷酸中,某些核苷酸能局部互补形成双链,呈茎状,中间不能配对的部分则膨出形成突环,因此,tRNA呈茎环(stem-loop)结构。胸腺嘧啶核苷酸-假尿嘧啶核苷酸-胞嘧啶核苷酸残基序列的T(TψC)环、D(DHU)环和反密码环的形成使tRNA的二级结构呈三叶草形,tRNA的三级结构中D环和T环靠近,故呈L形。反密码环上有3个碱基组成反密码子,反密码子能与mRNA密码子互补结合,因此,每种tRNA只能转运一种特定氨基酸参与蛋白质合成。

(3)末端有氨基酸结合臂:tRNA三叶草形的柄部3′端的碱基顺序是CCA,这是与氨基酸结合的部位,称为氨基酸结合臂。

4. 其他RNA 除上述3种RNA外,细胞的不同部位还存在许多种小分子RNA,如核小RNA(small nuclear,snRNA)、核仁小RNA(small nucleolar RNA,snoRNA)、胞质小RNA(small cytoplasmic RNA,scRNA)等。这些小RNA在pre-RNA和rRNA的转录后加工、转运以及基因表达过程的调控方面具有非常重要的作用。另外,还有一种小RNA分子具有催化特定 RNA 降解的活性,在 RNA 合成后的剪接修饰中具有重要作用。这种具有催化作用的小 RNA 称为核酶(ribozyme),又称为酶性核酸,"RNA 催化剂"。

四、蛋 白 质

蛋白质是构成细胞的主要成分,占细胞干重的一半以上。蛋白质不仅决定细胞的形态、结构,而且在生物体内具有广泛和重要的生理功能。多肽链上氨基酸的组成是蛋白质的结构基础,但蛋白质不只是其组成氨基酸的简单堆砌,而是以独特的三维构象形式存在的。三维构像的形成主要由氨基酸排列顺序决定,是不同氨基酸之间相互作用的结果。

(一)分子组成

氨基酸是组成蛋白质的基本单位,各个氨基酸之间以肽键(peptide bond)相连。肽键是一个氨基酸分子上的羧基与另一个氨基酸分子上的氨基(或是脯氨酸的亚氨基)脱水形成的酰氨键。氨基酸通过肽键连接形成的化合物称肽(peptide),2 个氨基酸通过 1 个肽键形成二肽(dipeptide),3 个氨基酸通过 2 个肽键形成三肽(tripeptide)等。氨基酸因脱水缩合形成肽键而致其基团不全,故称其为氨基酸残基(amino acid residue)。习惯上,将 10 个以下氨基酸残基形成的肽称寡肽(oligopeptide),含有 10 个以上氨基酸残基的肽称多肽(polypeptide)或多肽链。多肽链有自由氨基的一端称为氨基末端(N 端),有自由羧基的一端称为羧基末端(C 端)(图 3-7)。

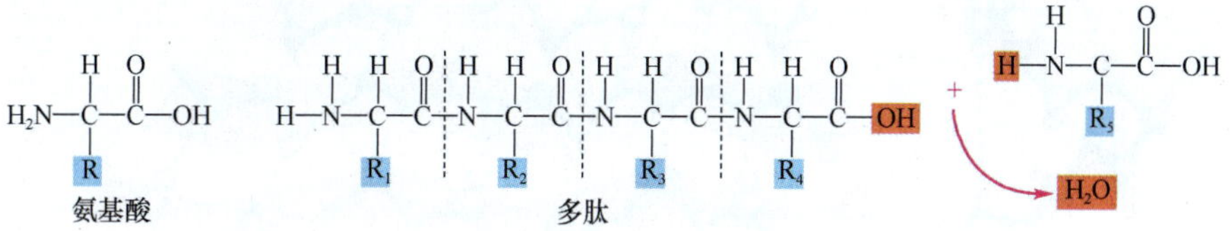

图 3-7 氨基酸聚合形成多肽

就组成而言,蛋白质是由许多氨基酸残基组成的多肽链。蛋白质和多肽之间在分子量上很难划出明确的界限。通常把 39 个氨基酸组成的促肾上腺皮质激素称为多肽,而把 51 个氨基酸残基组成的多肽链、分子量为 5808 的胰岛素称为蛋白质。这是习惯上的多肽和蛋白质的分界线。

(二)分子结构

1969 年,国际纯化学与应用化学联合委员会正式决定将蛋白质的分子结构分成 4 级;其中,一级结构是蛋白质的基本结构,二级、三级和四级结构是蛋白质的空间结构(图 3-8)。由 1 条肽链形成的蛋白质只有一级、二级和三级结构,而由 2 条或 2 条以上多肽链形成的蛋白质才可能有四级结构。

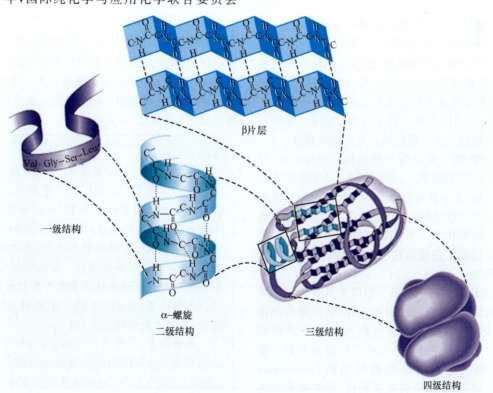

图 3-8 蛋白质的结构

1. 一级结构　蛋白质一级结构(primary structure)是指蛋白质多肽链中氨基酸的排列顺序,是蛋白质的最基本结构,是基因的核苷酸序列(sequence)决定的。肽键是蛋白质一级结构的主键。迄今已有 1000 种左右蛋白质的一级结构被确定,如胰岛素,胰核糖核酸酶、胰蛋白酶等。蛋白质的空间结构由一级结构决定。

每条特定多肽链都具有特定的氨基酸组成和排列顺序,虽然组成蛋白质的氨基酸只有 20 种,但由于多肽链中氨基酸的种类、数量和排列顺序的不同,因此,可形成种类多样、功能各异的蛋白质。这种蛋白质的多样性,正是生物界细胞分化和物种进化的物质基础。

2. 二级结构　蛋白质二级结构(secondary structure)在蛋白质一级结构基础上形成,是多肽链主链内氨基酸残基间借氢键维系形成的有规律重复的空间结构。α-螺旋和 β-片层是蛋白质二级结构的主要形式。二级结构不涉及多肽链上氨基酸残基侧链构象。

α-螺旋(α-helix)是多肽链以右手螺旋盘绕而成的空心筒状构象。螺旋的形成和维系依赖多肽链中相邻两个螺旋的氨基酸残基 NH 和 CO,通过静电引力形成的链内氢键(图 3-9)。α-螺旋是多肽链中最稳定的构象,主要存在于球状蛋白分子中。

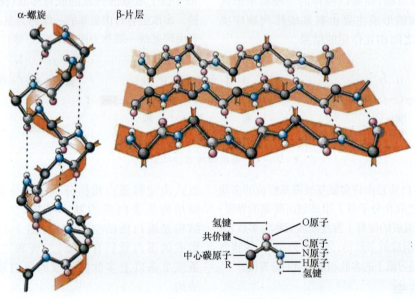

图 3-9　α-螺旋和 β-片层结构模式图

β-片层(β-sheet)是指蛋白质多肽链自身回折,使肽键平面折叠成锯齿状,也称为 β-折叠。β-片层结构中的多肽链分子处于伸展状态,相邻多肽链肽段间形成氢键,使多肽链牢固结合在一起;相邻多肽链走向可能相同(平行式 β-片层),也可能相反(反平行式 β-片层)。β-片层结构主要存在于纤维状蛋白,如角蛋白。大部分蛋白质中 α-螺旋和 β-片层同时存在。

3. 三级结构　蛋白质三级结构(tertiary structure)是在二级结构基础上,多肽链进一步卷曲折叠形成的空间结构,是多肽链氨基酸不同侧链间相互作用形成的。维系三级结构的化学键有氢键、二硫键和离子键等。三级结构是 1 条多肽链的整体构象。仅具有 1 条多肽链的蛋白质需在三级结构水平才可表现出生物学活性。

4. 四级结构　由 2 条或 2 条以上具有独立三级结构的多肽链,通过次级键的相互作用,可聚合成蛋白质复合体;其中单条多肽链称为亚基或亚单位(subunit)。若干个相同或不同的多肽链亚基聚合成的空间构象是蛋白质的四级结构(quaternary structure)。不同蛋白质的亚基数目、种类和亚基之间的作用方式不同。

四级结构中的亚基独立存在时不具有生物学活性,只有按特定方式以非共价键形成四级结构时才显示出生物学活性。四级结构使蛋白质分子的结构更为复杂,可执行更复杂的生物学功能。具有四级结构的蛋白质称为多聚蛋白,如血红蛋白、大部分酶蛋白等。

> **案例 3-1**
>
> 患者,女,15 岁,美籍非洲人。因头晕、头痛,贫血 10 余年,双侧大腿和臀部疼痛 1 天就诊。患者自幼经常出现头晕、头痛等贫血症状,体质较差,容易患感冒,且贫血逐渐加重。1 天前突然出现双侧大腿和臀部疼痛,并且疼痛逐渐加重,服用布洛芬不能缓解。否认近期有外伤和剧烈运动史。家族其他成员没有类似表现。
>
> 体格检查:体温 36.8℃,睑结膜、口腔稍微苍白;双侧大腿外观无异常。
>
> 辅助检查:①外周血红细胞:血红蛋白 70g/L(正常值 110~150g/L),网织红细胞计数 14%(正常 0.5%~1.5%);红细胞大小不均,呈多染

图注:
氢键 —— O 原子
共价键 —— C 原子
中心碳原子 —— N 原子
R —— H 原子
　　　—— 氢键

性,嗜碱性点彩细胞增多,可见有核红细胞、靶形红细胞、异形红细胞及 Howell-Jolly 小体,部分红细胞呈镰刀形,镰变试验阳性。②骨髓:红系显著增生。③红细胞半衰期测定:红细胞生存时间 15 天(正常为 28±5 天)。④血红蛋白电泳:HbS 占 82%,HbF 占 17%(正常 1%~2%),HbA₂ 占 1%(正常 1%~2%),HbA 缺如(正常为 95% 以上)。

诊断:镰刀状细胞贫血症。

思考题:

1. 镰刀状细胞贫血症的发病机制如何?

2. 如何从镰刀状细胞贫血症的发病机制理解"蛋白质结构与功能的关系"?

(三)结构与功能的关系

蛋白质的功能取决于其结构或构象,有什么样的结构,就有什么样的功能。一级结构是蛋白质的基础,一级结构中氨基酸的组成和排列顺序,决定了蛋白质特定的空间结构,不同蛋白质具有不同的一级结构,从而决定了各自特定的空间结构。如果蛋白质的一级结构发生变化,即使只有 1 个氨基酸改变,也会导致蛋白质的空间结构改变,形成结构异常的蛋白质,使其不能执行正常功能,并导致疾病。

例如,人类血红蛋白含有两条 α 多肽链和两条 β 多肽链,β 多肽链由 146 条氨基酸组成。当 11 号染色体 β 基因第 6 位发生基因突变,导致 GAG 变为 GTG 时,β 链第 6 位谷氨酸被缬氨酸取代,引起血红蛋白空间构型改变而成镰刀状,产生镰刀状细胞贫血。

再如,某些蛋白质,如肿瘤转化因子(TGF-β),仅在聚合成蛋白二聚体(dimer)时才能执行其功能;在活细胞内,蛋白质亚单位也只有组装成超分子结构,如蛋白质复合物、酶复合物、核糖体、病毒颗粒等,才能更好地完成生命活动过程。

案例 3-1 分析

镰刀状细胞贫血症是基因突变产生的遗传病,南非和美洲黑人中发病率较高。正常血红蛋白(HbA)是由两条 α 链和两条 β 链构成的四聚体,其中每条肽链都以非共价键与 1 个血红素连接。镰刀状细胞贫血症患者的 11 号染色体上血红蛋白 β 链基因突变,其第 6 位 GAG 变为 GTG,导致 β 链第 6 位带负电的极性亲水谷氨酸,被不带电荷的非极性疏水缬氨酸替代,形成异常血红蛋白 HbS。HbS 溶解度下降,在氧张力低的毛细血管内形成管状或棒状的凝胶结构,因此,红细胞扭曲成镰刀状(即镰变)。

本病遗传方式为常染色体隐性或不完全显性。

如果只有一条 11 号染色体的 β 链基因突变,受累者为杂合子(Aa),病情轻微,甚至无临床症状,外周血涂片仅见少量镰形红细胞;如果两条 11 号染色体的 β 链基因均突变,受累者为隐性纯合子(aa),病情重,外周血涂片可见多量镰形红细胞。僵硬的镰状红细胞不能通过毛细血管,加之 HbS 的凝胶化使血液黏滞度增大,导致毛细血管阻塞、局部组织器官缺血缺氧,出现脾大、胸腹疼痛等临床表现。因此,从临床表现来看,杂合子不发病,只有隐性纯合子才发病,故可认为本病遗传方式是常染色体隐性遗传;如果从镰变细胞的角度分析,杂合子虽然无症状,但有少量镰变细胞,纯合子镰变细胞量多,有明显的临床表现,故又可认为本病遗传方式是常染色体不完全显性遗传。

本例患者为非洲黑人,辅助检查显示外周血红细胞呈镰刀状,镰变试验阳性,红细胞半衰期缩短,血红蛋白电泳显示主要成分为 HbS,结合患者的贫血外貌,可诊断本病为镰刀状细胞贫血(纯合型)。

感染、代谢性酸中毒、低氧等条件可诱发镰刀状细胞贫血症病情加重,出现"镰状细胞危象"。根据临床表现,可将镰状细胞危象分为 5 型:梗塞型(疼痛型)、再生障碍型、巨幼细胞型、脾滞留型、溶血型。梗塞型相对多见,僵硬的镰变红细胞阻塞小血管致组织缺氧,局部疼痛;重者可致组织坏死。血管梗塞引起的疼痛可发生于任何部位,常见于四肢,其次是胸背部及腹部;疼痛常为发作性,可伴有发热,轻者 1~2 天自行缓解,重者持续时间较长;发作频度不一,可为数天 1 次,也可为数年 1 次。本例患者出现大腿和臀部疼痛,是血管梗塞的表现。

本病的发病机制充分说明了蛋白质的结构和功能的关系。患者的异常血红蛋白中,仅 β 链一个氨基酸的取代,就导致其空间构象发生改变,正常双凹圆盘形的红细胞变为镰刀状。因此,蛋白质的一级结构是空间结构的基础,是其执行特定功能的重要保证。

蛋白质多肽链中可被特定分子识别并具有特定功能的三级结构元件称为结构域或模体(motif),这种结构域常存在于基因调节蛋白中。例如,具有螺旋-祥-螺旋结构域(helix-loop-helix motif)的蛋白质是能与 DNA 结合的转录因子。蛋白质多肽链中功能具有相对独立性的一段类似球形的独特三级结构折叠区称为功能域或域(domain)。一个蛋白质分子的不同功能域通常与不同功能相关。例如,脊椎动物细胞中具有信号转导功能的 Src 蛋白激酶,含有 4 个功能域,其中 2 个具有酶催化活性,另 2 个为具有调节作用的 SH₂ 和 SH₃ 功能域。

活细胞内蛋白质的功能与构象的不断改变密切相关。例如,在蛋白激酶催化作用下,ATP 末端的磷酸基团转移到蛋白质的丝氨酸、苏氨酸或酪氨酸侧链的羟基基团上,引起蛋白质构象改变,同时 ATP 转变为 ADP,此过程称为蛋白质磷酸化;此反应的逆反应由蛋白磷酸酶催化,称为蛋白质去磷酸化,此时,蛋白质恢复原来构象及原始活性。细胞内含有数百种蛋白激酶和磷酸酶,它们分别催化不同蛋白质的磷酸化和去磷酸化过程。蛋白质磷酸化和去磷酸化过程引起蛋白质构象改变是真核细胞信息传递过程的重要分子基础(图 3-10)。

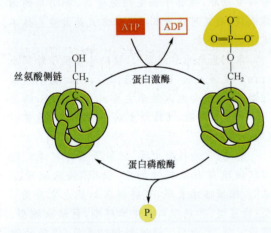

图 3-10　蛋白质磷酸化与去磷酸化

(四) 分类

蛋白质种类繁多,结构复杂,目前还很难依其结构特点进行分类。依据蛋白质的不同特征,可对蛋白质进行如下分类。①依据蛋白质分子形状,可分为纤维状蛋白和球状蛋白。②按在电解质中带电荷的不同,分为酸性蛋白和碱性蛋白。③按组成,分为单纯蛋白质和结合蛋白质。前者完全由氨基酸组成,如清蛋白、白蛋白等;后者由单纯蛋白质和非蛋白质性物质组成,非蛋白质性物质称为辅基。辅基可以是有机物,如糖类、脂类、核酸等,分别组成糖蛋白、脂蛋白、核蛋白等;也可以是无机物,如磷酸、金属离子等,分别组成磷蛋白、铜蓝蛋白等。④按功能,可分为结构

蛋白、运输蛋白、酶蛋白等。

(五) 功能

蛋白质是细胞内重要的生物活性物质,不仅是细胞的结构基础,而且参与了细胞乃至整个机体的所有生理活动,整个生命活动就是千万种各具功能的蛋白质相互配合完成的。现将蛋白质的功能归纳如下:

1. 结构蛋白　蛋白质是构成细胞的主要成分,质膜、细胞质和细胞核中均有多种蛋白质;蛋白质也是生物体形态结构的主要成分,例如,骨、软骨、肌腱等含有胶原蛋白。

2. 运输蛋白　如血红蛋白结合并运输 O_2 和 CO_2,质膜上的激素受体蛋白、神经递质受体蛋白传递信息,质膜上载体蛋白介导细胞的穿膜物质运输等。

3. 运动蛋白　如细胞内微管蛋白参与细胞分裂和细胞的多种运动,肌动蛋白、肌球蛋白相互滑动导致肌肉收缩等。

4. 免疫蛋白　免疫球蛋白即抗体,具有防御功能。

5. 调节蛋白　机体的神经调节依赖质膜上受体蛋白,体液调节的信号物质肽类激素是蛋白质,与 DNA 结合的各种 DNA 结合蛋白参与基因表达的调控。

6. 催化蛋白　机体内绝大多数具有催化作用的有机物是蛋白质,即酶,参与细胞内各种代谢反应,酶的异常将导致代谢紊乱,引起各种代谢病。

7. 其他蛋白　如各种凝血因子是具有凝血功能的蛋白质,动物卵中的卵清蛋白是储存的营养蛋白等。

五、多　　糖

单糖分子通过糖苷键结合形成线形或分支状的糖链，称为寡糖或多糖（polysaccharide）。其中，短链称为寡糖，长链称为多糖，可用通式 $(C_6H_{10}O_5)_n$ 表示。细胞中常见的多糖有糖原、淀粉等，它们均由简单而重复的单糖——葡萄糖组成。

糖原存在动物细胞中，淀粉存在于植物细胞中，它们是细胞的能源物质，也称为营养储备多糖。细胞中还有另一大类多糖或寡糖，其糖链序列是由非重复的单糖分子组成，这类复杂的寡糖或多糖通常与蛋白质或脂类连接，称为复合糖；复合糖形成细胞表面的一部分，也称为结构多糖。例如，细胞中的寡糖或多糖与蛋白质共价连接形成糖蛋白或蛋白聚糖，与脂质连接形成糖脂。糖蛋白和蛋白聚糖的差别在于，前者聚糖的含量为 $2\%\sim10\%$，蛋白质的含量大于聚糖；后者聚糖的含量在 50% 以上，甚至高达 95%。糖蛋白、蛋白聚糖和糖脂主要存在于质膜表面和细胞间质中，其中糖链结构的复杂性提供了大量信息，糖链在构成细胞抗原、细胞识别、细胞黏附及信息传递中起重要作用。例如，人类 ABO 血型抗原、免疫球蛋白 IgG、黏附蛋白分子整联蛋白的功能均与糖链有关。

细胞表面的寡糖决定个体特定的血型。细胞中寡糖或多糖存在的主要形式有糖蛋白、蛋白聚糖和脂多糖等。

六、脂　　类

脂类是脂肪和类脂的总称，是一类不溶于水而溶于有机溶剂，并能被机体利用的有机化合物。体内脂肪酸和醇作用生成酯，三分子脂肪酸与一分子丙三醇（甘油）通过酯键结合生成甘油三酯，即脂肪。脂肪是机体储存能量的主要形式。

类脂包括固醇及酯、磷脂及糖脂等，是生物膜的主要成分。磷脂包括甘油磷脂和鞘磷脂。在甘油磷脂中，甘油的两个羟基与两条脂肪酸链相连，甘油的第三个羟基与磷酸连接，磷酸再与一个小的亲水化合物如胆碱或乙醇胺结合，形成磷脂酰胆碱或磷脂酰乙醇胺。鞘磷脂中没有甘油成分，是由鞘氨醇、脂肪酸和磷酸组成。生物膜中磷脂的存在对亲水性和疏水性物质的穿膜运输有重要作用。

第三节　细胞的形态、大小和数量

一、细胞形态

细胞的形态多种多样，但大部分细胞的形态恒定，与其功能有相关性，分化程度高的细胞尤为明显。例如，具有收缩功能的肌肉细胞呈纺锤形、梭形；传导神经冲动的神经元呈星芒状等；双凹圆盘形的人红细胞，体积小、相对表面积较大，既便于在血管内快速通过，也提高了气体交换效率。细胞形态也受细胞表面张力、胞质黏滞性和质膜坚韧度的影响，例如，扁平的上皮细胞在离体悬浮培养时，受表面张力作用，呈球形。还有些细胞没有固定形态，例如，白细胞在外周血中呈球形，而在血管外呈不规则状。

二、细胞大小

不同种类的细胞大小差别很大，也与其功能相适应。一般来说，真核细胞的体积比原核细胞大，卵细胞的体积比体细胞大，这是由于卵细胞要储存胚胎发育所必需的营养物质。卵生动物鸵鸟的蛋直径达 $12\sim15cm$，其卵黄为卵细胞，直径约 $5cm$；哺乳动物胚胎在母体内发育，从母体获取营养，故卵细胞相对较小，如人的卵细胞直径约 $0.2mm$，肉眼勉强可见。神经元胞体的直径约 $0.1mm$，但从胞体发出的轴突，可长达数厘米，最长可达 $1m$，这与神经元传导神经冲动的功能一致。支原体的细胞最小，直径只有 $0.1\sim0.3\mu m$。高等动植物细胞大小差别很大，直径为 $10\sim100\mu m$，但多数细胞直径为 $20\sim30\mu m$。

不同种的生物，不论种的差异多大，同一器官组织的细胞大小相近，不依生物个体大小而增大或减小，生物体的总体积与细胞的数目成正比，而与细胞的大小无关，这种关系称为"细胞体积的守恒定律"。例如，大象和小鼠相应器官与组织的细胞大小无明显差异；小鼠肝细胞、肾细胞及其他细胞与人、马及象的相应细胞的大小几乎相同。

三、细胞数量

单细胞生物，如细菌、草履虫，既是一个细胞，又是一个独立的生物体。多细胞生物的体积越大，细胞数量越多。据估计，新生婴儿约有 2×10^{12} 个细胞，成人约有 6×10^{14} 个细胞。细胞数量依赖细胞分裂来增多，各种细胞的增殖能力有很大差异。多细胞生物生命过程中，每时每刻都有细胞死亡，同时又有相当数量的新细胞产生，因此，生物体细胞的数量处在动态平衡中。

第四节　原核细胞与真核细胞

关于细胞的起源，目前认为，构成各种生物体的所有细胞都是由共同的祖先细胞——原始细胞经过长期演化而来的。自从地球 45 亿年前形成之初,非生命物质就开始了漫长的进化过程;约 38 亿年前,地球上出现了原始细胞,这是生命进化过程中一次最重要的质的飞跃。原始细胞出现后,经过无数次的分裂、突变和选择,后代逐渐趋异,呈现出生命的多样性,表现为今天所见到的种类繁多的细胞。

20 世纪 60 年代,著名细胞生物学家 H. Ris 根据进化程度、结构复杂程度、遗传装置类型及生命活动方式,最早提出将细胞分为原核细胞(prokaryotic cell)与真核细胞(eukaryotic cell)两大类。原核细胞是约 35 亿年前由原始细胞进化而来,约 15 亿年前,原核细胞又进化为真核细胞。但原核细胞今天依然存在。由原核细胞构成的有机体称为原核生物(prokaryote),几乎所有原核生物都由单个原核细胞构成;由真核细胞构成的有机体称为真核生物(eukaryote),真核生物分为单细胞真核生物(如酵母)和多细胞真核生物(大多数动植物和人类)。多细胞生物约在 12 亿年前形成。

近 20 年来,大量的分子进化与细胞进化的研究表明,原核生物并不是统一的类型,在极早的时候就演化为由原核细胞构成的真细菌(eubacterium)和由古核细胞构成的古细菌(archaebacteria)。古细菌是一些生存在极端特殊环境中的细菌,现已发现 100 多种,包括产甲烷菌、盐杆菌、热原质体等。古核细胞的形态、遗传结构装置与原核细胞相似,但有些分子进化特征更接近真核细胞。因此,某些生物学家建议将生物界分为三大类型:原核生物(真细菌)、古核生物(古细菌)和真核生物;相应地,将其细胞分为原核细胞、古核细胞和真核细胞三大类型。但这种观点目前未被普遍接受,人们仍把古核细胞归于原核细胞,古核生物归于原核生物。

一、原 核 细 胞

原核细胞是自然界现存的最原始细胞,因只有核物质,而无完整成形的细胞核而得名。除没有完整细胞核外,原核细胞的基本特征还包括:细胞内无特定分化的内膜系统等复杂结构,遗传信息量少,环状的 DNA 分子结构简单等。支原体、衣原体、立克次体、细菌、放线菌及蓝藻等原核生物均由单个原核细胞构成,其中,支原体是目前所知最小、结构最简单的原核细胞,细菌是结构最典型的原核细胞。

(一) 支原体

支原体(mycoplasma)的结构极其简单,大小介于细菌和病毒之间,直径为 $0.1\sim0.3\mu m$,可通过滤菌器,无细胞壁,质膜中胆固醇含量增多,二性霉素 B 等

作用于胆固醇的物质可破坏支原体的膜结构而使其死亡。细胞内含分散存在的环状双链 DNA 分子及唯一的细胞器——核糖体。支原体与医学关系密切,是肺炎、脑炎和尿道炎等的病原体。

(二) 细菌

细菌(bacteria)具有原核细胞的典型结构(图 3-11),在自然界广泛分布,种类多,常见的有球菌、杆菌、螺旋菌等,大多数有致病作用。细菌的质膜与真核细胞相似,由脂双层(lipid bilayer)和蛋白质组成;膜上含有某些代谢反应的酶类,如组成呼吸链的酶类;膜向胞质内陷形成小泡或细管样间体(mesosome),与 DNA 复制和分裂有关。膜外侧有坚韧的细胞壁(cell wall),主要成分是肽聚糖(peptidoglycan),主要作用是保护细菌免于机械损伤,也对物质交换起部分调节作用,还与其耐药性和致病性有关。有些细菌表面还含有荚膜和鞭毛,荚膜由多肽和多糖构成,具有保护病原菌免受细胞的吞噬作用;鞭毛是细菌的运动器官。

细菌细胞内原始状态的核称为拟核(nucleoid),含有一个折叠的环状双链 DNA 分子,也称为细菌基因组,其结构特点是 DNA 双链无蛋白质结合而裸露,基因的编码序列连续排列,无内含子,也很少有重复序列。除拟核外,细菌胞质中还含有一些小的能自我复制的环状 DNA,称为质粒(plasmid)。质粒作为基因工程的载体,可与特定的真核基因相连,导入大肠埃希菌进行复制,达到真核基因体外扩增的目的。

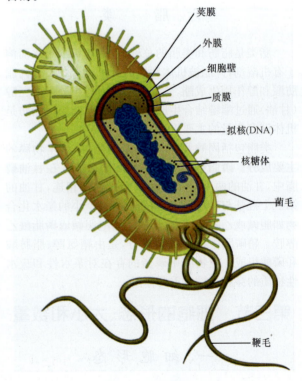

荚膜
外膜
细胞壁
质膜
拟核(DNA)
核糖体
菌毛
鞭毛

图 3-11 细菌的结构

细菌的胞质中没有线粒体和内质网、溶酶体、高尔基体等膜性结构，也无微管、中心粒等非膜性结构，但含有大量核糖体。核糖体的沉降系数为70S，由50S大亚基和30S小亚基组成。由于细菌无细胞核、转录产物无需加工，因此，RNA的转录和蛋白质的翻译均在细胞质内进行，无时间和空间差异。

二、真核细胞

真核细胞从原核细胞进化而来，因细胞内具有核膜包绕的细胞核而得名。真核细胞比原核细胞大得多，直径为10～100μm，结构和功能也远比原核细胞复杂。通常所说的细胞，除特别说明外，均指真核细胞。

在光学显微镜下观察到的细胞结构称为显微结构（microscopic structure），即三部结构，包括质膜、细胞质和细胞核（nucleus）三部分，植物细胞还具有纤维素构成的细胞壁。细胞质中可看到线粒体、高尔基体、中心体及液泡、颗粒等，细胞核中可看到染色质、核仁等。

应用电子显微镜观察到的细胞结构称为超微结构，也称为亚显微结构，即两相结构，包括膜相结构和非膜相结构。质膜、内质网、溶酶体、高尔基体、线粒体、过氧化物酶体、核膜以及各种小泡等属于膜相结构（membranous structure），核糖体、中心体、染色质、核仁、微管、微丝等属于非膜相结构（nonmembranous structure）（图3-12）。

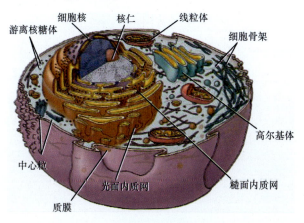

图 3-12　真核细胞的超微结构

由于生物膜的进一步分化，真核细胞内形成了许多更为精细的具有特定功能的结构单位，在超微结构水平，可将这些结构单位划分为三大结构和功能系统。

（一）生物膜系统

生物膜系统是指以生物膜（biological membrane）为基础形成的各种膜性细胞器，即上述的膜相结构。质膜构成细胞与外界的屏障，提供细胞内外物质运输和信号传导的通道；核膜使细胞核与细胞质分开，使

遗传物质得到保护，核与胞质之间借核膜可进行物质交换；各种膜性细胞器的形成，使其在特定酶或蛋白质作用下进行的各种生理生化反应互不干扰，执行各自不同的功能。例如，内质网是蛋白质和脂类等生物大分子的合成场所，高尔基体是合成物加工、包装与运输的细胞器，溶酶体是细胞的"消化"器官，线粒体是产能细胞器等。

（二）细胞骨架系统

细胞骨架（cytoskeleton）系统是由一系列纤维状蛋白质组成的网状结构系统，广义的细胞骨架包括细胞质骨架、细胞核骨架、质膜骨架和细胞外基质。狭义的细胞骨架仅指细胞质骨架，包括细胞质中的微管、微丝和中间丝，它们对维持细胞的形态结构、细胞内物质运输、信息传递、细胞分裂及细胞运动等生理活动起重要作用。核骨架（nuclear skeleton）由核纤层蛋白和核基质等组成，与基因表达、染色体组装等有关。

（三）遗传信息表达系统

真核细胞核中储存的遗传信息DNA以与蛋白质结合形式存在，并包装成高度有序的染色质，二者的结合与包装程度决定了DNA的复制和遗传信息的表达。核仁DNA转录合成的rRNA与蛋白质结合组装成核糖体亚基，核糖体是rRNA与数10种蛋白质构成的颗粒状结构。真核细胞核糖体沉降系数为80S，由60S大亚基和40S小亚基构成。细胞核DNA转录出的mRNA与核糖体结合，进行蛋白质合成、遗传信息得以表达。真核细胞的线粒体或叶绿体内也存在遗传信息表达系统。

三、原核细胞与真核细胞的比较

原核细胞与真核细胞均有脂双层和蛋白质构成的质膜，遗传物质均为DNA，都利用核糖体进行蛋白质合成，都能独立进行生命活动。然而，从原核细胞进化而来的真核细胞的结构和功能要比原核细胞复杂得多，二者的主要区别见表3-2。

表 3-2　原核细胞与真核细胞的比较

	原核细胞	真核细胞
大小	1～10μm	10～100μm
细胞壁	主要为肽聚糖，不含纤维素	不含肽聚糖，主要为纤维素
膜性细胞器	简单，仅有间体	复杂，包括内质网、高尔基体、溶酶体、过氧化物酶体、线粒体或叶绿体等
细胞骨架	无	有
核糖体	70S(50S＋30S)	80S(60S＋40S)
细胞核	拟核，无核膜、核仁	完整细胞核，有核膜、核仁

续表

	原核细胞	真核细胞
核 DNA	单一、环状，不与组蛋白结合	2 个以上、线形，与组蛋白结合构成染色质
核基因结构	重复序列少或无，无内含子	有大量重复序列，有内含子
核基因表达	胞质内转录与翻译同时进行	核内转录、胞质内翻译
基因表达调控	简单、操纵子方式	复杂、多层次
核外 DNA	质粒 DNA	线粒体 DNA 或叶绿体 DNA
细胞分裂	无丝分裂	有丝分裂、减数分裂，少数无丝分裂

思 考 题

1. 为什么说细胞是生命活动的基本单位？你是如何理解的？
2. 分析、比较原核细胞与真核细胞联系与区别？
3. 分析 DNA 与 RNA 分子有哪些区别？
4. 简述原生质中主要成分的结构及功能？

（陈立梅　杨　琳　蔡绍京）

第四章　质膜和细胞表面

质膜(plasma membrane)是将细胞内外环境隔开的一层界膜(图4-1)。以往曾将质膜称为细胞膜(cell membrane),细胞膜现泛指细胞质和细胞器的界膜。从进化角度看,质膜的出现是非细胞形态的原始生命物质演化为细胞的重要转折点。质膜的功能包括维持细胞形态和内环境的相对稳定,选择性地与外环境进行物质交换,参与细胞识别、信息传递、能量转换等。质膜与细胞新陈代谢、生长繁殖、分化、衰老死亡以及癌变等重要生命活动密切相关。因此,质膜的研究一直是细胞生物学乃至现代生命科学各学科的重要课题。

除质膜外,真核细胞内还存在丰富的膜结构,称为细胞内膜,质膜和细胞内膜统称为细胞膜。细胞内膜形成各种膜性细胞器,执行各自的功能,如内质网、高尔基体、线粒体、溶酶体等。质膜和细胞内膜在化学成分、分子结构乃至功能上有许多共性,故也统称为生物膜(biological membrane)。透射电镜下,生物膜呈现"两暗夹一明"的铁轨样结构,又称为单位膜(unit membrane)。单位膜内、外两层为电子密度高的"暗"带,中间是电子密度低的"明"带,总厚度约为7.5nm。各种生物膜都具有单位膜的结构,一定程度上反映了细胞的整体性及膜发生的同源性。

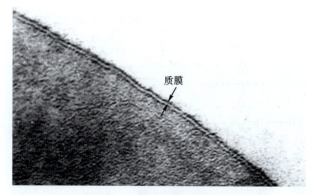

图4-1　质膜(透射电镜)

第一节　质膜的化学成分

各种类型细胞的质膜化学成分基本相同,主要由脂类(lipids)、蛋白质(protein)和糖类(carbohydrate)组成,此外还有少量水、无机盐和金属离子。细胞种类不同,质膜所含膜脂(membrane lipids)与膜蛋白质(membrane protein)的比例差异较大。通常,膜功能越复杂,膜蛋白质含量与种类越多。对多数细胞而言,膜脂约占50%,膜蛋白质约占40%～50%,膜糖(membrane carbohydrate)约占1%～10%。

案例4-1

肿瘤(tumor,neoplasm)有良性和恶性之分,良性肿瘤生长缓慢,与周围组织界限清楚,不发生转移,对人体健康危害不大;恶性肿瘤生长迅速,可转移到身体其他部位,还会产生有害物质,破坏正常组织结构,使机体功能失调,威胁生命。

恶性肿瘤,通常称为癌(cancer),是危害人类健康最严重的一类疾病,是生命的头号杀手。在美国,恶性肿瘤的死亡率仅次于心血管疾病而位居第二位;我国2005年全国卫生事业发展情况统计资料显示,农村恶性肿瘤居死因第三位,城市则居死因第一位。

思考题:

1. 癌细胞的质膜与正常质膜相比,组成成分和功能有什么不同?

2. 癌细胞经何种途径转移?

一、膜　　脂

质膜中膜脂分子排列成连续的双层,构成质膜的骨架,称为脂双层(lipid bilayer)(图4-2),包括磷脂(phospholipid,PL)、胆固醇(cholesterol)和糖脂(glycolipid)。

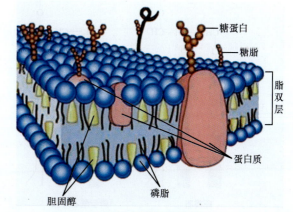

图4-2　质膜结构模式图

(一)磷脂

磷脂由磷脂酰碱基和脂肪酸链通过甘油基团(或

27

鞘氨醇)相连构成。磷脂酰碱基带有电荷,与甘油一起构成磷脂分子的极性头部,具有亲水性;两条脂肪酸链构成疏水非极性尾部,其中一条含1个或多个双键,为不饱和链,可弯曲;另一条不含双键的链为饱和链,不能弯曲(图4-3)。磷脂在膜脂中含量最多,约占50%,包括甘油磷脂和鞘磷脂两类。

根据磷脂酰碱基的不同,甘油磷脂分为磷脂酰胆碱(phosphatidylcholine,PC)、磷脂酰乙醇胺(phos-

phatidylethanolamine,PE)、磷脂酰丝氨酸(phosphatidylserine,PS)和磷脂酰肌醇(phosphatidyl inositol,PI)等。其中,磷脂酰胆碱简称卵磷脂,含量最多;磷脂酰乙醇胺和磷脂酰丝氨酸统称为脑磷脂,含量次之;磷脂酰肌醇含量最少。

鞘磷脂(sphingomyelin,SM)的结构与甘油磷脂相似,不同之处是磷脂酰碱基与脂肪酸链之间通过鞘氨醇(sphingosine)连接(图4-4)。

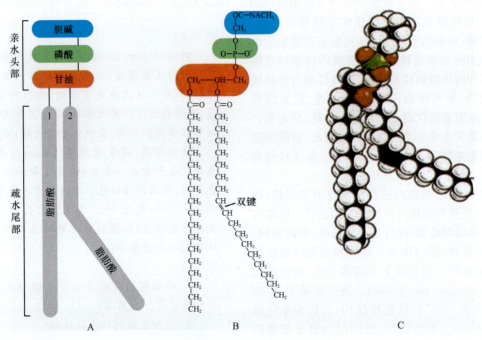

图 4-3   磷脂(磷脂酰胆碱)分子的结构
A. 模式图;B. 结构式;C. 结构模型

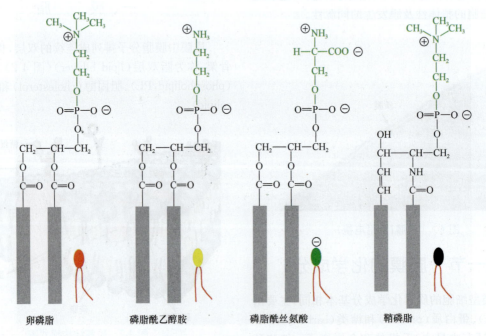

图 4-4   4种磷脂分子结构示意图

磷脂分子具有亲水的极性头部和疏水的非极性尾部,称为两亲性分子(amphipathic molecule),这种结构特点使磷脂分子在水溶液中能自动排列成不同构型:亲水头部暴露在外,疏水尾部藏于内部的球形分子团(micelle);脂双层游离端自动闭合,形成封闭的脂质体(liposome);疏水尾部被亲水头部夹在中间的磷脂双层(phospholipid bilayer)(图4-5)。

分子团

脂质体

磷脂双层

图 4-5　水溶液中磷脂分子的 3 种构型

视窗 4-1

脂质体的临床应用

脂质体是脂双层在水溶液中形成的微囊。脂质体可以包裹各种生理活性物质,如药物、DNA、单抗等;通过与质膜融合,脂质体将其内含物释放进入细胞。因此,脂质体可作为药物、基因等的载体。

脂质体作为药物载体普遍具有缓释作用及精确的靶向性,使药物效力明显增强,药物作用时间明显延长,并解决了很多药物毒性以及特殊部位给药难的问题。

靶向性是脂质体作为药物载体最突出的优点,脂质体进入体内,被单核-巨噬细胞系统的细胞吞噬,使脂质体所携带的药物,在肝、脾、肺和骨髓等富含吞噬细胞的组织器官内蓄积。这种被动靶向性的脂质体常用于肝寄生虫病、利什曼病等单核-巨噬细胞系统疾病的防治。

针对恶性肿瘤制备的免疫脂质体和 pH 敏感脂质体能精确识别肿瘤组织存在部位,定向攻击,减少传统化疗药物的毒副作用。例如,在丝裂霉素(MMC)脂质体上结合抗胃癌细胞表面抗原的单克隆抗体 3G 制成的免疫脂质体,在体内对胃癌靶细胞的 M85 杀伤作用比游离 MMC 提高 4 倍。针对肿瘤间质的 pH 比周围正常组织细胞低的特点,选用对 pH 敏感的类脂材料,如二棕榈酸磷脂或十七烷酸磷脂为膜材料制备成载药脂质体称为 pH 敏感脂质体。当这种脂质体进入体内后,可以选择性地在低 pH 的肿瘤局部释放药物,可提高药效,减少抗肿瘤药物对机体正常细胞的杀伤作用。

脂质体作为一种新型的药物载体正越来越被人们重视。目前,美国 FDA(食品药物管理局)批准上市的脂质体产品有两性霉素 B 脂质体、阿霉素脂质体。2009 年 10 月 18 日,我国研制的首枚阿霉素"导弹"——PEG 脂质体(长循环脂质体)阿霉素(里葆多)上市,推动了中国抗肿瘤药物再升级。

（二）胆固醇

胆固醇为中性脂质,只存在于真核细胞的质膜上。动物细胞质膜中胆固醇含量丰富,与磷脂的比约为 1:1;植物细胞质膜中胆固醇含量较少。胆固醇也是两亲性分子,亲水头部为羟基,疏水尾部为烃链,甾环具有刚性特点(图4-6)。在脂双层中,胆固醇分子亲水头部紧靠磷脂分子的亲水头部,将甾环固定在磷脂分子临近头部的烃链上,使之不易活动;疏水尾部游离在磷脂分子的碳氢链中间(图4-7)。这种特殊的排列方式对调节质膜的流动性和加强质膜的稳定性有重要作用。

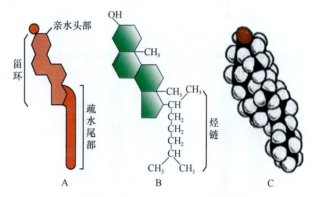

图 4-6　胆固醇的分子结构
A. 模式图;B. 结构式;C. 结构模型

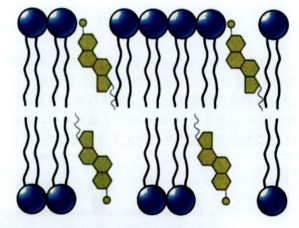

图 4-7　胆固醇与磷脂结合示意图

（三）糖脂

糖脂普遍存在于原核细胞和真核细胞质膜上,约占膜脂总量的 5%。糖脂是由磷脂分子与一个糖基或一条寡糖链结合而成的膜脂,不同类型糖脂的主要区别在于糖基种类、数目及排列顺序的差异。最简单的糖脂是半乳糖脑苷脂(galactose cerebroside),其头部极性基团只有一个半乳糖(Gal)分子,是神经髓鞘中的主要糖脂;最复杂的糖脂是神经节苷脂(ganglioside),其头部除含有半乳糖和葡萄糖(Glc)外,还含有N-乙酰半乳糖胺(GalNAC)及一个或多个带负电荷的唾液酸(N-乙酰神经氨酸,NANA)(图4-8)。神经元质膜的神经节苷脂最丰富。所有细胞中,糖脂均位于脂双层的外层,糖基暴露于膜外,糖脂的功能主要是作为某些大分子的受体,参与细胞识别及信号转导,如破伤风毒素、霍乱毒素、干扰素等的受体,就是膜上不同的神经节苷脂。

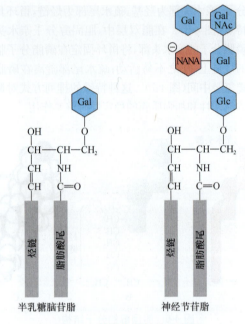

图4-8　糖脂分子结构示意图

二、膜蛋白质

膜蛋白质约占细胞蛋白质总量的25%。虽然质膜的骨架是脂双层,但其功能主要是由蛋白质决定的,所以膜蛋白质是膜功能的主要执行者。膜蛋白质种类繁多,功能各异,例如,与物质运输有关的运输蛋白、接受和传导细胞内外各种化学信号的受体、具有催化功能的酶以及连接蛋白等(图4-9)。根据与膜的结合方式,将膜蛋白质分为整合蛋白质和周边蛋白质。

(一) 整合蛋白质

整合蛋白质(integral protein)又称为内在蛋白质(intrinsic protein),含有1个或多个疏水性片段,嵌插在膜脂双层中,是质膜功能的主要承担者,约占膜蛋白质的70%～80%。一般来说,功能复杂的细胞,膜整合蛋白质较多,反之较少。整合蛋白质与膜的结合比较紧密,必须用去垢剂处理使膜崩解才能分离下来,但会破坏质膜的完整性。

整合蛋白质与脂双层的结合方式有单次穿膜、多次穿膜和多亚基穿膜等类型。单次穿膜和多次穿膜的整合蛋白质均以α-螺旋构象穿过脂双层(图4-10A、B),多亚基的整合蛋白质以β片层构象围成筒状结构穿膜(图4-10C)。

(二) 周边蛋白质

周边蛋白质(peripheral protein)又称外在蛋白质(extrinsic protein),是与质膜结合比较松散、不插入脂双层的一类膜蛋白质。周边蛋白质约占膜蛋白质总量的20%～30%,多溶解于水,分布于脂双层的内、外表面。

周边蛋白质常通过非共价键(静电、离子键、氢键等)与脂类分子的亲水头部或与整合蛋白质的亲水端结合(图4-10G、H),其结合力较弱,可通过提高离子浓度或加入螯合剂使其与质膜分离,而不破坏膜的完整性。

有的周边蛋白质位于膜的胞质侧,通过暴露于蛋白质表面的α-螺旋疏水面与脂双层胞质单层相互作用而结合(图4-10D)。

还有些周边蛋白质通过共价键与脂双层的脂分子结合,这类周边蛋白质又称为脂锚定蛋白(lipid-linked protein)。位于质膜胞质侧的脂锚定蛋白直接与脂双层中某些脂肪酸链共价结合(图4-10E),位于质膜外表面的脂锚定蛋白则通过共价键与脂双层外层磷脂酰肌醇相连的寡糖链结合而锚定在质膜上(图4-10F),因此,这种脂锚定蛋白又称为糖基磷脂酰肌醇锚定蛋白(glycosylphatidylinositol linked peotein,GPI)。

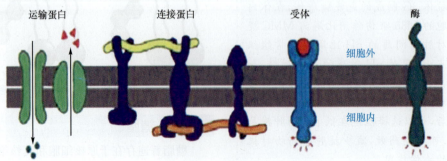

图4-9　具有不同功能的膜蛋白质

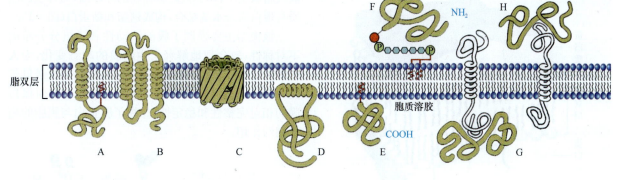

图 4-10　膜蛋白质与脂双层的结合方式

三、膜　糖

自然界中发现的糖类有 100 多种,但存在于动物细胞质膜上的糖类仅有 7 种:半乳糖、甘露糖、岩藻糖、半乳糖胺、葡萄糖、葡萄糖胺和唾液酸。膜糖不单独存在,多数以 1 条或多条寡糖链与膜蛋白质共价结合形成糖蛋白(glycoprotein),少数以 1 条寡糖链与膜脂共价结合形成糖脂(glycolipid)(图 4-2)。寡糖链呈树枝状突出于质膜外面,尽管糖基的种类不多,糖基的数目也较少,但糖基的排列顺序、连接方式多种多样,使糖链极具多样性,从而构成了细胞识别、细胞免疫的分子基础。

案例 4-1 分析

恶性肿瘤不仅在原发部位生长,还可发生扩散和转移。肿瘤细胞沿组织间隙、淋巴管或血管外周间隙等浸润生长,破坏邻近正常器官和组织,称为扩散;从原发部位侵入淋巴管、血管和体腔,迁徙到其他部位继续生长称为转移。与正常细胞相比,肿瘤细胞质膜的成分和功能显著改变,与其恶性特征和转移性密切相关。

(1)膜组分改变:①膜脂:正常细胞质膜上糖脂含量较少,但与细胞间黏着、识别、细胞生长、分化等功能有关。癌细胞质膜中结构复杂的神经节苷脂含量下降或消失,简单的鞘糖脂堆积,糖脂改变与糖基转移酶活性下降、糖基水解酶活性增强有关。②膜糖蛋白:癌细胞质膜中含唾液酸和岩藻糖的糖蛋白明显增多,唾液酸经常处于暴露状态(正常细胞只有在分裂时才暴露)而使肿瘤细胞负电性增高,利于肿瘤细胞快速增殖;肿瘤细胞表面大量唾液酸掩盖肿瘤相关移植抗原(TATA),使癌细胞逃避机体免疫活性细胞的免疫监视。③膜酶:膜中蛋白水解酶和糖苷水解酶活性增高,增加膜对糖和蛋白质的转运能力,

为肿瘤细胞快速增殖提供了物质基础。

(2)接触抑制消失:多细胞生物的细胞体外培养时,分散贴壁生长的细胞一旦相互汇合接触,即停止移动和生长的现象称为接触抑制。而肿瘤细胞生长到彼此接触时,仍无限增殖、重叠成堆,失去了接触抑制作用。

(3)黏着作用消失:癌细胞质膜纤连蛋白(fibronectin)减少甚至消失,导致癌细胞之间黏着性(stickiness)和亲和力降低、易脱落,从而使肿瘤扩散浸润生长,并且可通过血液、淋巴液转移,形成继发灶。

第二节　质膜的分子结构

质膜中的脂类、蛋白质和少量糖类是如何排列的?各成分间关系如何?许多学者对此进行了大量研究,提出了许多膜分子结构模型。虽然这些模型各有其局限性,不能完全对膜的功能进行说明,但却从不同的侧面解释了膜的分子构成,使人们对质膜的分子结构有了较深刻的认识。

一、片层结构模型

脂滴表面如吸附有蛋白质成分,则表面张力降低。1935 年,Davson 和 Danielli 发现,质膜的表面张力显著低于油-水界面的表面张力,由此推测,质膜不可能单纯由脂类构成,可能吸附有蛋白质,于是提出了第一个膜的分子结构模型——片层结构模型(lamella structure model)。该模型认为:两层磷脂分子构成脂双层,磷脂分子的亲水端朝向膜的内外表面,疏水脂肪酸链在膜的内侧彼此相对,球形蛋白质分子附着于脂双层的内外两侧,形成"蛋白质-磷脂-蛋白质"三夹板式结构(图 4-11)。这是人类第一次用分子术语描述质膜的结构,为探索质膜的分子结构奠定了基础。

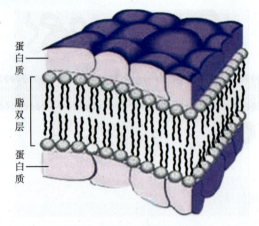

图 4-11　片层结构模型

二、单位膜模型

1959 年,Robertson 用透射电镜观察各种质膜和细胞内膜,发现膜的厚度约为 7.5nm,均呈现"两暗夹一明"的三层结构,即内、外两侧为电子密度高的暗带(各厚约 2nm),中间为电子密度低的明带(厚约 3.5nm)。这种"两暗夹一明"的结构称为"单位膜"。该单位膜模型(unit membrane model)认为,所有生物膜都有类似的结构,明带为脂双层,暗带为蛋白质,但暗带的蛋白质不是片层结构模型认为的球形,而是单层肽链以 β 折叠形式存在的蛋白质,蛋白质通过静电作用与磷脂分子亲水头部结合(图 4-12)。该模型指出了生物膜在形态结构上的共性,把膜的分子结构与电镜图像相联系,具有积极意义;但它将生物膜看成是静态的单一结构,忽视了膜的动态结构变化,无法解释膜的各种生物学功能。

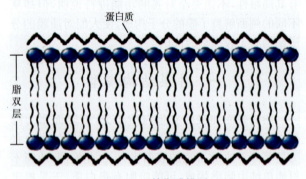

图 4-12　单位膜模型

三、流动镶嵌模型

1972 年,Singer 和 Nicolson 在单位膜模型基础上提出了流动镶嵌模型(fluid mosaic model)。该模型认为:脂双层构成生物膜的连续主体,既有晶体分子排列的有序性,又有液体分子的流动性,呈液晶态;球形蛋白质分子以各种形式与脂双层结合,有的附着在膜的内、外表面,有的贯穿于膜的全层,有的部分或全部

嵌入脂双层中;糖类只附着在膜的外表面,与外层的脂质与蛋白质亲水端结合,构成糖脂和糖蛋白(图 4-13)。

该模型主要强调了膜的流动性和膜组分分布的不对称性,较合理地解释了生物膜的动态变化,为人们普遍接受,Singer 和 Nicolson 也因此获得了诺贝尔奖。但该模型不能说明生物膜流动过程中如何保持膜的相对完整性和稳定性,忽视了膜蛋白与膜脂的相互制约作用。

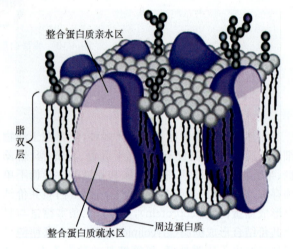

图 4-13　流动镶嵌模型

四、晶格镶嵌模型

1975 年,Wallach 在流动镶嵌模型基础上提出了晶格镶嵌模型(crystal mosaic model)。该模型认为:膜中流动的脂类能可逆地进行无序(液晶态)到有序(晶态)的相变,膜蛋白质对膜脂分子的运动有限制作用;整合蛋白质和其周围的脂分子形成膜中晶态部分(晶格),具有"流动性"的脂分子分布于"晶格"之间,即脂类的流动性是局部的。该模型合理解释了生物膜既具有流动性,又能保持膜的相对完整性和稳定性,进一步完善了流动镶嵌模型。

五、脂 筏 模 型

1992 年,Brown 和 Rose 根据实验提出了脂筏模型(lipid raft model)。脂筏(lipid raft)是脂双层中富含胆固醇和鞘磷脂的微区(microdomain),直径 70～100nm。

由于鞘磷脂具有较长的饱和脂肪酸链,分子间的作用力较强,故微区的结构致密,较膜的其他区域排列得更有序,流动性较差。脂筏就像一个蛋白质停泊的平台,其中聚集着一些特定的蛋白质,如糖基磷脂酰肌醇锚定蛋白(GPI)、G 蛋白的 Gα 亚基等(图 4-14)。研究表明,1 个 100nm 大小的脂筏可载有 600 个蛋白质分子,这些蛋白质与膜的信号转导、蛋白质分拣等密切相关。

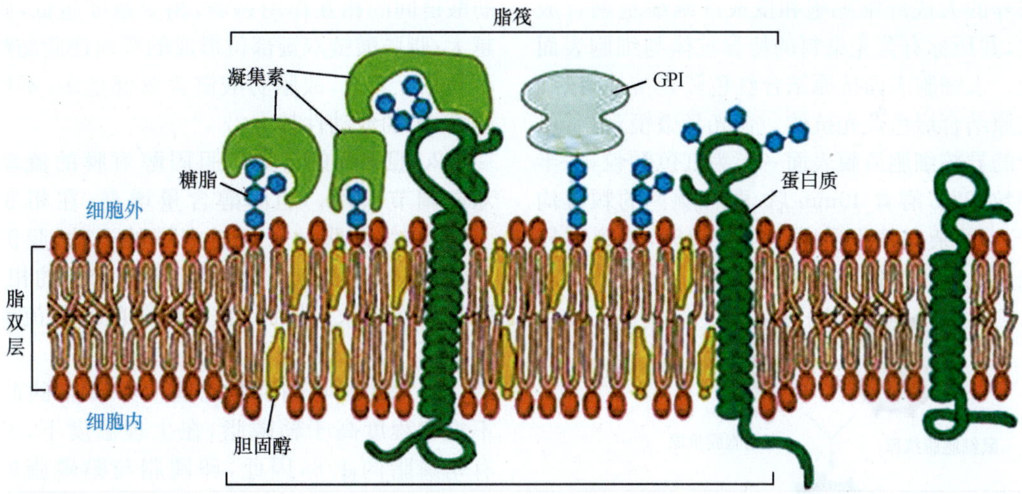

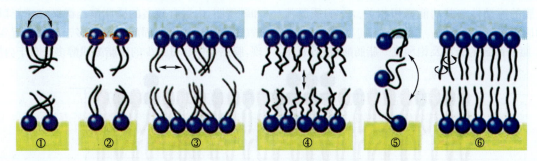

图 4-14　脂筏模型

脂筏的发现,充分说明了质膜可视为由蛋白质、脂类、糖类组成的不均一结构体系,质膜以流动的脂双层作为主体,鞘磷脂和胆固醇为主要成分的大小不一的微区分散其中,主体和微区都含有数量不等的蛋白质。

第三节　质膜的特性

质膜具有两个显著特性,即膜流动性(membrane fluidity)和不对称性(asymmetry)。

一、流　动　性

流动性是质膜的基本特征之一,也是细胞进行生命活动的必要条件。质膜的物质运输、信号转导、细胞识别、细胞免疫、细胞分化及激素调节等功能都与膜流动性密切相关。

(一)膜脂的流动性

在生理温度下,质膜的脂双层具有液晶态(liquid crystalline state)性质,既具有晶体分子排列的有序性,又具有液体分子的流动性。当温度下降到某一点(<25℃)时,膜由液晶态转变成晶态(crystalline state),流动性下降;温度上升时,晶态又转变成液晶态。质膜这种由晶态到液晶态的相互转变称为相变(phase transition),引起相变的温度称为相变温度(phase transition temperature)。

在相变温度以上,膜脂分子的运动方式有 6 种(图 4-15):①侧向扩散(lateral diffusion):同一单层内相邻的膜脂分子,沿膜平面快速交换位置,每秒约 10^7 次,是脂分子最主要的运动方式,且速度很快。②旋转运动(rotation movement):膜脂分子围绕垂直于膜平面的轴进行快速旋转。③钟摆运动(pendulum movement):膜脂分子位置不变,其疏水尾部沿垂直于膜平面的轴前后左右摆动。④伸缩震荡(flexible concussion):脂肪酸链沿着纵轴进行伸缩震荡运动。⑤翻转运动(flip-flop movement):膜脂分子在翻转酶(flippase)催化下,从脂双层的一单层翻转到另一单层的运动,这种运动较少发生,但对维持膜的不对称性很重要。⑥旋转异构运动:脂肪酸链围绕 C—C 键旋转,导致异构化的运动。

图 4-15　膜脂分子的运动方式示意图

(二)膜蛋白质的运动性

分布在膜脂二维流体中的膜蛋白质也具有运动性,既可侧向扩散,又能自由旋转。膜蛋白质分子较大,运动速度缓慢。

1. 侧向扩散　侧向扩散是指膜蛋白质在脂双层中的侧向位移。1970 年,Edidin 等学者通过人、鼠细胞融合(cell fusion)实验和间接免疫荧光法首次证实膜抗原(膜蛋白质)在脂双层中可侧向移动。方法是:

将离体培养的人成纤维细胞和鼠成纤维细胞融合成杂交细胞,并用标有荧光染料的特异抗体与细胞表面抗原结合。人细胞表面抗原结合红色荧光抗体,鼠细胞表面抗原结合绿色荧光抗体。荧光显微镜观察,可见刚融合的异核细胞质膜表面一半为红色颗粒,一半为绿色颗粒;37℃孵育40min后,两种颜色的颗粒均匀分布于人-鼠杂交细胞质膜上(图4-16),这说明异核细胞质膜上的膜蛋白质发生了位移。

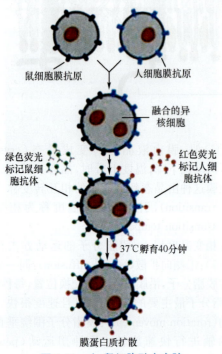

鼠细胞膜抗原　　人细胞膜抗原

融合的异核细胞

绿色荧光标记鼠细胞抗体　　红色荧光标记人细胞抗体

37℃孵育40分钟

膜蛋白质扩散

图4-16　人-鼠细胞融合实验

2. 旋转运动　膜蛋白质围绕与膜垂直的轴进行旋转,其速度比侧向扩散更慢。实际上,并非所有的膜蛋白质都能自由运动,许多膜蛋白质并不移动,而与其他膜蛋白质相互结合或与细胞骨架连接,影响膜的流动性。

(三)膜流动性的影响因素

质膜的流动性与其功能密切相关。影响质膜流动性的因素有:

1. 脂肪酸链的长度及饱和度　脂肪酸链越短,脂肪酸链间的相互作用越弱,相变温度越低,膜流动性越大;脂肪酸链双键部位形成的弯曲使脂肪酸链尾部不易相互靠近,故脂肪酸链含双键越多,不饱和程度越高,膜的流动性越大。

2. 胆固醇的含量　胆固醇对膜的流动性具有双向调节作用。胆固醇含量增高,在相变温度以上,可减缓磷脂分子烃链末端的运动,膜流动性减弱;在相变温度以下,可阻止磷脂分子的相互聚集,膜流动性增大,从而防止温度骤降时膜流动性的突然降低。

3. 卵磷脂与鞘磷脂比值　卵磷脂的脂肪酸链不饱和程度高于鞘磷脂,在生理温度下,其黏度只有鞘磷脂的1/6,因此,卵磷脂与鞘磷脂的比值越高,膜流动性越大。在细胞衰老过程中,质膜中卵磷脂与鞘磷脂比值逐渐下降,膜的流动性也随之下降。

4. 膜蛋白质的含量　膜蛋白质含量增多,一方面,膜蛋白质相互结合、相互作用或与细胞骨架相连接,限制了膜蛋白质自身的运动;另一方面,膜蛋白质与其周围脂质分子的疏水区牢固结合,可限制脂分子的运动。因此,膜蛋白质含量增多,降低膜的流动性。

此外,环境温度、pH、离子浓度等对膜的流动性也有影响。

二、不 对 称 性

膜不对称性是指膜脂、膜蛋白质和膜糖在膜内、外两层的不对称性分布。膜不对称性导致了膜功能的方向性,是质膜执行各种复杂生理功能的保证。

(一)膜脂的不对称性

膜脂在脂双层的内、外两层中存在着数量、种类的差异。例如,人红细胞质膜中,外层主要含磷脂酰胆碱和鞘磷脂,内层有较多的磷脂酰乙醇胺和磷脂酰丝氨酸(图4-17);外层胆固醇含量稍多于内层。近年来发现,膜结构中含量最少的磷脂酰肌醇多分布于内层。

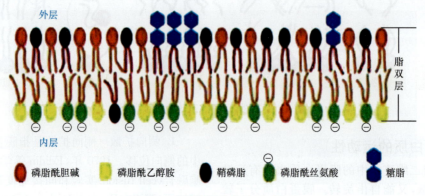

外层

脂双层

内层

磷脂酰胆碱　　磷脂酰乙醇胺　　鞘磷脂　　磷脂酰丝氨酸　　糖脂

图4-17　磷脂分子分布的不对称性

（二）膜蛋白质的不对称性

各种膜蛋白质在质膜上都有特定的位置，其分布是不对称的（图4-18）。例如，红细胞质膜冰冻蚀刻标本显示膜内层（P面）蛋白颗粒约 $2800/\mu m^2$，外层（E面）只有 $1400/\mu m^2$；周边蛋白质主要附着于膜的胞质面。

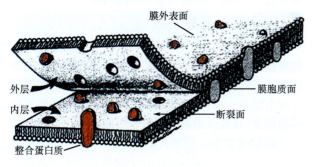

外层
内层
膜外表面
膜胞质面
断裂面
整合蛋白质

图 4-18　冷冻蚀刻技术示膜蛋白质分布的不对称性

膜蛋白质不对称性分布决定了膜功能的方向性。

如只存在于质膜外表面的膜受体，与来自细胞外的各种信号分子结合；而只存在于膜胞质面的腺苷酸环化酶，催化 ATP 生成环磷酸腺苷（cAMP），作为细胞内第二信使，cAMP 将信号进一步传递，最终引发细胞一系列生理活动。

（三）膜糖的不对称性

膜中糖脂和糖蛋白的低聚糖链伸展于质膜外表面，这说明膜糖的分布也是不对称的（图4-2）。

第四节　细胞表面及其特化结构

研究表明，质膜的许多功能并不单纯发生在膜上，而是通过细胞表面（cell surface）的复合结构共同完成的。细胞表面是以质膜为核心、包括膜外侧的细胞外被（cell coat）和膜内侧的膜下溶胶层，共同构成的一个复合结构和功能体系（图4-19）。广义上的细胞表面还包括各种特化结构。

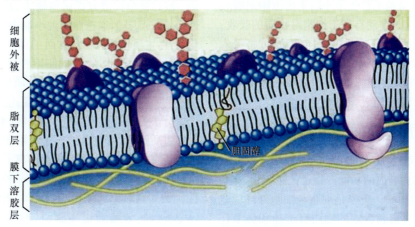

细胞外被
脂双层
膜下溶胶层
胆固醇

图 4-19　细胞表面模式图

一、细胞外被

细胞外被又称糖被（glycolayx），是指质膜中糖蛋白和糖脂的寡糖链伸展、交织于质膜外表面所构成的覆盖性衣被。细胞外被寡糖链中糖基的种类、数目、排列顺序等具有多样性，与其功能密切相关。

1. 保护作用　质膜中糖蛋白的糖链在肽链表面阻碍蛋白水解酶的攻击，使肽链更为稳定。例如，呼吸道、消化道和生殖道上皮细胞表面存在大量黏蛋白，其肽链连接有密度极高的 O-糖链；糖链末端带负电荷的唾液酸相互排斥，从而在细胞表面形成伸展、交织的网络保护层，保护细胞免受机械损伤。

2. 细胞识别和细胞黏附　细胞识别（cell recognition）是细胞间通过细胞黏附分子（cell adhesion molecule，CAM）形成专一性黏附的相互作用。细胞黏附分子是介导细胞与细胞或细胞与细胞外基质相互接触并结合的众多分子的统称，大多数为分布于细胞表面的糖蛋白。在细胞识别基础上，同类细胞聚集成细胞团的过程称为细胞黏附（cell adhesion）。受精、分化、发育、组织器官发生及病原体感染等生理和病理过程中，细胞黏附分子糖蛋白中糖基排列顺序构成细胞表面的"密码"，相当于细胞的"指纹"；细胞表面糖蛋白的寡糖专一性受体，对相应序列寡糖链具有识别作用。因此，细胞识别的实质是分子识别。

3. 决定血型　目前已发现60多种人类血型系统，其中最重要的是 ABO 血型系统。根据红细胞表面 ABO 血型抗原的不同，将人类血型分为 A 型、B 型、AB 型、O 型 4 种。

血型取决于红细胞质膜上血型抗原，4 种血型抗原的寡糖链基本结构（H 抗原）相同，寡糖链末端糖基不同。A 型者寡糖链末端糖基为 N-乙酰半乳糖，构成 A 抗原；B 型者为半乳糖，构成 B 抗原；AB 型者两种糖基都有，构成 AB 抗原；O 型者两种糖基均无，仅有 H 抗原。

4. 抑制增殖　分散贴壁生长细胞表现的接触抑制现象，与细胞表面寡糖链相互接触导致细胞表面被封闭，继而抑制细胞间物质和信息传递有关。肿瘤细胞失去了接触抑制功能，体外培养时表现为多层堆积生长。研究表明，正常组织细胞癌变后，质膜中含唾液酸的糖蛋白明显增多、复杂糖脂（神经节苷脂）含量下降或消失、蛋白水解酶和糖苷酶活性增高等为肿瘤细胞快速增殖提供了物质基础。

二、膜下溶胶层

在质膜内侧存在一层厚约 0.1~0.2μm、黏滞透明的溶胶状物质，称为膜下溶胶层。膜下溶胶层分布的微管、微丝与膜蛋白质直接或间接相连，在膜下形成一个网络骨架结构，对维持细胞形态和细胞运动具有重要作用。

三、细胞表面的特化结构

在机体的某些组织器官，与细胞的功能相适应，质膜常与一些膜下结构（细胞骨架）相互联系，使其形态改变，形成具有某种特殊形态及特定功能的特化结构，包括微绒毛、鞭毛和纤毛、各种细胞连接等。例如，小肠上皮细胞表面的微绒毛扩大了小肠上皮细胞的吸收面积，微绒毛的伸缩与摆动有利于细胞对物质的吸收；呼吸道上皮细胞表面的纤毛通过定向摆动，可将吸入的灰尘或细菌颗粒排出；精子尾部是一根鞭毛，靠鞭毛摆动使精子游动；输卵管上皮细胞借助纤毛摆动可将受精卵送到子宫腔。细胞连接另有章节介绍。

第五节　质膜与细胞的物质运输

活细胞需要不断地从周围环境吸取营养物质，同时也不断地排出细胞内合成的功能产物及代谢废物，这些物质交换都要经过质膜。质膜是细胞与细胞外环境之间的半透性屏障，对穿膜运输的物质有选择和调节作用，从而维持细胞内外离子的浓度差、膜电位和膜内外渗透压的平衡，维持细胞内环境的相对稳定。质膜对所运输物质通透性的高低取决于质膜固有的脂溶性及物质本身的特性。小分子和离子通过质膜的方式是穿膜运输（transmembrane transport），大分子和颗粒状物质则以小泡运输（vesicular transport）的方式通过质膜。

一、穿　膜　运　输

穿膜运输又称跨膜运输，根据运输过程中是否需要能量，分为被动运输和主动运输两类。

（一）被动运输

被动运输（passive transport）是指物质由高浓度侧向低浓度侧转运，不需消耗细胞代谢能（ATP）的运输方式，转运动力来自于质膜内外两侧物质的浓度梯度或电位差。根据物质运输过程中是否需要膜蛋白质的协助，将其分为简单扩散和协助扩散。

1. 简单扩散　简单扩散（simple diffusion）又称自由扩散（free diffusion），是小分子物质穿膜运输的最简单方式。只要被运输的小分子物质在膜两侧存在浓度差，即可通过简单扩散的方式从高浓度侧扩散到低浓度侧。膜以简单扩散方式运输物质的能力称为膜的通透性（permeability），通透性的大小取决于被运输物质的理化特性，主要包括以下几方面：①脂溶性：由于膜的基本结构是脂质，因此，物质的脂溶性越大，越容易穿过质膜；②极性：非极性物质比极性物质更易溶于脂质，故非极性物质的通透性比极性物质高；③分子大小：小分子比大分子更易通过质膜；④导电性：不带电荷的物质容易穿过质膜，而带电荷的离子难溶于脂质，且带有水膜增大了有效体积，所以，带电荷的离子难以通过质膜。

上述各种因素的综合决定一种物质对膜的通透性。例如，脂溶性物质如醇、苯、甘油等和气体分子 O_2、CO_2、N_2 较易通过质膜；H_2O 和尿素分子是难溶于脂质的极性物质，但分子小，不带电荷，也能通过质膜；葡萄糖、蔗糖是不带电荷的较大极性分子，通透性很低；Na^+、K^+、Cl^-、Ca^{2+} 等尽管分子很小，因带电荷致周围形成水膜，故无法以简单扩散方式直接通过脂双层的疏水区，穿膜需依赖专一的膜蛋白（图4-20）。

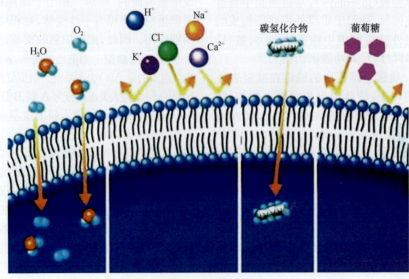

图 4-20　简单扩散示意图

2. 易化扩散　易化扩散（facilitated diffusion）又称协助扩散、促进扩散，是指带电荷或亲水性物质，借助运输蛋白的协助、被动运输的过程。葡萄糖、氨基酸、核苷酸等亲水性物质，Na^+、K^+、Cl^-、Ca^{2+} 等带电荷的金属离子都通过易化扩散运输。介导易化扩散的运输蛋白有载体蛋白（carrier protein）和通道蛋白（channel protein）两类，前者也介导主动运输。

（1）载体蛋白：载体蛋白是膜上与物质运输有关的穿膜蛋白（transmembrane protein），对所结合的溶质分子有高度选择性。某种溶质分子与载体蛋白的结合位点结合，引发载体蛋白空间构象改变，载体蛋白对被转运物质的亲和力也发生改变，于是被转运的溶质分子与载体蛋白分离而被释放，载体蛋白又恢复到原来的构象（图 4-21）。载体蛋白通过周而复始的构象变化，完成物质顺浓度梯度转运。

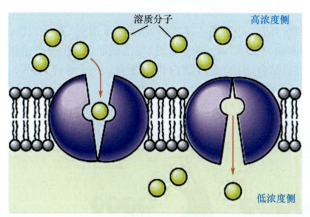

溶质分子　　高浓度侧

低浓度侧

图 4-21　载体蛋白介导的物质运输

易化扩散的速率取决于膜两侧溶质分子的浓度差，浓度差越大，运输速度越快。当溶质分子与载体蛋白结合饱和时，运输速率达到最大值，此时尽管膜两侧溶质分子浓度差非常显著，扩散速率也不会再加快。

案例 4-2
　　鱼的肉质鲜嫩、味道鲜美、易消化吸收，具有高蛋白、低脂肪、富含各种维生素、微量元素及矿物质等特点。常吃鱼肉，有健胃、利水消肿、通乳、清热解毒、养肝补血、滋肤养发、延年益寿等功效，还可预防高血压、心肌梗死等心血管疾病。鱼肉营养价值虽高，但有的鱼含有剧毒毒素，食之不慎，将有生命危险。

　　某男，44 岁，工人。午餐食河豚后不久即感恶心，并呕吐，上唇与舌尖发麻；继之感觉四肢无力、行走困难，遂由家属护送急诊。体格检查发现患者瞳孔已散大，心跳、呼吸停止。心肺复苏急救无效，患者死亡。

　　诊断：河豚中毒。

思考题：
　　河豚中毒致死的细胞生物学机理如何？

（2）通道蛋白：Na^+、K^+、Cl^-、Ca^{2+} 等离子不能直接穿过质膜的脂双层，但可借助于膜上的通道蛋白在几毫秒内穿膜。通道蛋白的中心是 0.35～0.8nm 的亲水性小孔（图 4-22），对离子具有高度亲和力和高度选择性，允许大小和电荷适宜的离子（如 Na^+、K^+、Ca^{2+} 等）通过，故通道蛋白又称离子通道（ion channel）。离子通道运输速度快，每秒可有 10^9 个离子通过。

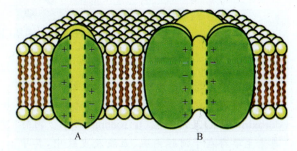

A　　　　　　B

图 4-22　通道蛋白模式图
A. 单个膜蛋白形成的通道；B. 多个膜蛋白形成的通道

　　通道蛋白小孔有的持续开放，但大多受"闸门"控制，只有接受特定刺激时才瞬时开放（只有几毫秒），随即关闭，即通常处于关闭状态，故离子通道又称为门控通道（gated channel），根据开启"闸门"信号分子的不同，门控通道分为 3 类（图 4-23）。

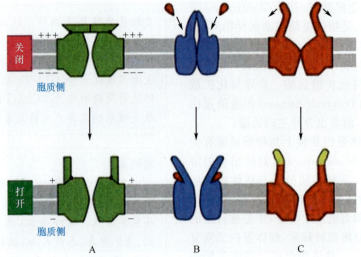

图 4-23　门控离子通道示意图
A. 电压门控离子通道；B. 递质门控离子通道；C. 应力激活通道

1) 电压门控离子通道：电压门控离子通道（voltage-gated ion channel）开、关受膜电位变化控制（图 4-24A），如 Na^+ 通道、K^+ 通道等。

2) 递质门控离子通道：递质门控离子通道（ligand gated ion channel）是指存在于神经元和肌细胞突触后膜，其开、关受神经递质控制的离子通道（图 4-23B）。例如，乙酰胆碱（神经递质）与乙酰胆碱受体（通道蛋白）结合，引起通道蛋白构象变化，使通道打开，K^+、Na^+、Ca^{2+} 等瞬间通过，当乙酰胆碱与受体分离时，通道蛋白构象恢复原状，通道随之关闭（图 4-24）。

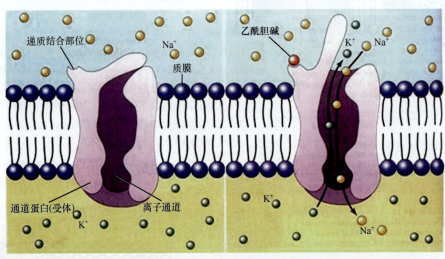

图 4-24　递质门控离子通道示意图

案例 4-2 分析

河豚学名暗纹东方鲀，俗称气泡鱼，淡水、海水均能生存。河豚有毒成分为河豚毒素（tetrodotoxin，TTX）及河豚酸（tetrodonic acid）。河豚毒素主要存在于河豚内脏、血液及皮肤中，其中卵巢毒性最大，肝脏次之。每年春季为河豚产卵期，此时毒性最强，食之最易中毒。

河豚毒素是一种含胍基的非蛋白质神经毒素，其毒性相当于氰化钠的 1000 倍，0.05g 河豚毒素或 0.01g 河豚酸可致体重 1000g 小狗死亡。河豚毒素中毒的机理是：河豚毒素吸收后与质膜钠通道受体特异性结合，阻止 Na^+ 进入细胞，阻滞动作电位，细胞兴奋性丧失，神经冲动传导障碍、肌肉麻痹，呼吸、循环衰竭，最终导致机体死亡。

河豚毒素中毒以神经系统症状为主。毒素进入人体后，潜伏期很短，发病迅速，快者十几分钟，慢者 2～3h 即出现明显症状。发病初期，患者腹部不适，手指、口唇、舌尖发麻或刺痛；继而出现恶心、呕吐、腹痛、腹泻、四肢乏力；严重者全身麻痹瘫痪、语言障碍、血压、体温下降，呼吸困难，最后因呼吸衰竭而死亡。如果抢救不及时，快者中毒后 10min 内死亡，最迟 4～6h 死亡。目前对河豚中毒尚无特效解毒剂，以尽快排出毒物为上策。

3) 应力激活通道:应力激活通道 (stress-activated channel) 是通道蛋白感受应力而改变构象,开启通道,离子通过亲水通道进入细胞,引起膜电位变化,产生电信号。例如,内耳听觉毛细胞顶部的听毛(静纤毛)即具有应力激活通道。当声音传至内耳时,引起毛细胞下方的基膜振动,使听毛触及上方的覆膜,迫使听毛弯曲,在这种机械应力作用下,应力门控通道开放,K^+ 流入毛细胞内,膜电位改变,产生电信号,从而将声波信号传递给听觉神经元(图 4-23C)。

门控离子通道的瞬时开放和关闭有利于细胞各种功能活动依次进行,即一个通道的离子大量进入,可引起另一个通道开放,后者还可引起其他通道的相继开放。例如,神经冲动引起骨骼肌收缩,整个反应过程不到1秒,至少有4种离子通道被依次激活(图 4-25)。

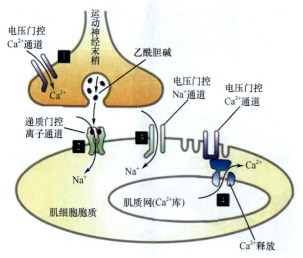

图 4-25　运动终板的门控离子通道

轴突终末内(膜外 Ca^{2+} 比膜内高 4 倍);②Ca^{2+} 浓度激增促进突触小泡与突触前膜接触、融合,突触小泡内乙酰胆碱释放到突触间隙;③乙酰胆碱扩散至突触后膜并与乙酰胆碱受体(递质门控离子通道)结合,使其构象变化,Na^+ 通道开放,Na^+ 瞬间大量流入肌肉细胞,引起肌膜局部膜电位改变而去极化;④肌肉细胞肌膜去极化进一步引起膜上其他电压门控 Na^+ 通道开放,产生 Na^+ 内流,去极化波及整个肌肉细胞肌膜;⑤肌肉细胞肌膜去极化引起肌质网(光面内质网)膜上 Ca^{2+} 通道开放,Ca^{2+} 由肌质网流入细胞质,胞质中 Ca^{2+} 浓度迅速升高引发肌肉细胞收缩。

(二) 主动运输

主动运输(active transport)又称主动转运,是特异性运输蛋白通过消耗能量,使离子或小分子逆浓度梯度的穿膜运输方式。根据利用能量方式的不同,主动运输分为 ATP 驱动泵和协同运输两种类型。

1. ATP 驱动泵　ATP 驱动泵是动植物细胞质膜上的穿膜蛋白,具有酶活性,能水解 ATP,使自身磷酸化,利用 ATP 水解释放的能量,逆浓度转运离子,故也称其为离子泵。

(1) 钠钾 ATP 酶:钠钾 ATP 酶 (sodium-potassium ATPase,Na^+-K^+ ATPase) 又称钠钾泵(sodium-potassium pump)。生理条件下,神经元、肌肉细胞内 K^+ 的浓度比细胞外高 30 倍,胞外 Na^+ 的浓度比胞内高 12 倍,但 K^+ 仍向细胞内运输,Na^+ 仍向细胞外运输。这种质膜内外 Na^+、K^+ 的浓度差就是靠膜上钠钾泵维持的。钠钾泵是由 2 个 α 亚基和 2 个 β 亚基组成的四聚体(图 4-26),α 亚基为多次穿膜的穿膜蛋白(约 120kD),具有 ATP 酶活性,其外表面有两个 K^+ 的结合位点,也是乌本苷(箭毒)(ouabain,钠钾泵的抑制剂)的结合位点,内表面(胞质面)有 3 个 Na^+ 和 ATP 的结合位点;β 亚基是具有组织特异性的糖蛋白(约 55kD),功能不详;如果将钠钾泵的 α、β 亚基分开,泵则失去活性。

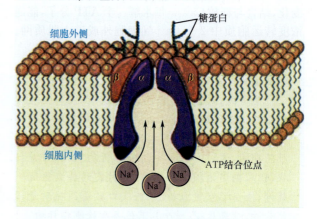

图 4-26　钠钾 ATP 酶结构模式图

钠钾泵的运输过程是通过催化 ATP 水解,驱动钠钾泵构型改变,实现 Na⁺ 和 K⁺ 的对向运输。当 Mg²⁺ 存在时,胞质中的 Na⁺ 与泵的结合位点结合,"泵"被激活,促进 ATP 水解为 ADP 和磷酸,磷酸基团与泵的 α 亚基结合使泵磷酸化,释放的能量使泵构象改变,变构的 α 亚基与 Na⁺ 的亲和力降低,释放 Na⁺ 于胞外。处于该构象的泵与膜外侧

K⁺ 亲和力增高,结合 K⁺ 后,刺激"泵"去磷酸化并恢复原构象,与 K⁺ 的亲和力降低,释放 K⁺ 于胞内,完成一个循环(图 4-27)。随着泵周而复始的构象变化,Na⁺、K⁺ 逆浓度梯度转运得以完成。钠钾泵每秒可水解 1000 个 ATP 分子,每水解 1 个 ATP 分子所释放的能量可供泵向细胞外转运 3 个 Na⁺,向细胞内转运 2 个 K⁺。

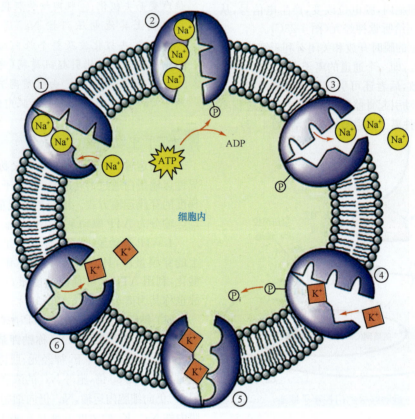

图 4-27　钠钾泵运输 Na⁺ 和 K⁺ 的过程

(2) 钙 ATP 酶:钙 ATP 酶(calcium ATPase)又称钙泵(calcium pump,Ca²⁺ pump),是质膜和肌肉细胞肌质网膜上的整合蛋白质,具有酶活性。真核细胞内 Ca²⁺ 浓度极低,细胞外 Ca²⁺ 浓度比胞内高很多,细胞内外 Ca²⁺ 的浓度差是由质膜上钙泵维持的。像钠钾泵一样,钙泵磷酸化和去磷酸化过程中,通过构象变化,结合与释放 Ca²⁺。每水解一个 ATP 分子,能逆浓度转运胞质中 2 个 Ca²⁺ 到细胞外或进入肌质网。因此,Ca²⁺ 在细胞运动、肌肉收缩方面起关键作用。

案例 4-3

　　某村民,感冒发烧期间,尿多且黄,在村卫生室检查时发现尿糖(＋＋),连续几天均呈现尿糖(＋＋)。医生疑为糖尿病,用消渴丸为其治疗。服药期间,该村民出现餐后饥饿、无力、出汗等症状,但尿糖仍为阳性。其后,该村民到县级医院就诊,检查了空腹血糖、尿糖及口服葡萄糖耐量试验等,结果尿糖(＋＋),其他各项检测指标均

正常。医生告诉该村民,没有患糖尿病,只是肾性糖尿。

思考题:

　　1. 什么是肾性糖尿? 是遗传病吗?

　　2. 正常人尿中含糖吗? 试从细胞水平分析尿糖升高的机制。

2. 协同运输　协同运输(co-transport)又称协同转运,是指一种物质逆浓度梯度的穿膜运输,依赖另一种物质同时或先后穿膜的运输方式。前者逆浓度梯度运输所需能量,不是 ATP 水解直接提供,而是依赖后者膜两侧的浓度梯度(即离子电化学梯度的势能),所以将这种物质运输方式称为协同运输。协同运输的电化学梯度(electrochemical gradient)是钠钾泵或质子泵水解 ATP 维持的,即物质运输所需能量是 ATP 水解间接提供的,故协同运输又称为离子驱动的主动运输或伴随运输。

葡萄糖、果糖、半乳糖、氨基酸、核苷酸等溶质分子进入细胞的方式,一是顺浓度梯度的易化扩散,二是协同运输。例如,小肠上皮细胞内葡萄糖浓度高,Na^+浓度低;肠腔内葡萄糖浓度低,Na^+浓度高。尽管如此,肠腔内的葡萄糖仍不断进入小肠上皮细胞。葡萄糖逆浓度梯度转运的动力来自膜内外两侧 Na^+ 的浓度差。小肠上皮细胞质膜上有运输 Na^+ 和葡萄糖的共运载体,在质膜外表面,共运载体结合 2 个 Na^+ 和 1 个葡萄糖分子,葡萄糖分子利用 Na^+ 浓度差的势能,与 Na^+ 相伴进入细胞;Na^+ 释放后,载体蛋白构象变化,失去与葡萄糖分子的亲和力而使之分离,继而载体蛋白恢复原来构象(图 4-28)。葡萄糖进入肠上皮细胞的速度,与肠上皮细胞内、外 Na^+ 浓度差成正比。随着 Na^+ 浓度差变小,葡萄糖分子进入细胞的速度减慢。进入肠上皮细胞内的 Na^+ 通过钠钾泵的作用泵出细胞外,使协同运输得以继续进行。

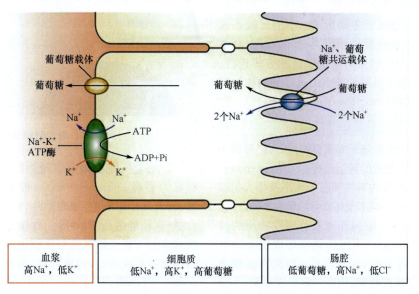

图 4-28　葡萄糖与 Na^+ 的协同运输

上述协同运输的 Na^+ 和葡萄糖均由细胞外进入细胞内,方向相同,称为共运输(symport)或同向运输;若两种不同离子或分子分别向膜的相反方向运输,称为对向运输(antiport)。

案例 4-3 分析

"肾性糖尿"(renal glucosuria)是由于近端肾小管重吸收葡萄糖功能降低而引起的疾病。生理状态下,近端肾小管对葡萄糖具有较强的重吸收能力,尿中葡萄糖含量甚微,尿糖检查为阴性;当血糖浓度超过肾小管上皮细胞对葡萄糖的重吸收极限,葡萄糖不能全部被重吸收,尿中开始出现葡萄糖时的血糖浓度称为肾糖阈(正常值为 8.88~9.99mmol/L)。肾性糖尿病患者肾糖阈降低。

肾性糖尿大多为遗传因素导致的常染色体隐性遗传病,即原发性肾性糖尿。患者除肾糖阈降低外,其他肾功能均正常,也无脂肪、蛋白质代谢异常,预后良好,本例中的村民即属此类。

正常情况下,近端肾小管上皮细胞质膜上有 Na^+-葡萄糖同向共运载体和 Na^+-葡萄糖、氨基酸同向共运载体,当 Na^+ 顺浓度梯度由管腔进入细胞时,葡萄糖和氨基酸也相伴而入。流经近端肾小管的葡萄糖几乎全部被重吸收。如果基因缺陷,导致近端肾小管上皮细胞质膜上 Na^+ 驱动的 Na^+-葡萄糖共运载体或 Na^+-葡萄糖、氨基酸共运载体功能障碍或缺失,葡萄糖不能完全被重吸收而出现糖尿。

肾性糖尿偶也可继发于慢性肾炎、肾病综合征、范可尼综合征(Fanconi syndrome)等疾病及多发性骨髓瘤肾损害,故也称为继发性糖尿。另外,受雌激素影响,少数孕妇妊娠中、后期近端肾小管对葡萄糖重吸收能力减弱,可致肾糖阈下降而出现糖尿,此种糖尿分娩后消失;应用青霉素、水杨酸类、强心式、噻嗪类利尿剂、泼松等药物也可产生糖尿,随药物停用糖尿消失。

除继发性糖尿病患者治疗原发病外,大多数肾性糖尿者无明显临床症状,不需特殊治疗,低血糖时对症治疗即可。

该村民因尿糖(++)升高,被村医疑为糖尿病,用消渴丸治疗期间出现餐后饥饿、无力、出汗等症状,是由于消渴丸中格列本脲降低空腹血糖和餐后血糖所致。该村民血糖不高,无糖尿病,无需服用此药。

二、小泡运输

运输蛋白只能介导小分子物质和离子进出细胞，不能介导蛋白质、核酸、多糖等大分子和颗粒物质的运输。大分子或颗粒物质进出细胞，并不直接穿过质膜，而是通过小泡形成、位移、融合等复杂环节完成运输过程。因此，大分子和颗粒物质的运输方式称为小泡运输。小泡运输过程涉及小泡的融合与断裂，需要消耗细胞代谢能（ATP），也属于主动运输。小泡运输不仅发生在质膜，细胞内各种膜性细胞器（如内质网、高尔基体、溶酶体等）之间的物质运输也以这种方式进行。细胞摄入和排出大分子及颗粒物质的过程分别称为胞吞（endocytosis）和胞吐（exocytosis）。

（一）胞吞

质膜包裹环境中的大分子或颗粒物质，内陷形成小泡，小泡脱离质膜进入细胞的转运过程称为胞吞（endocytosis），又称为内吞。根据内吞物质分子大小及摄入机制的不同，胞吞分为胞饮、吞噬和受体介导的胞吞3种方式。

1. 胞饮　细胞摄入细胞外液及可溶性物质的过程称为胞饮（pinocytosis）。当细胞周围环境中某些可溶性物质达到一定浓度时，这些物质可吸附在细胞表面，引发该部位膜下微丝收缩，质膜凹陷形成小窝；小窝逐渐内陷，将液体或微小颗粒物质包裹，形成直径小于150nm的吞饮体（pinosome）或胞饮泡（pinocytic vesicle）（图4-29）。吞饮体在细胞内与内体溶酶体融合后降解。

胞饮现象常发生在能形成伪足或转运功能活跃的细胞，如人的黏液细胞、毛细血管内皮细胞、小肠及肾小管上皮细胞、巨噬细胞等。胞饮是持续发生的，1个巨噬

细胞1h吞饮的细胞外液可达细胞体积的20％～30％。

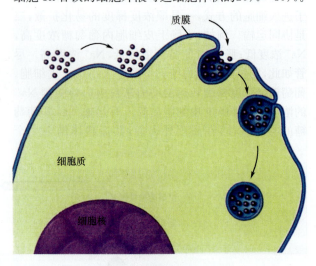

图4-29　胞饮过程示意图

2. 吞噬　细胞摄取直径＞250nm颗粒物质的过程称为吞噬（phagocytosis）。被吞噬的物质包括细菌、衰老死亡的细胞、细胞碎片、粉尘颗粒及多分子复合物（直径可达几微米）等。吞噬发生时，被吞噬的颗粒或多分子复合物首先与质膜表面接触，质膜随即向内凹陷或形成伪足，包裹颗粒，逐渐形成吞噬体（phagosome）或吞噬泡（phagocytotic vesicle）（图4-30）；吞噬体也与内体溶酶体融合并被降解。

吞噬是原生动物获取营养物质的主要方式，在人及高等动物，只有单核细胞、巨噬细胞、中性粒细胞等少数特化细胞有吞噬功能，它们广泛分布于组织和血液中，具有吞噬入侵微生物，清除机体内损伤、衰老和死亡细胞的功能。

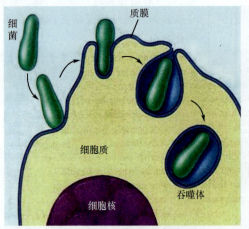

A.细胞吞噬过程示意图

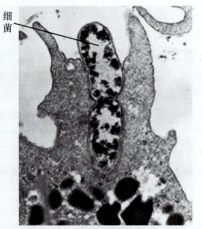

B.细胞吞噬电镜图

图4-30　细胞吞噬过程

案例4-4

家族性高胆固醇血症（familial hypercholesterolemia，FH）属脂代谢紊乱性疾病，主要表现为血清低密度脂蛋白胆固醇（LDL-C）显著升高，

手背、肌腱、肘关节、膝关节、眼睑等部位出现黄色瘤，动脉粥样硬化，老年环（又称角膜弓）等。病人大多有家族史，多因局部黄色瘤和早发冠心病就诊。病程越长，表现出的体征越多。

该病如果不能早期发现、合理治疗,将逐渐演变为冠心病、脑血管栓塞、心肌梗死等疾病,部分重症患者可于青少年期猝死。

思考题:

1. 家族性高胆固醇血症发病机制是什么?
2. 该病遗传吗? 如遗传,遗传方式是什么?

3. 受体介导的胞吞 受体介导的胞吞(receptor-mediated endocytosis)是通过受体介导,细胞高效摄取细胞外特定大分子物质的过程。在此过程中,细胞

能选择性地吞入细胞外液中含量很低的成分,避免摄入过多的液体,与非特异性胞吞相比,受体介导的胞吞可提高吞噬效率1000多倍。

质膜上有多种配体的受体,受体尾部有4个氨基酸残基组成的胞吞信号(Y-X-X-ϕ,Y为酪氨酸、X为任意氨基酸、ϕ为疏水氨基酸)。细胞外液中配体与质膜上相应受体特异性结合,受体与质膜中衔接蛋白(adaptin)结合,衔接蛋白又与网格蛋白结合,由此形成配体-受体-衔接蛋白-网格蛋白复合物。多个复合物聚集处质膜内陷形成有被小窝(coated pit)(图4-31)。

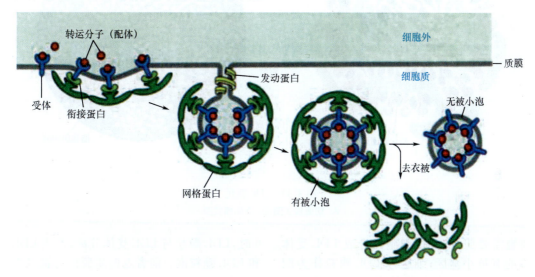

图 4-31 受体介导的胞吞

有被小窝约占质膜总面积的2%,但其受体的密度却是质膜其他部位的10~20倍。电镜下可见

该区域向胞质侧凹陷,胞质侧有毛刺状外衣(图4-32)。

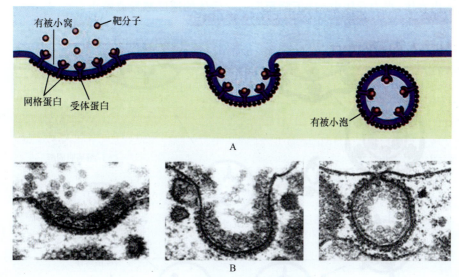

A

B

图 4-32 有被小窝和有被小泡
A. 模式图;B. 电镜图

有被小窝颈部被领圈样发动蛋白(dynamin)环绕。发动蛋白是一种GTP酶,能水解与其结合的GTP,引起构象改变,使颈部缢缩,故又称为缢断蛋

白;有被小窝逐渐加深,最终从质膜上断离,形成直径50~250nm的有被小泡(coated vesicle)。有被小泡脱去网格蛋白衣被,成为无被小泡;网格蛋白可重复利

用,无被小泡移向靶膜(图 4-31)。有被小泡的形成过程需 GTP 水解提供能量,因此,受体介导的胞吞是耗能的主动运输过程。

下面以细胞摄取胆固醇为例,介绍受体介导胞吞的基本过程。

胆固醇是质膜、胆汁、性激素的合成原料,血液中胆固醇多以低密度脂蛋白(low density lipoproteins, LDL)颗粒形式存在和运输。LDL 为直径 20～25nm 的球形颗粒,颗粒中心约含有 1500 个酯化胆固醇分子,包裹颗粒的磷脂单层上镶嵌有载脂蛋白(图 4-33)。

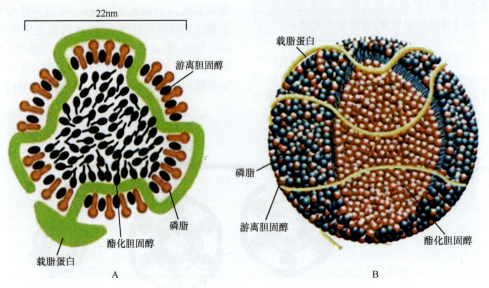

图 4-33 LDL 颗粒
A. 切面模式图;B. 立体模式图

当细胞需要胆固醇时,细胞先合成 LDL 受体嵌入质膜的有被小窝区;细胞外 LDL 颗粒作为配体与质膜上 LDL 受体特异性结合,有被小窝不断内陷,继而脱离质膜形成有被小泡。有被小泡迅速脱去衣被形成无被小泡,无被小泡与细胞内的胞内体融合形成内吞体,内吞体膜上有 H^+ 泵,可将胞质中的 H^+ 泵入内吞体,当内吞体中 pH 下降至 5～6 时,LDL 颗粒与 LDL 受体分离,形成 LDL 受体泡和 LDL 颗粒泡。前者返回质膜的有被区参与受体再循环;后者与内体溶酶体融合成吞噬溶酶体,其中溶酶体酶将 LDL 颗粒降解成游离胆固醇供细胞利用(图 4-34)。当细胞内游离胆固醇含量过多时,通过细胞的反馈调节,相关细胞合成胆固醇和 LDL 受体的速度减慢或停止。

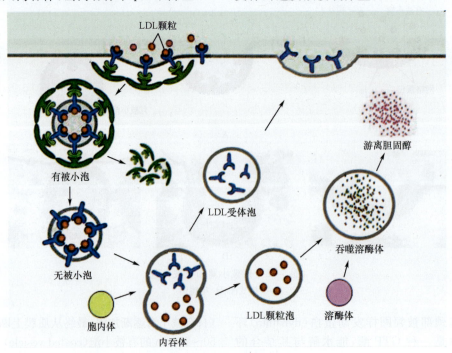

图 4-34 LDL 受体介导的胞吞过程

受体介导的胞吞特异性强，效率高，1 个有被小泡可运输多个 LDL 颗粒，每个 LDL 颗粒约含 1500 个胆固醇分子。因此，受体介导的胞吞是动物细胞主动、特异、高效摄取许多重要物质的方式，大约 50 种以上的不同蛋白质、激素、生长因子、淋巴因子以及铁、维生素 B_{12} 等以这种方式进入细胞；流感病毒和艾滋病病毒（HIV）感染细胞，肝细胞从肝血窦向胆小管转运免疫球蛋白 A（IgA）也是通过这种方式进行的。

案例 4-4 分析

家族性高胆固醇血症为常染色体显性遗传病，也是导致动脉粥样硬化和冠心病的危险因素。家族性高胆固醇血症患者动脉粥样硬化发生较早，心绞痛和心肌梗死均可在幼年发生。该病根本原因在于 LDL 受体基因突变，导致细胞质膜上 LDL 受体数目或结构异常。①质膜上 LDL 受体缺乏或数目减少，细胞摄取胆固醇障碍，导致大量游离胆固醇和 LDL 颗粒积聚于血液、组织间隙或组织中巨噬细胞内。游离胆固醇和 LDL 颗粒积聚于组织间隙，表现为黄色瘤；积聚于血液中，可沉积在血管壁，久而久之可致动脉粥样硬化。重症患者体内 LDL 受体只有正常人的 3.6%，而血浆中的胆固醇比正常人高 6 倍多，常在 20 岁左右出现动脉硬化，多死于冠心病；轻症患者 LDL 受体为正常人的 60%，多在 40 岁左右患冠心病；②LDL 受体数目正常，但 LDL 受体连接部异常，导致 LDL 受体不能与 LDL 颗粒结合而致病；③有被小窝处质膜结构异常，LDL 受体不能固定在有被小窝区，导致细胞摄取 LDL 颗粒障碍而致病。

（二）胞吐

胞吐（exocytosis）又称外排、出胞，是细胞将自身合成的外输性物质（如肽类激素、酶类、细胞因子等）和代谢废物释放到细胞外的过程。出胞的物质首先由内膜包裹形成小泡，小泡逐渐移向质膜内表面，小泡的膜与质膜融合，将小泡内物质释放于胞外（图 4-35）。

胞吞和胞吐过程伴随着质膜的运输，胞吞使质膜不断减少，胞吐使质膜不断获得补充，此过程构成了质膜循环。

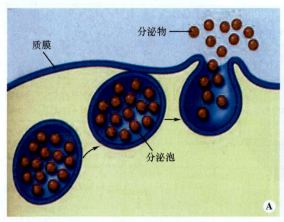

图 4-35 胞吐过程
A. 示意图；B. 电镜图

思 考 题

1. 质膜由哪些成分组成？这些成分是如何构成质膜的？有何特性？
2. 何谓细胞外被？细胞外被的功能有哪些？
3. 以 Na^+-K^+ 泵为例，简述质膜的主动运输过程及特点。
4. 以细胞摄取胆固醇为例，简述受体介导的胞吞过程及特点。
5. 质膜结构或功能异常可引起哪些疾病？

（肖桂芝 冯立新）

第五章　细胞通信和信号转导

多细胞生物的显著特点是细胞与细胞、细胞与细胞外环境间存在相互沟通、相互作用和相互依赖的关系,这种现象称为细胞社会性(cell society)。具有社会性的细胞间通过直接接触或通过精确和高效地发送与接收信息而发生的联系称为细胞通信(cell communication)。通过细胞通信,细胞外信号与细胞表面受体或细胞内受体相互作用,使细胞外信号转变为细胞内信号,并产生胞内信号传递级联反应,进而影响细胞的生物学功能。此过程称为信号转导(signal transduction)(图 5-1)。

细胞通信和细胞信号转导在细胞间和细胞内形成精细的网络,对协调身体各部分细胞的活动,适应内、外环境的变化有重要意义。

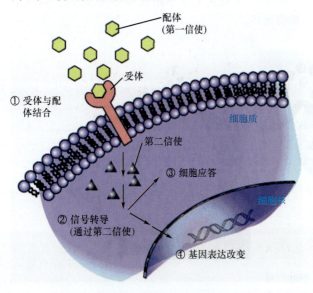

图 5-1　细胞通信和信号转导过程示意图

细胞通信和信号转导的途径简称信号转导通路,包括 3 个环节:①信号分子释放;②细胞表面受体接收信号分子,并将信号穿膜向胞内传递;③信号在胞内传递。信号转导通路任一环节异常都可能导致疾病。信号转导通路与疾病关系的研究,不仅有助于阐明疾病的发生机制,也为新药设计和探索新的治疗方法提供了思路。

> **案例 5-1**
>
> 患者,男,60 岁,4 年前自觉右上肢动作不灵活,有僵硬感并伴不自主抖动,情绪紧张时症状加重,睡眠时症状消失;3 年前左上肢亦出现上述表现,并逐渐出现起身落座困难,行走时前冲,易跌

倒,步态幅度小,转身困难等表现;1 年前记忆力明显减退,情绪低落。

体格检查: 神清,面具脸、面部油脂分泌较多、伸舌居中、双侧鼻唇沟对称(图 5-2);四肢肌张力呈齿轮样增高,双侧腱反射正常,四肢肌力均为 0 级,双手不自主震颤,呈搓丸状,无明显共济失调表现;双侧病理征(一),交谈时语音低沉,写字表现为字越写越小。

辅助检查: 头颅 CT 示双侧基底节区腔隙性低密度影。

思考题:

1. 患者得的是什么病?
2. 该病的发病机制如何?

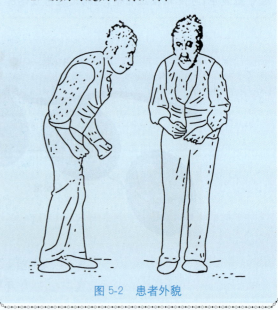

图 5-2　患者外貌

第一节　细胞通信和信号转导系统

细胞之所以能够相互通信、对外来信号做出反应,是因为细胞有一套有效的通信和信号转导系统。该系统包括细胞发送的信号分子、信号接收装置、信号转导装置和第二信使等。

细胞通信中,细胞接受的信号既可以是物理信号(如光、热、电流等),也可是化学信号,以化学信号多见。通常将参与细胞信号转导的化学分子称为信号分子(signal molecule)或信使(messenger),由信号细胞(signalling cell)产生。信号分子分为胞外信号分子(胞间信使)或第一信使(primary messenger)和胞内信号分

子(胞内信使)或第二信使(second messenger)。

一、胞外信号分子

从化学结构来看,胞外信号分子包括短肽、蛋白质、气体分子(NO、CO)以及氨基酸、核苷酸、脂类和胆固醇衍生物等。依据信号分子的作用距离,胞外信号分子分3类:第一类是通过内分泌(endocrine)方式作用于较远的靶细胞,第二类是以旁分泌(paracrine)方式影响近距离的靶细胞,第三类是以自分泌(autocrine)方式作用于自身细胞。依据来源和作用方式,胞外信号分子分为激素、神经递质、局部介质和气体分子4类。以下主要介绍前3类。

(一) 激素

激素(hormone)是内分泌细胞(如肾上腺皮质细胞、睾丸间质细胞、胰岛B细胞等)分泌的对靶细胞的物质代谢或生理功能起调控作用的一类微量有机分子,也称为内分泌信号(endocrine signaling)。激素从内分泌细胞合成、分泌后,经血液或其他细胞外液运输到作用部位。通过激素传递信息是最广泛的一种信号转导方式,作用距离远,可覆盖整个生物体,这种信号转导方式称为内分泌型。

(二) 局部介质

局部介质(local mediator)也称为局部化学介导因子,是各种不同类型细胞合成并分泌到细胞外液,作用于周围细胞的信号分子。通常将这类信号分子称为旁分泌信号(paracrine signaling)。如果信号分子作用于分泌细胞本身或邻近同一类型的细胞,则称其为自分泌信号(autocrine signaling)。例如,前列腺合成、分泌的前列腺素(prostaglandin,PG)作用于前列腺细胞自身,也能够控制邻近细胞的活性。培养细胞也能分泌某些生长因子刺激自身的生长增殖。通过旁分泌信号、自分泌信号传递信息的信号转导方式分别称为旁分泌型和自分泌型。

(三) 神经递质

神经递质(neurotransmitter)是神经元合成的,经神经末梢释放,作用于神经元或靶细胞的小分子物质,也称为神经信号(neuronal signaling)。传递神经信号的信号导方式称为突触型。

案例 5-1 分析

根据发病年龄,缓慢进行性病程,静止性震颤、肌强直、运动迟缓、姿势步态异常4项主征及辅助检查结果可诊断为帕金森病。帕金森病(Parkinson disease,PD)又称"震颤麻痹",是以静止性震颤,肌肉僵直,行动迟缓为主要临床表现的较常见老年神经变性疾病。65岁以上人群发病率2%。

本病的研究至今已近200年,但对病因和发病机制仍未完全明了。许多资料表明,本病的发生与多巴胺(dopamine)有关。多巴胺和乙酰胆碱是纹状体内两种重要的神经递质,功能相互拮抗,二者的平衡对基底节环路活动起着重要的调节作用。帕金森病时,由于黑质多巴胺能神经元变性、缺失,纹状体多巴胺含量显著降低,造成乙酰胆碱功能相对亢进,导致肌张力增高、运动减少等临床表现。近年来发现,患者的中脑-边缘系统和中脑-皮质系统多巴胺含量也显著减少,这可能与智能减退、行为情感异常、言语错乱等高级神经活动障碍有关。

依据信号发送细胞与靶细胞的作用方式,可将细胞通信与细胞信号转导方式分为6种类型,即内分泌型、旁分泌型、自分泌型、突触型、接触依赖型和缝隙连接型。前4种已述及。

缝隙连接型是相邻细胞间通过特化的孔道快速交换 Ca^{2+}、cAMP 等小分子信号,协调细胞群对外来信号的反应。例如,心肌细胞间通过缝隙连接快速传导电信号,协调心肌细胞间同步收缩。

接触依赖型是指通过质膜表面有受体分子的靶细胞,与质膜表面有信号分子的发送信号细胞直接接触感知信号分子。免疫细胞的相互识别就是通过这种方式(图5-3)。

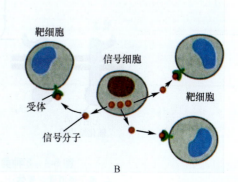

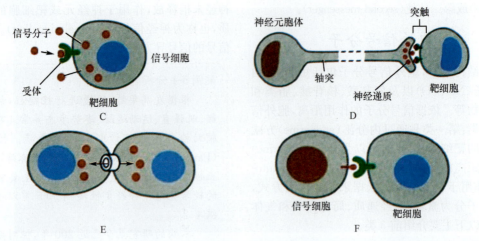

图 5-3　细胞通信与信号转导的方式
A. 内分泌型；B. 旁分泌型；C. 自分泌型；D. 突触型；E. 缝隙连接型；F. 接触依赖型

二、受　体

受体（receptor）是能与胞外信号分子专一性结合引起细胞反应的蛋白质，有细胞表面受体和细胞内受体之分。与受体结合的胞外信号分子也称为配体（ligand）。

（一）细胞表面受体

细胞表面受体（cell surface receptor）位于细胞质膜，大多是膜蛋白，少数是糖脂。细胞表面受体通过与配体的结合启动细胞内信号转导通路。细胞表面受体约有 20 个家族，根据与受体直接偶联的信号转导蛋白的不同，细胞表面受体主要分为 3 大类型：离子通道型受体（ionotropic receptor）、G 蛋白偶联受体（G-protein coupled receptor）和酶联受体（enzyme-linked receptor）（图 5-4）。

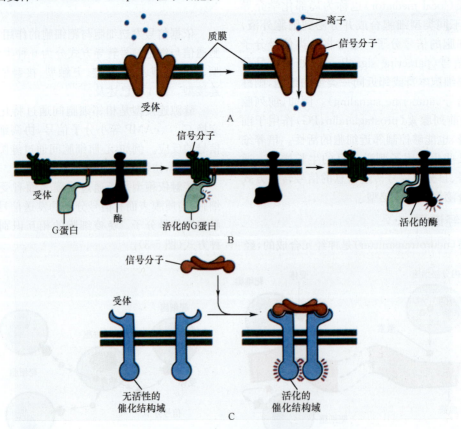

图 5-4　3 种类型的细胞表面受体
A. 离子通道偶联受体；B. G 蛋白偶联受体；C. 酶联受体

1. 离子通道型受体　具有离子通道作用的细胞质膜受体称为离子通道型受体,主要存在于神经元、肌肉细胞等可兴奋细胞质膜上,其信号分子为神经递质。神经递质通过与受体的结合而改变通道蛋白的构象,导致离子通道的开启或关闭,改变质膜的离子通透性,瞬间将胞外化学信号转换为电信号,继而改变突触后细胞的兴奋性。

2. G 蛋白偶联受体　G 蛋白偶联受体是一类与三聚体 G 蛋白偶联的细胞表面受体,是迄今发现的最大的受体超家族,有 1000 多个成员。该受体蛋白含有 7 个穿膜区,N 端在胞外,C 端在胞内,穿膜部分是疏水的 α 螺旋;胞外区有配体结合位点,胞内区能与 G 蛋白结合(图 5-5)。信号分子与受体的胞外结构域结合,引起受体的胞内结构域激活相偶联的 G 蛋白,调节相关酶活性,并在细胞内产生第二信使,从而将胞外信号穿膜传递到胞内。G 蛋白偶联受体超家族的配体包括视紫红质(脊椎动物眼的光激活受体蛋白)、多种神经递质、肽类激素和趋化因子等。在感受味觉、视觉和嗅觉等的感觉神经元表面,接受理化因素的受体亦属 G 蛋白偶联型受体。

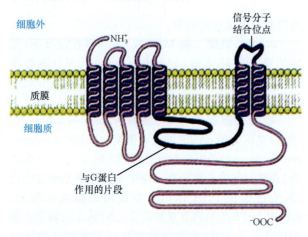

图 5-5　G 蛋白偶联受体的结构

3. 酶联受体　酶联受体既是受体又是酶,其一旦被配体激活即具有酶活性,并将信号放大,又称催化受体(catalytic receptor)。按照受体的细胞内结构域是否具有酶活性,将此类受体分为两类,即缺少细胞内催化活性的酶联受体和具有细胞内催化活性的酶联受体。非酪氨酸激酶受体(nonreceptor tyrosine kinase)就是缺少细胞内催化活性的酶联受体。虽然这种受体本身没有酶的结构域,但实际效果与具有酶结构域的受体是一样的。非酪氨酸激酶受体的受体与酪氨酸激酶是分开的,配体与受体结合后,受体形成二聚体,两个酪氨酸激酶分别与受体结合并被激活。细胞内具有催化结构域的酶联受体有很多种类型,包括具有鸟苷酸环化酶活性受体和磷酸酶的活性受体、丝氨酸/苏氨酸蛋白激酶活性受体或酪氨酸蛋白激酶的活性的受体。

(二)细胞内受体

位于细胞质或细胞核内能与特异性配体结合的受体称为细胞内受体(intracellular receptor)。细胞内受体的配体包括亲脂素和活化的蛋白激酶 C(PKC)等,实际上是配体依赖的转录因子。细胞内受体与脂溶性信号分子结合形成受体-配体复合物后就成为转录促进因子,作用于特异的基因调控序列,启动基因的转录。例如,在糖皮质激素受体激活过程中,激素通过扩散穿过质膜,与胞质溶胶中的受体结合,促进受激素调节的基因转录。

三、信号转导蛋白

细胞内的一系列信号转导蛋白是信号转导系统的组成部分,例如,G 蛋白就是信号转导蛋白。许多信号转导蛋白都具有酶活性,通过酶活性变化,将信号依次下传。多数信号转导蛋白的活化都是一过性的,活化后的信号转导蛋白在特定机制作用下迅速灭活,恢复非活性状态,以使该信号转导蛋白能对新的上游信号做出及时反应而再次活化。

四、第 二 信 使

受细胞外信号的作用,在细胞信号转导通路的某些节点产生的功能性小分子称为第二信使。第二信使作用于靶酶或胞内受体,调节其活性,从而将信号传递到级联反应的下游。第二信使的特点是在短时间内迅速产生,短时间内又迅速灭活,从而具有信号传递的功能。

目前所知的第二信使包括环核苷酸类的 cAMP、cGMP,脂类衍生物二酰甘油(diacylglycerol,DAG)、肌醇三磷酸(inositol triphosphate,IP_3)及无机物 Ca^{2+}、NO 等。

第二节　信号转导的主要途径

一、cAMP 信号转导通路

信号分子作用于细胞表面受体后,激活 G 蛋白偶联系统,产生的 cAMP 激活蛋白激酶 A(PKA),继而使信号放大,此途径称为 PKA 信号转导通路,亦称 cAMP 信号转导通路。在该信号转导通路中,G 蛋白、第二信使 cAMP 和蛋白激酶 A 等相互协调作用,最终产生一系列生物学效应。

(一)G 蛋白偶联系统

1. 受体　G 蛋白偶联受体分刺激型(receptor for stimulatory hormone,Rs)和抑制型(receptor for inhibitory hormone,Ri)两类(图 5-6):刺激型(Rs)能

通过刺激型 G 蛋白(Gs)增强腺苷酸环化酶活性,提高细胞内 cAMP 含量。肾上腺素(β 型)受体,胰高血糖素、垂体后叶素(加压素)、促黄体生成素、促卵泡激素、促甲状腺素、促肾上腺皮质激素等的受体均属于此类;抑制型受体(Ri)通过抑制型 G 蛋白(Gi)抑制腺苷酸环化酶活性,降低胞内 cAMP 含量,属于这一类的受体有肾上腺素(α₂)受体及阿片肽、乙酰胆碱、生长素释放抑制激素等的受体。一个特定细胞的膜上可以有数种不同受体,例如,大鼠脂肪细胞中至少有 5 种 Rs 和 2 种 Ri。

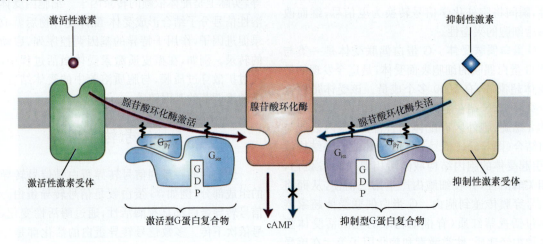

图 5-6　cAMP 信号转导系统中的刺激型 Rs 和抑制型 Ri 两类受体

2. G 蛋白　G 蛋白(G-protein),即 GTP 结合蛋白(GTP binding protein),是由 α、β、γ 3 个不同亚基组成的异源三聚体,相对分子质量约为 100kD。与 β、γ 亚基相比,α 亚基的差异最大,至少有 11 种类型,故常以 α 亚基作为 G 蛋白分类的依据。α 亚基有多个结合位点:包括受体结合位点、靶蛋白结合位点、GTP 结合位点、GTP 酶活性位点、ADP 核糖化位点和微管蛋白结合位点等。

G 蛋白没有穿膜蛋白的特点,其 β、γ 亚基紧密结合,依靠 γ 亚基氨基酸的脂化修饰作用将 G 蛋白固定在质膜内侧。目前,已有多种 α、β、γ 亚基被分离鉴定,理论上,可组合成上千种异三聚体 G 蛋白。

G 蛋白分刺激型和抑制型两类,能激活腺苷酸环化酶的为刺激型(Gs),对腺苷酸环化酶有抑制作用的为抑制型(Gi)。G 蛋白有多种调节功能,包括对腺苷酸环化酶的激活或抑制,对磷酸二酯酶、磷酯酶 C 的活性及细胞内 Ca^{2+} 浓度的调节等。此外,G 蛋白还参与门控离子通道的调节。

3. 第二信使　在 Mg^{2+} 或 Mn^{2+} 存在情况下,激活的腺苷酸环化酶(adenylate cyclase,AC)能够将 ATP 转变成 cAMP,AC 是 G 蛋白偶联系统的效应物,cAMP 是第二信使。

4. 蛋白激酶 A　蛋白激酶 A(protein kinase A,PKA)又称依赖 cAMP 的蛋白激酶(c-AMP dependent protein kinase),由 4 个亚基组成(图 5-7)。一般认为,真核细胞内几乎所有 cAMP 的作用都是通过活化 PKA,进而使 PKA 作用底物蛋白磷酸化实现的。cAMP 与 PKA 的调节亚基结合,使 PKA 的调节亚基与催化亚基分开,被激活的催化亚基可使底物磷酸化。通常,磷酸化可使底物激活,去磷酸化则使底物失活。磷酸化和去磷酸化是信号转导中十分快捷的反应方式。激活的 PKA 能够使多种底物磷酸化而激活,进而引起多种反应。

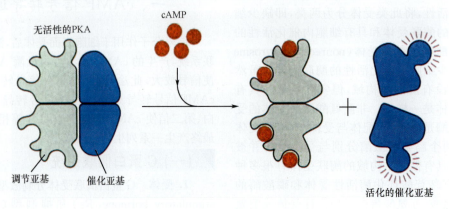

图 5-7　cAMP 激活蛋白激酶 A 作用机制

不同组织中,依赖 cAMP 的 PKA 的底物不同。比如,肾上腺素通过 cAMP 和 PKA 对糖原代谢的调控主要表现在肝细胞和肌肉细胞,因为这两种细胞表达糖合成和降解的酶。在脂肪细胞中,肾上腺素通过 cAMP 和 PKA 的激活,促进了磷脂酶的磷酸化,磷酸化了的磷脂酶催化储存的甘油三酯水解,产生游离脂肪酸及甘油分子;脂肪酸被释放到血液中被其他组织(如心脏、肌肉组织)作为能量来源摄取。糖原合成和降解的酶、磷脂酶均为 PKA 作用的底物。

PKA 既可使细胞质中的底物蛋白磷酸化后立即起作用,也可以进入细胞核作用于基因表达的调控蛋白,启动基因的表达。

（二）cAMP 信号转导机制

无信号分子作用于细胞表面受体,G 蛋白处于非活化态,其 α 亚基与 GDP 结合,腺苷酸环化酶没有活性。当细胞外信号分子(配体)与细胞表面受体结合后,受体构象改变,G 蛋白结合位点暴露,使配体-受体复合物与 G 蛋白结合;复合物的形成使 G 蛋白 α 亚基构象改变,排斥 GDP、结合 GTP 而活化,活化的 G 蛋白三聚体解离为 α 亚基和 βγ 亚基复合物,α 亚基暴露出与腺苷酸环化酶的结合位点;结合 GTP 的 α 亚基与腺苷酸环化酶结合,使之活化,并将 ATP 转化为 cAMP。

cAMP 作为第二信使与 PKA 的调节亚基结合,使调节亚基构象变化,催化亚基随之与其分离而被活化;活化的 PKA 经核孔进入细胞核,使基因调节蛋白磷酸化,磷酸化的基因调节蛋白激活启动靶基因的表达,经转录、翻译形成的蛋白质对细胞产生各种生物学效应(图 5-8)。cAMP 通过 PKA 活化或抑制不同的酶系统,使细胞对外界不同的信号产生不同的反应。随着 GTP 水解,α 亚基恢复原来构象,并与腺苷酸环化酶分离,终止腺苷酸环化酶的活化作用。α 亚基与 βγ 亚基重新结合,使细胞回复到静止状态。

作用机制不同的是,百日咳毒素使 Gi 蛋白的 α 亚基 ADP 核糖化,阻止了 Gi 蛋白 α 亚基的 GDP 被 GTP 取代,使其失去对腺苷酸环化酶的抑制作用,结果也使 cAMP 浓度增加。cAMP 浓度的提高,促使大量的体液分泌进入呼吸道,引起严重的咳嗽。

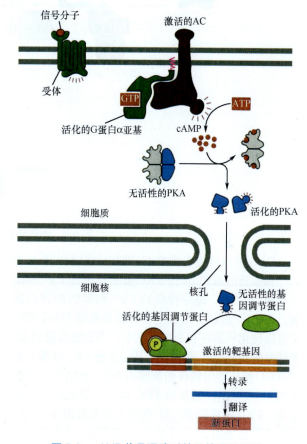

图 5-8　cAMP 信号通路对基因转录的激活

二、磷脂酰肌醇信号通路

磷脂酰肌醇信号通路也是 G 蛋白偶联受体介导的,其信号转导是通过效应酶磷脂酶 C(phospholipase C,PLC)完成的。当细胞表面受体与其相应配体结合后,通过膜上 G 蛋白活化磷脂酶 C(phospholipase,PLC),催化质膜上磷脂酰肌醇 4,5-二磷酸(phosphatidyliositol 4,5-biphosphate,PIP$_2$)分解为细胞内两个重要的第二信使:肌醇三磷酸(inositol triphosphate,IP$_3$)和二酰甘油(diacylglycel,DAG);然后,分别激发两个信号传递途径,即 IP$_3$-Ca^{2+} 信号通路和 DAG-PKC 信号通路。因此,该信号途径又称为双信使系统(double messenger system)(图 5-9)。

IP$_3$ 与内质网上 IP$_3$ 受体结合,使内质网释放 Ca^{2+} 进入细胞质,胞内 Ca^{2+} 浓度升高可激活或抑制各种靶酶和运输系统,改变膜的离子通透性,诱导膜的融合或者细胞骨架的结构与功能的改变,在细胞分裂、分泌活动、内吞作用、受精、突触传递以及细胞运动等生命活动中具有重要作用。

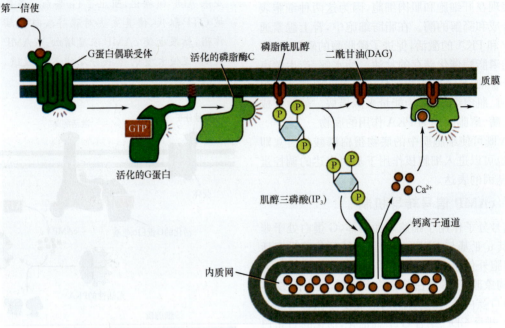

图 5-9　磷脂酰肌醇信号通路示意图

DAG 可激活蛋白激酶 C(PKC),能增加 PKC 对 Ca^{2+} 和磷脂的亲和力,使 PKC 被生理浓度 Ca^{2+} 所激活。蛋白激酶 C 是一种依赖 Ca^{2+} 和磷脂的蛋白激酶。在正常情况下,质膜上不存在自由的 DAG,PKC主要以钝化状态存在于细胞质中。当细胞接受刺激,经磷脂酰肌醇信号通路产生 IP_3,并使 Ca^{2+} 浓度升高时,PKC 便从胞质转移到质膜内表面,被结合于质膜上的 DAG 激活。激活的 PKC 即可促使底物蛋白磷酸化。PKC 的底物很广泛,包括上皮生长因子(EGF)受体等受体蛋白、细胞骨架蛋白、膜蛋白、核蛋白及多种酶类。PKC 可以使含丝氨酸或苏氨酸残基的蛋白质磷酸化,磷酸化的蛋白将导致一系列生理效应。

三、受体酪氨酸激酶信号通路

具有酪氨酸激酶活性的受体通常称为受体酪氨酸激酶(receptor tyrosine kinase,RTK),是酶联受体中研究得最为清楚的一类受体。目前已发现 50 多种不同的 RTK,包括 6 个亚族(图 5-10)。与这类受体结合的胞外配体是可溶性多肽或膜结合多肽、蛋白类细胞因子和激素,包括胰岛素、EGF、神经生长因子(NGF)、血小板衍生生长因子(PDGF)、成纤维细胞生长因子(FGF)、血管内皮生长因子(VEGF)等。RTK的主要功能是控制细胞生长与分化,而不是调控细胞中间代谢。

除胰岛素受体外,所有 RTK 都是由 3 部分组成的单体蛋白:含有配体结合位点的细胞外结构域、单次穿膜的疏水 α 螺旋区和含有酪氨酸激酶活性的细

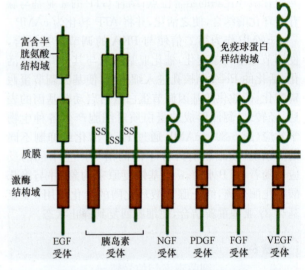

图 5-10　几种主要的酪氨酸激酶受体

胞内结构域。RTK 本身兼有受体和激酶双重功能。在未与配体结合的静息状态下,RTK 激酶活性很低。当配体与受体的胞外结构域结合时,膜上相邻的 RTK 二聚化(dimerization)形成同源或异源二聚体,进而促进 RTK 胞内区相互作用,激活受体的酪氨酸激酶;受酪氨酸激酶作用,RTK 二聚体胞内段互为对方激酶的底物,引发 RTK 自身磷酸化。RTK 自身磷酸化的重要意义在于:一方面,RTK 的胞内段激酶域的磷酸化引发了本身激酶活性,使自身磷酸化得到正反馈加强;另一方面,RTK 胞内段非激酶区酪氨酸残基磷酸化为一系列下游信号转导蛋白提供了高亲和力的锚定位点。含 SH_2 结构域的胞内信号转导蛋

白识别锚定位点，并与之结合成复合体。含 SH_2结构域的胞内信号转导蛋白实际上是接合蛋白，其作用就是连接上下游的信号转导蛋白，将信号向下游传递（图 5-11）。

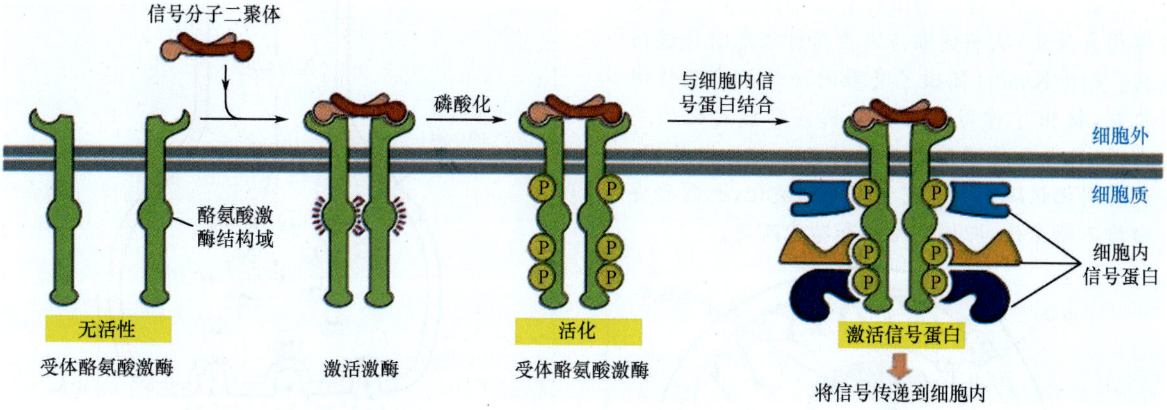

图 5-11　受体酪氨酸激酶的激活及细胞内信号转导复合物的形成

第三节　信号转导的共同特点

细胞内信号转导是多环节、多层次、多通路和高度复杂的可控过程。其共同特征可概括如下。

一、收敛和发散效应

多途径、多层次的细胞信号传递通路中，每种受体都能识别并结合各自的特异性配体。与不同受体结合的不同信号，可以在细胞内收敛，激活同一个效应器，产生同一收敛（convergence）效应，从而引起细胞生理、生化反应和细胞行为的改变。另外，相同配体的信号传入细胞内可激活不同的效应器，产生发散（divergence）效应，导致多样化的细胞应答。

二、普遍性和专一性

配体与受体结构的互补性导致信号转导具有专一性，然而，信号转导的作用机制又具有相似性，否则很难理解细胞面临几百种纷杂的胞外信号，只通过少数几种第二信使便可介导多种多样的细胞应答反应。正如信号通路的收敛效应和发散效应体现的那样，一方面，不同的外源信号可诱导细胞产生相似的信号转导途径，如不同细胞因子与受体结合的复合体中往往含有共同亚基，故诱导的信号转导途径相似；另一方面，一种配体与受体结合可诱发多种信号转导途径，如在配体作用下，RTK 不同位点的酪氨酸残基自身磷酸化，可分别结合不同信号转导蛋白或接合蛋白，结果引出不同的信号通路；而 G 蛋白与受体偶联既可介导腺苷酸环化酶，又可介导磷脂酶 C，分别构成 cAMP 和磷脂酰肌醇两条信号通路。

三、适　度　性

信号转导过程可使信号得以放大，但这种放大作用又得到适度控制，表现为信号的放大作用和终止作用并存。生理条件下，通过激素配体对受体数目的影响、信号分子的磷酸化与去磷酸化、G 蛋白或 Ras 蛋白的 GTP 与 GDP 结合状态的可逆变化、Ca^{2+}的释放与回收以及第二信使的生成与降解等机制，使信号转导过程精确而适度，只对胞外信号产生瞬间反应。这种正常的正、负反馈机制一旦受到破坏，细胞乃至机体就会发生病变。

四、适　应　性

细胞长期受到某种刺激，对刺激的反应性会降低，这种现象称为细胞的适应性。适应性产生的方式包括：①逐渐降低细胞表面受体的数目从而降低了细胞对外界信号的敏感度；②快速钝化受体（受体本身脱敏），从而降低受体对配体的亲和力和对胞外微量配体的敏感性；③在受体已被激活的情况下，其下游信号蛋白发生变化，使通路受阻。

视窗 5-2

信号转导与诺贝尔奖

2000 年，Arvid Carlsson、Paul Greengard 和 Eric Kandel 3 位美国科学家，因在神经系统信号转导研究方面的突出贡献获得诺贝尔生理学或医学奖。他们首次提出的缓慢突触传递概念对理解脑功能以及信号转导紊乱与神经、精神疾病的关系起重要作用。

Arvid Carlsson 发现多巴胺是一种控制运动的脑传递素，帕金森病与脑的不同部位缺少多巴胺有关；Paul Greengard 提出多巴胺和许多其他脑传递素的作用机制(图 5-12):传递素作用于神经元表面受体,通过磷酸化和去磷酸化机制使受体构象改变,从而使脑传递素在神经元间传递信息。Eric Kandel 提出了突触的修饰效率及作用机制,提出了学习和记忆与树突功能变化的关系;树突蛋白质磷酸化对短时记忆起关键作用;长时间记忆既需要树突蛋白质磷酸化,也需要蛋白质不断变化,即树突结构和功能改变。

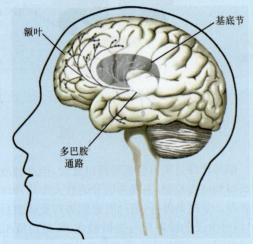

图 5-12　脑内多巴胺通路

　　人脑有超过百亿的神经元,这些神经元通过复杂的网络互相连接。信息通过脑传递素经特殊接触点——突触从一个神经元传递到另一个神经元(图 5-13)。

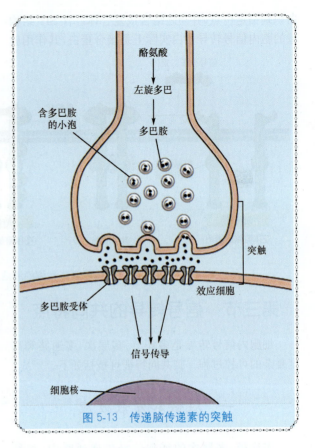

图 5-13　传递脑传递素的突触

思 考 题

1. 细胞间和细胞内的信号分子包括哪几种类型?
2. 简述受体类型及受体的作用特点?
3. 试述细胞信号转导的主要途径。
4. 概述 G 蛋白偶联受体的结构与功能。
5. 通过细胞表面受体介导的穿膜信号转导有哪几种方式? 比较各种方式之间的异同。
6. 以肾上腺素引起肌肉细胞内糖原分解为例说明 cAMP 信号通路。
7. 简述 G 蛋白偶联受体穿膜信号转导的机制。
8. 信号转导途径有哪些共同特点?

(夏米西努尔·伊力克)

第六章　细胞连接与细胞外基质

第一节　细胞连接

多细胞生物体的细胞已丧失了某些独立性,作为一个紧密联系的整体进行生命活动。适应细胞间协调统一及相互联系的需要,相邻细胞密切接触区特化形成细胞连接(cell junction)的结构。

在动物体内,除血细胞和结缔组织细胞外,大多数组织的细胞间存在细胞连接,不同组织的细胞间(如上皮细胞、肌肉细胞和神经元等)细胞连接的类型和数量不同。上皮组织的细胞排列紧密,因此,其细胞连接最典型(图 6-1)。依据功能和结构,可将细胞连接分为 3 大类(表 6-1)。

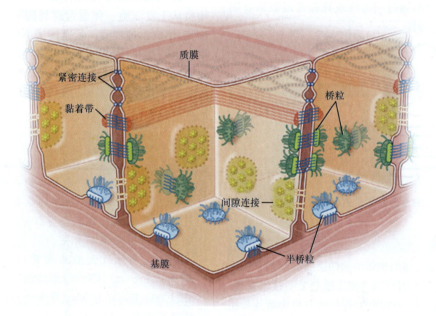

图 6-1　上皮组织细胞连接模式图

表 6-1　细胞连接的分类

功能分类	结构分类	主要特征	主要分布
封闭连接	紧密连接	网状分布,维持细胞极性	上皮细胞
锚定连接	黏着带	带状分布,位于上皮细胞紧密连接与桥粒之间	上皮细胞
	黏着斑	点状分布,连接细胞与细胞外基质	上皮细胞基部
	桥粒	斑点状或纽扣状,与细胞骨架形成网络结构	心肌细胞、上皮细胞
	半桥粒	连接细胞与细胞外基质	上皮细胞基部
通信连接	间隙连接	斑块状,形成相邻细胞间亲水性通道	广泛存在于动物细胞间
	化学突触	传递神经冲动	神经元间、神经-肌接头

一、紧密连接

紧密连接(tight junction)也称为封闭连接(occluding junction),普遍存在于脊椎动物体表、体内各种腔道和腺体上皮细胞间。上皮细胞间的紧密连接位于细胞侧壁的顶部,似一条带环绕在细胞周围。在脑组织的毛细血管内皮细胞、睾丸组织的支持细胞之间均存在丰富的紧密连接,这些细胞连接是形成血-脑屏障和血-睾屏障的结构基础。

（一）化学成分

紧密连接是由一系列穿膜蛋白和周边蛋白质相互作用形成的复杂蛋白质体系。穿膜蛋白包括闭合蛋白

(occludin)、密封蛋白(claudin)、连接黏附分子(junctional adhesion molecule,JAM),这3类穿膜蛋白都通过质膜下称为ZO蛋白的周边蛋白质锚定在肌动蛋白丝上。闭合蛋白和密封蛋白是紧密连接最主要的蛋白质。

人类闭合蛋白有4个穿膜结构域,将蛋白分成5个独立区域,较短的氨基端和较长的羧基端均定位于胞质内,2个大小基本相同的胞外环富含丝氨酸、苏氨酸和酪氨酸残基;1个由10个氨基酸残基构成的短弯的胞内环,主要存在于人皮肤、睾丸、肾脏、肝脏、肺脏和脑组织上皮细胞中。

密封蛋白家族包括24个成员,相对分子质量约22kD,有4个穿膜结构域,细胞外肽链形成的两个穿膜环(图6-2)可以和邻近细胞同种类型环接触,也可以和其他分子接触,通过同源性或异源性接触调节细胞连接处膜的通透性。

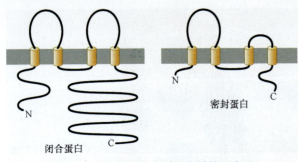

图6-2　闭合蛋白和密封蛋白结构示意图

(二) 结构

电镜下,紧密连接的相邻细胞两层质膜紧紧靠在一起,中间没有空隙,黏着牢固。冰冻断裂复型技术发现,紧密连接像围绕在细胞四周的"焊接线"(称为嵴线),相邻细胞质膜被"焊接"在一起,形成绳索样连接物,呈网状分布。嵴线由成串排列的穿膜蛋白组成,相邻细胞嵴线相互交联封闭细胞之间空隙(图6-3)。

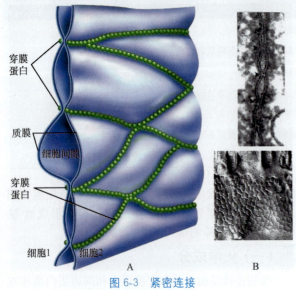

图6-3　紧密连接
A. 模式图;B. 电镜图

(三) 功能

1. 维持细胞极性　紧密连接将上皮细胞游离面、基底面及侧面的膜蛋白定位在质膜的一定区域,限制上皮细胞顶部、基底面与侧面质膜中特定蛋白质和脂质分子扩散。因而,游离面质膜与基底面质膜担负不同的功能,游离面质膜含有大量摄取葡萄糖分子的共运载体,完成Na^+驱动的葡萄糖同向运输;而基底面质膜含有执行被动运输的葡萄糖运输载体,将葡萄糖转运到细胞外液,完成葡萄糖的吸收和转运功能。因此,紧密连接不仅仅是细胞间的一个机械连接装置,而且还能维持上皮细胞的极性,保证细胞的正常功能。

2. 选择性屏障作用　紧密连接能够阻止可溶性物质从上皮细胞一侧通过胞外间隙扩散到相邻上皮细胞,形成渗透屏障。紧密连接不但在小肠上皮等上皮细胞间存在,而且也存在于血管内皮细胞间,是形成血-脑屏障及血-睾屏障的结构基础。血-脑屏障能阻止离子及水分子等通过血管内皮细胞进入脑组织,保证脑组织内环境的稳定。

> **视窗 6-1**
> **紧密连接与人类疾病**
>
> 　　紧密连接是多种蛋白质构成的复杂蛋白复合体,其数量、结构和功能的改变与许多疾病有关。目前,已经发现闭合蛋白与腹泻、癌症、炎症反应、糖尿病等疾病有关。
>
> 　　肠道病原性大肠埃希菌(enteropathogenic *Escherichia coli*,EPEC)分泌的 EspB、EspD、EspF、EspG、EspH 和 Map 等多种分泌蛋白质是婴儿腹泻重要原因。体外实验证实:EspF 是破坏小肠上皮细胞紧密连接的主要蛋白质。野生型 EspF 转移进宿主细胞质中,可诱使细胞连接处的闭合蛋白重新分布,导致紧密连接由均一条带变成不连续的点状分布;受累小肠上皮细胞跨上皮电阻率(TER)降低、胞间通透性增高,导致结肠和回肠黏膜细胞屏障功能破坏,液体流进胸腔引起腹泻。
>
> 　　胶原性结肠炎病因不明,但研究表明,结肠黏膜上皮细胞间紧密连接的闭合蛋白和密封蛋白 4 表达降低与该病密切相关。
>
> 　　密封蛋白-16 基因突变可导致家族性、伴高尿钙和肾脏钙质沉着的低镁血症,引起慢性肾功能不全。密封蛋白-1 基因缺失突变与新生儿硬化性胆管炎和鱼鳞病有关。密封蛋白-14 基因突变引起小鼠耳蜗外毛细胞的快速退化,内毛细胞缓慢退化,最终导致耳聋。

二、黏着连接

黏着连接(adhering junction)又称锚定连接(anchoring junction),是细胞骨架成分与相邻细胞骨架成分或细胞外基质连接而成的结构。黏着连接分布广泛,尤其在上皮、心肌等组织中含量丰富。黏着连接主要由细胞内锚定蛋白(intracellular anchort protein)和穿膜黏附蛋白(transmembrane adhesion protein)构成,前者是中间丝或微丝的附着位点,后者又称为连接糖蛋白,其胞内部分与细胞内锚定蛋白相连,胞外结构与相邻细胞的穿膜黏附蛋白或与胞外基质结合。根据与细胞内锚定蛋白连接的细胞骨架成分的不同,将黏着连接分为两类:一类是细胞骨架成分为肌动蛋白(actin filament)的黏着连接,包括黏着带、黏着斑和隔状连接(septata junction);另一类是细胞骨架成分为中间丝(intermediate filament)的黏着连接,包括桥粒和半桥粒。

(一)黏着带

黏着带(adhesion belt)位于上皮细胞紧密连接与桥粒之间,故又称其为中间连接(intermediate junction),呈连续的带状分布。黏着带处相邻细胞质膜间间隙15~20nm,在间隙中可见细丝状交织,细丝状物实际上是该处穿膜糖蛋白分子的细胞外部分。构成黏着带的穿膜连接糖蛋白主要为钙黏着蛋白(cadherin)。钙黏着蛋白胞外部分相互结合以及与相邻细胞中肌动蛋白丝束联成广泛的跨细胞网,使组织连接成坚固的整体(图6-4)。黏着带不仅是细胞连接的主要形式之一,还具有保持细胞形状和传递细胞收缩力的作用。

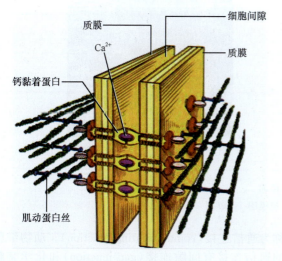

图 6-4 黏着带结构模式图

(二)黏着斑

黏着斑(adhesion plaque)是细胞以点状黏附(focal contact)方式,通过整联蛋白(integrin)与胞外基质形成的黏着连接。整联蛋白为穿膜黏附蛋白,其胞外与基质纤连蛋白结合,胞内通过黏着斑蛋白(vinculin)和踝蛋白(talin)与肌动蛋白丝结合(图6-5)。体外培养的成纤维细胞即通过黏着斑附着在瓶壁上,黏着斑的形成对于细胞迁移是不可缺少的。

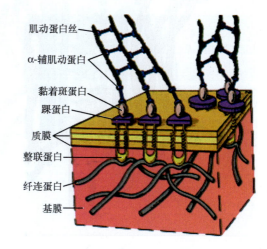

图 6-5 黏着斑结构模式图

(三)桥粒

桥粒(desmosome)是相邻细胞间斑点状或纽扣状黏着连接结构,相邻细胞借此铆接在一起。桥粒处相邻细胞质膜间间隙约30nm,质膜的胞质侧有直径约0.5μm的盘状斑,是细胞内中间丝的锚定位点,通过桥粒,相邻细胞的中间丝连成了一个广泛的细胞骨架网络(图6-6)。

桥粒由两类蛋白质构成:一类是穿膜蛋白,为Ca^{2+}依赖的钙黏着蛋白,包括桥粒黏蛋白(desmoglein)与桥粒胶蛋白(desmocollin),形成桥粒的电子致密层和细胞间接触层;另一类构成胞质内的盘状斑,主要成分为桥粒斑蛋白(desmoplakin)和斑珠蛋白(plakoglobin),它们一端与桥粒穿膜蛋白结合,另一端是胞质内中间丝的附着处。中间丝的性质因细胞类型而异,例如,上皮细胞内是角蛋白丝(cytokeratin filament),又称为张力丝(tonofilament);心肌细胞内为结蛋白丝(desmin filament)。

桥粒是一种坚韧、牢固的细胞间连接结构,与桥粒连为一体的胞内中间丝和桥粒共同形成细胞的网络支架结构体系,赋予组织较强的耐受机械力作用的能力,使肌组织不会因收缩而断裂,上皮组织也不会因外界张力而撕裂。

(四)半桥粒

半桥粒(hemidesmosome)是上皮细胞与基膜间形成的黏着连接结构。与桥粒相比,半桥粒的一侧是细胞,另一侧是基膜,故形态上似半个桥粒(图6-7)。半桥粒的穿膜蛋白为整联蛋白,胞内盘状斑的蛋白质为网蛋白(plectin)。

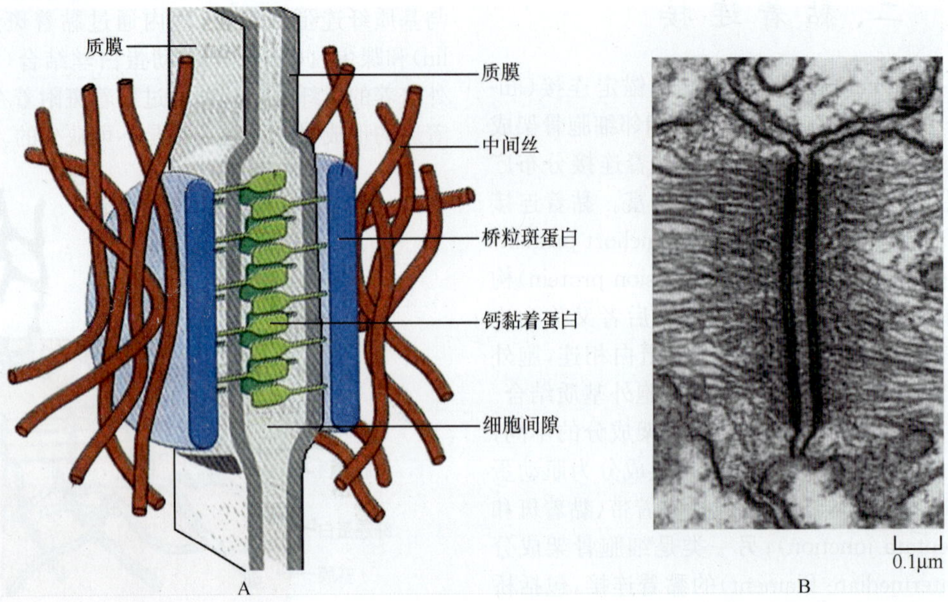

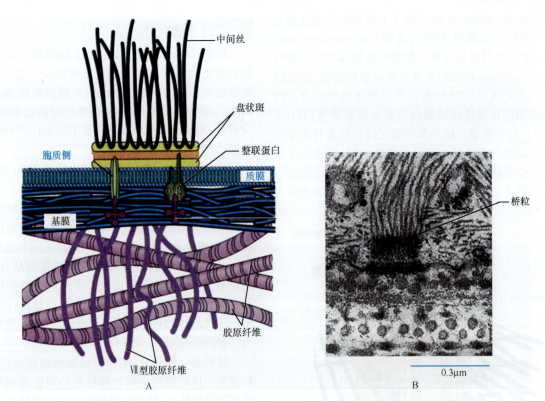

图 6-6   桥粒结构
A. 模式图;B. 电镜图

质膜
质膜
中间丝
桥粒斑蛋白
钙黏着蛋白
细胞间隙
0.1μm

中间丝
盘状斑
胞质侧
整联蛋白
质膜
基膜
胶原纤维
Ⅶ型胶原纤维
桥粒
0.3μm

图 6-7   半桥粒
A. 模式图;B. 电镜图

三、通信连接

　　大多数细胞间存在的传导电信号和化学信号的连接通道,使细胞群在功能上协调统一,这种连接通道称为通信连接(communicating junction)。动物细胞的通信连接有间隙连接(gap junction)和化学突触(chemical synapse)两种形式,植物细胞的通信连接表现为胞间连丝(plasmodesmata)。

(一)间隙连接

间隙连接也称为缝隙连接,是由连接子构成的细胞间通信连接。除骨骼肌细胞和血细胞等少数特化细胞外,间隙连接广泛存在于动物细胞间,甚至培养细胞间也存在。

1. 化学成分 连接子蛋白(connexin,Cx)是构成间隙连接连接子的 4 次穿膜蛋白质。目前已发现人类连接子蛋白基因家族编码的 21 种连接子蛋白,每种连接子蛋白都有 4 个高度保守的 α 螺旋穿膜结构域(M1～M4)、1 个胞内环(CL)和 2 个胞外环(E1、E2),N 端和 C 端均位于细胞质内(图 6-8)。不同连接子蛋白胞外环和 C 端氨基酸序列变化较大,其差异决定了连接子蛋白功能的差异。相邻细胞间的连接子相互对接形成间隙连接通道时,胞外环半胱氨酸残基随之形成二硫键以维持通道的稳定性。

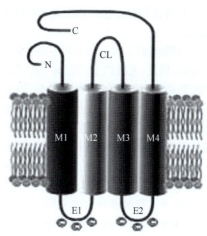

图 6-8 连接子蛋白模式图

2. 结构 间隙连接的基本单位为连接子(connexon)。6 个连接子蛋白环绕成的筒状结构即为连接子,其中央有直径约 1.5nm 的亲水性低电阻通道。大部分细胞表达两种或两种以上连接子蛋白,同种连接子蛋白形成的连接子称为同源型(homomeric,HoM)连接子,两种不同连接子蛋白形成异源型(heteromeric,HeM)连接子。相邻细胞间不同种连接子对接,形成 4 种不同类型的间隙连接通道,即:同型同合体、异型同合体、同型异合体和异型异合体(图 6-9)。

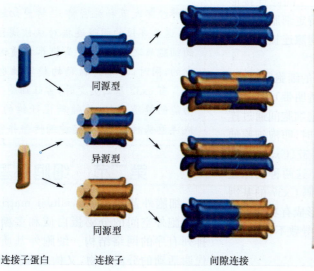

同源型

异源型

同源型

连接子蛋白　　连接子　　　　　间隙连接　　　　细胞1　　　细胞2

图 6-9 间隙连接模式图

相邻细胞质膜上的间隙连接呈斑块状,1个斑块内可含有几对甚至成千上万对连接子对接构成的间隙连接通道。间隙连接通道的开启和关闭通过6个连接子蛋白的滑动控制。生理状态下,间隙连接允许分子量小于1000kD的物质及离子通过,如:氨基酸、葡萄糖等。间隙连接的物质通透性与通道连接子蛋白的类型和磷酸化作用、小分子物质的电荷特性有关,也受pH、Ca^{2+}浓度及电压等因素的影响。实验表明,pH降低或Ca^{2+}浓度升高可使间隙连接的物质通透性降低。

3. 功能

(1) 参与细胞通信:大多数组织中存在间隙连接介导的细胞通信,借此,无机离子(如Na^+、K^+等)、代谢物(如氨基酸、葡萄糖、核苷酸等)及信号分子(如cAMP、IP_3、Ca^{2+}等)可不经过细胞间隙直接从一个细胞扩散到邻近细胞。这种通信方式对胚胎发育、器官形成、增殖分化及成体细胞群体的协调统一等具有重要意义。

(2) 参与神经冲动的传导:神经元之间或神经元与效应细胞(如肌肉细胞)之间通过突触(synapse)完成神经冲动传导。突触可分为电突触(electronic synapse)和化学突触(chemical synapse)两种类型。电突触是指细胞间传递电信号的间隙连接,电信号可直接通过间隙连接从一个细胞传向另一个细胞。化学突触传递神经冲动时,先将神经冲动的电信号转变为化学信号,然后再将化学信号转变为电信号。因此,电突触比化学突触的信号传递速度快很多。

此外,间隙连接在神经元间通信及中枢神经系统整合过程中具有重要作用,并以此调节和修饰相互独立的神经元群的行为。相邻细胞通过间隙连接形成的电偶联(electrical coupling),在协调心肌细胞收缩、保证心脏正常跳动以及协调小肠平滑肌收缩、控制小肠蠕动等过程中起重要作用。

(3) 参与发育过程:脊椎动物胚胎发育早期(如小鼠胚8细胞阶段),大部分细胞间建立间隙连接形成电偶联;细胞分化后,胚胎组织中,特定细胞群间的电偶联逐渐消失,说明相邻细胞间的间隙连接只存在于发育与分化的特定阶段。

卵泡发育也依赖于间隙连接介导的细胞间通信。卵母细胞被1层厚厚的细胞外基质(透明带)包围,透明带外是卵泡细胞。正常情况下,卵泡细胞间通过连接子蛋白43(Cx43)形成间隙连接;同时,卵泡细胞伸出凸起,穿过透明带通过连接子蛋白37(Cx37)与卵母细胞间也形成间隙连接(图6-10)。这两种间隙连接对卵泡的正常发育是必需的,若编码Cx37的基因突变,卵泡细胞与卵母细胞间就不能形成有功能的间隙连接,卵母细胞就不能正常发育,将导致不育症。

(二) 化学突触

化学突触是神经元间或神经元与效应细胞间通过神经递质的释放,传导神经冲动的通信连接方式(详见第四章)。

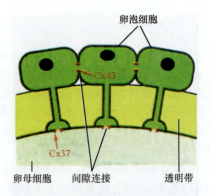
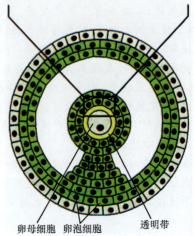

图6-10　间隙连接与卵泡发育

案例6-1分析

近年来,人们发现X连锁显性遗传的进行性腓骨肌萎缩症(CMTX1)与连接子蛋白32(Connexin32,Cx32)基因突变有关。在CMTX1家系中发现了cx32基因多个位点的突变,涉及Cx32的电压门控区域,磷酸化位点及与连接子相互连接有关的细胞外环等多个功能区域。基因突变导致相邻细胞间不能形成正常的间隙连接,细胞通信受阻。免疫组化研究表明,Cx32主要分布于外周神经郎氏节和施密特-兰特曼切迹处的施万细胞,这些部位的间隙连接对从核周区域到远距离的细胞质之间的离子及营养物质运输是必不可少的,同时,对维持髓鞘的稳定性也具有重要意义。当cx32基因突变时,雪旺细胞不能形成正常功能的缝隙连接,使髓鞘化纤维的数目减少,形成洋葱头样外观,引起神经传导异常。

第二节　细胞外基质

细胞外基质(extracellular matrix)是细胞分泌到细胞外空间的分泌蛋白质和多糖类物质构成的排列有序的网络结构。细胞外基质既是细胞生命代谢活动的分泌产物,又构成和提供组织细胞整体生存和功能活动的直接微环境;既是细胞功能活动的体现者与执行者,又是机体组织的重要结构成分。细胞外基质对组织细胞起支持、保护和营养作用，同时对细胞的分裂、分化、识别、黏着、运动迁移等生理活动也有重要作用。可以说，细胞外基质对细胞的一切功能活动都有影响，有时甚至具有决定性作用。

此外，细胞外基质还与创伤、肿瘤转移、胶原病、骨关节病及糖尿病等的病理过程有关，细胞外基质与疾病的关系越来越受到关注。构成细胞外基质的大分子种类繁多，大致分为3类：糖胺聚糖和蛋白聚糖、胶原和弹性蛋白以及非胶原糖蛋白（图6-11）。

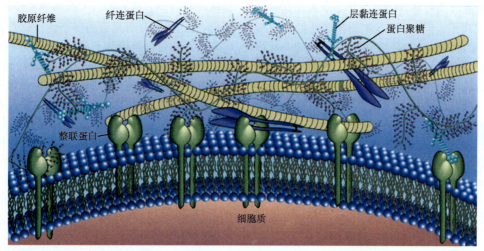

图 6-11　细胞外基质模式图

一、糖胺聚糖与蛋白聚糖

糖胺聚糖（glycosaminoglycan）与蛋白聚糖（proteoglycan）是一些高分子量的含糖化合物，它们构成细胞外高度亲水的凝胶，赋予组织良好的弹性和抗压性。

（一）糖胺聚糖

糖胺聚糖是由氨基己糖（N-氨基葡萄糖或 N-氨基半乳糖）和糖醛酸（葡萄糖醛酸或艾杜糖醛酸）重复二糖单位构成的直链多糖，是蛋白聚糖侧链的组分，过去称为黏多糖（图6-12）。根据糖胺聚糖的特点，可将其分为透明质酸、硫酸软骨素、硫酸皮肤素、肝素、硫酸乙酰肝素及硫酸角质素等（表6-2）

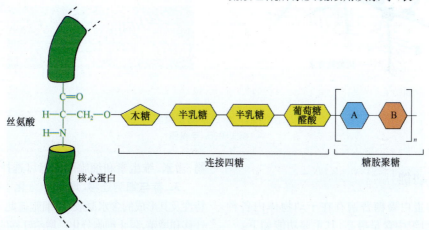

图 6-12　蛋白聚糖结构示意图

表 6-2　糖胺聚糖的分子特性及组织分布

糖胺聚糖	二糖单位		组织分布
	组成	含硫酸基(%)	
透明质酸	葡萄糖醛酸-N-乙酰氨基葡萄糖	0	结缔组织、皮肤、软骨、滑液、玻璃体
硫酸软骨素	葡萄糖醛酸-N-乙酰氨基半乳糖	0.2~2.3	软骨、角膜、骨、皮肤、动脉
硫酸皮肤素	葡萄糖醛酸或艾杜糖醛酸-N-乙酰氨基半乳糖	1.0~2.0	皮肤、血管、心脏、心瓣膜
硫酸乙酰肝素	葡萄糖醛酸或艾杜糖醛酸-N-乙酰氨基葡萄糖	0.2~3.0	肺、动脉、细胞表面
肝素	葡萄糖醛酸或艾杜糖醛酸-N-乙酰氨基葡萄糖	2.0~3.0	肺、肝、皮肤、肥大细胞
硫酸角质素	半乳糖-N-乙酰氨基葡萄糖	0.9~1.8	软骨、角膜、椎间盘

透明质酸（hyaluronic acid）是氨基聚糖中结构最简单的一种，其二糖单位为 N-乙酰氨基葡萄糖和葡萄糖醛酸，糖链由 5000～10 000 个二糖单位重复排列构成，不含硫酸基。透明质酸分子表面有大量亲水性基团，因此，即使浓度很低也能形成黏稠的胶体，占据很大空间；糖醛酸的羧基基团可在其分子表面结合大量 Na^+，形成离子云层，由于 Na^+ 的渗透活性而吸引大量水分子于基质中。如果没有约束，1 个透明质酸分子可占据自身分子 1000 倍的空间。当处于组织中有限空间时，透明质酸可产生膨胀压，赋予组织良好的弹性和一定的抗压性。

（二）蛋白聚糖

蛋白聚糖是糖胺聚糖（透明质酸除外）与核心蛋白（core protein）共价结合形成的多糖和蛋白质大分子复合物，是一类含糖量达 90％～95％ 的糖蛋白。核心蛋白为线性多肽。1 条核心蛋白分子可与 1 条到上百条相同或不同的糖胺聚糖链共价结合，形成蛋白聚糖单体。若干个蛋白聚糖单体又借连接蛋白（link protein）以非共价键与透明质酸结合形成蛋白聚糖多聚体（图 6-13）。核心蛋白多肽链的长度和成分不同，因此，蛋白聚糖具有显著的多态性。软骨蛋白聚糖是已知最大的蛋白聚糖分子，单个分子的平均长度可达 $4\mu m$，其糖胺聚糖为硫酸软骨素和硫酸角质素，糖链为 130 条左右，相对分子质量约为 $3\times10^9 D$。

蛋白聚糖并不都是细胞外基质成分，有一些是质膜的整合成分，其核心蛋白或直接嵌入膜脂双层，或通过与糖基化的磷脂酰肌醇结合整合在膜上。膜上的蛋白聚糖既可介导细胞与细胞外基质结合，又可使细胞内外信息相通。

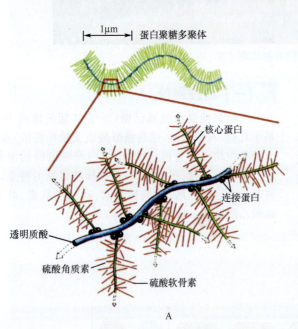
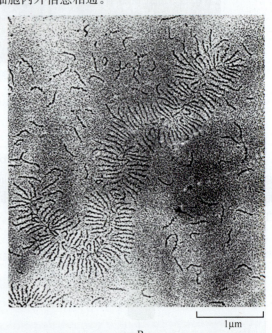

图 6-13　蛋白聚糖多聚体
A. 模式图；B. 电镜图

（三）主要功能

糖胺聚糖和蛋白聚糖普遍存在于动物体内各种组织中，在结缔组织中含量最高，其主要功能如下：

1. 赋予组织弹性和抗压性　糖胺聚糖和蛋白聚糖构成细胞外高度水合的凝胶状基质，使组织具有渗透压和膨胀压，具有抗张、反弹、抗机械压力的缓冲作用。对维持组织形态、防止机械损伤起重要作用。软骨组织中巨大的蛋白聚糖赋予软骨良好的弹性和抗压性。

2. 分子筛作用　蛋白聚糖的糖基具有高度亲水性和负电性，使糖链挺直交错，形成高度水化孔胶样物，构成"分子筛"，筛孔的大小和电荷密度可调节对分子的通透性。水、离子和各种营养性小分子、代谢物、激素、维生素和细胞因子等可选择性渗透。

3. 参与细胞迁移、增殖和分化　透明质酸的自身特性及其形成的含水凝胶，使细胞彼此分离，有利于细胞迁移和增殖，阻止细胞分化。增殖旺盛的胚胎组织和创伤组织中，透明质酸合成旺盛、含量高；当细胞增殖到足够数量或细胞迁移到位时，透明质酸酶便将透明质酸分解。

在发育过程中，随着组织分化成熟，细胞外基质中透明质酸含量逐渐降低；同时，各种组织中的不同的硫酸化糖胺聚糖，又可进一步稳定细胞的分化表型。因此，透明质酸除有利于细胞迁移和增殖外，还可防止细胞在增殖到足够数量、迁移到位前过早分化。此外，含有表皮生长因子样结构的蛋白聚糖，还具有诱导细胞生长的作用。

4. 保水作用 透明质酸和硫酸软骨素具有良好的保水性能。

5. 钙化作用 糖胺聚糖的众多阴离子可结合 Ca^{2+}，对组织的钙化，尤其是骨盐的沉积有重要作用。

6. 其他 肝素与某些凝血因子结合具有抗凝作用；角膜中高度硫酸化的硫酸软骨素和硫酸角质素使基质脱水变得致密，阻止血管形成，使角膜柔软并具有透光性。

> **视窗 6-2**
> ### 糖胺聚糖和蛋白聚糖与人类疾病
> 糖胺聚糖和蛋白聚糖的合成异常、代谢异常与许多人类疾病有关。一些细胞外酶和溶酶体酶能催化糖胺聚糖和蛋白聚糖降解，这些酶的基因突变可致酶先天性缺乏，进而导致糖胺聚糖或蛋白聚糖及其降解的中间产物在体内特定部位堆积，产生遗传性黏多糖累积病，如 Hunter 综合征。
>
> 动脉粥样硬化患者血管内皮细胞表面，硫酸乙酰肝素和硫酸软骨素含量下降，而硫酸皮肤素含量升高，导致血管内皮细胞易与低密度脂蛋白结合，形成脂类沉积。
>
> 糖胺聚糖和蛋白聚糖的异常与肿瘤的发生、发展及其转移有关，如间质瘤、乳腺癌、神经胶质瘤的组织中，透明质酸和硫酸软骨素分泌明显增多，能促进细胞增殖和迁移，并抑制细胞分化。

二、胶原与弹性蛋白

> **案例 6-2**
> 胶原与多种疾病或病理过程有关，如骨关节、心血管、呼吸及免疫系统疾病，肝纤维化、肿瘤转移等。体内胶原合成与降解平衡紊乱，可导致组织中胶原不足或过量；基因突变引起胶原分子肽链一级结构改变，无法组装成正常胶原纤维；组织中各种类型胶原的特定比例失调，胶原与基质中其他大分子间交联异常，可影响组织的生理功能。上述变化都可能引起胶原病（collagen disease）。
> **思考题：**
> 胶原异常导致疾病的机制如何？

（一）胶原

胶原（collagen）属纤维蛋白家族，为不溶性纤维蛋白。胶原是细胞外基质的主要成分，遍布于体内各种器官和组织，是人和哺乳动物体内含量最丰富的蛋白质，占人体蛋白质总量的 30% 以上。

1. 分子结构 胶原是由 3 条 α 肽链形成的螺旋结构，其直径 1.5nm、长 300nm（图 6-14）。每条 α 链约含 1050 个氨基酸残基，其中甘氨酸含量丰富，肽链中形成一系列 Gly—X—Y 三肽序列，Gly 为甘氨酸，X 和 Y 可以是任意一种氨基酸，但 X 常为脯氨酸，Y 常为羟脯氨酸。

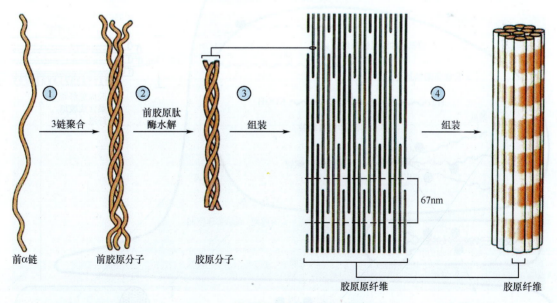

① 3链聚合 → ② 前胶原肽酶水解 → ③ 组装 → ④ 组装

前α链　　前胶原分子　　胶原分子　　67nm　　胶原原纤维　　胶原纤维

图 6-14 胶原的形成和胶原纤维组装

2. 类型 α 链是胶原的基本结构单位，迄今已鉴定出由不同基因编码的 25 种 α 链，25 种 α 链的不同组合，理论上可组装成 10 000 多种 3 链胶原分子，但目前仅发现 20 多种胶原分子，这些胶原分子分布在特定的组织中（表 6-3）。例如，Ⅰ型胶原是 2 条 α_1（Ⅰ）和 1 条 α_2（Ⅰ）组成的异源三聚体，主要分布于肌腱、真皮、韧带及骨组织中。

表 6-3　几种胶原的特性和组织分布

类型	结构亚单位	聚合形式	主要组织分布
I	$[\alpha_1(I)]_2\alpha_2(I)$	原纤维	骨、皮肤、肌腱、韧带、角膜、内脏
II	$[\alpha_1(II)]_3$	原纤维	软骨、椎间盘、脊索、眼玻璃体
III	$[\alpha_1(III)]_3$	原纤维	皮肤、血管、内脏
V	$[\alpha_1(V)]_2\alpha_2(V)$	原纤维(结合 I 型)	同 I 型
XI	$\alpha_1(XI)\alpha_2(XI)\alpha_3(XI)$	原纤维(结合 II 型)	同 II 型
IX	$\alpha_1(XI)\alpha_2(XI)\alpha_3(IX)$	侧链 结合 II 型原纤维	软骨
XII	$[\alpha_1(XII)]_3$	侧链	肌腱、韧带、其他组织基膜
IV	$[\alpha_1(IV)]_2\alpha_2(IV)$	片层网络	基膜
VII	$[\alpha_1(VII)]_3$	锚定原纤维	复层鳞状上皮下方

结缔组织中合成胶原的细胞不同,致密结缔组织的真皮、肌腱及疏松结缔组织的胶原为成纤维细胞合成。骨组织和软骨组织的胶原分别由成骨细胞和软骨细胞合成。这些细胞不仅合成胶原,也生成其他细胞外基质成分。

3. 胶原的合成与胶原纤维的组装　胶原的多肽链在糙面内质网的核糖体上合成后进入内质网腔,称为前 α 链;前 α 链除氨基端具有信号肽外,氨基端和羧基端还具有称为前肽的氨基酸附加序列;在内质网腔中,前 α 链的脯氨酸和赖氨酸残基羟化为羟脯氨酸和羟赖氨酸,部分羟赖氨酸糖基化;3 条修饰后的前 α

链组装成 3 螺旋形式称为前胶原(propocollagen);含前胶原的分泌泡与质膜融合,将前胶原分泌到细胞外,细胞外特异性前胶原肽酶将前胶原分子中的前肽序列水解除去,形成原胶原(tropocollagen),简称胶原(collagen)。

在细胞外基质中,胶原分子有序地侧向共价交联,聚合成直径 10～300nm、长 150nm 至数微米的胶原原纤维(collagen fibril);最后,若干条胶原原纤维聚合形成直径 0.5～3μm 的粗大胶原纤维(collagen fiber)(图 6-15)

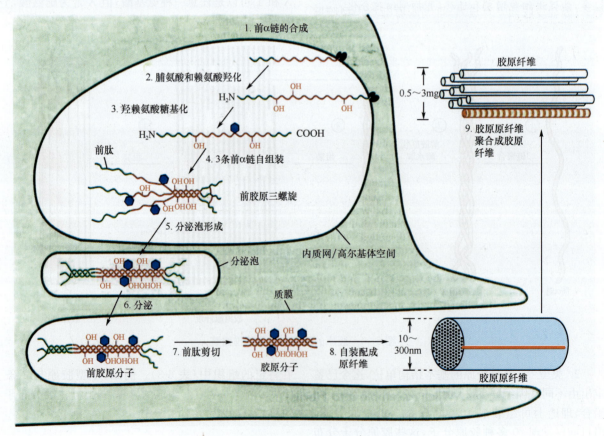

图 6-15　细胞内胶原合成与胶原纤维组装示意图

4. 功能

（1）构成细胞外基质的骨架：胶原在细胞外基质中含量最高，刚性及抗张力度最大，在细胞外基质中起骨架作用。胶原参与几乎所有细胞外基质的构建，器官、组织中胶原的含量、类型、组装方式与器官、组织的功能相适应。例如，肌腱中胶原沿张力主轴排列为平行束，成熟骨组织与角膜中胶原则如胶合板状成层排列。

（2）影响细胞形态：不同类型的胶原，直接或间接作用于体内或体外的各种细胞，使细胞保持一定的形态。例如，成纤维细胞与Ⅰ型或Ⅲ型胶原结合，软骨细胞只与软骨胶原结合。体外实验表明，几乎所有脱离组织，失去胶原纤维的作用，处于悬浮状态的单个组织细胞皆呈球形。细胞与胶原的结合是直接通过细胞表面胶原受体或间接通过黏着蛋白质（adhesion protein）介导实现的。

（3）影响细胞增殖和分化：胶原对胚胎发育、器官形成、组织与细胞分化有重要影响。例如，内皮细胞在Ⅰ型或Ⅲ型胶原上培养时，细胞在基质上增殖，长满单层；而在Ⅳ型胶原上培养时，细胞停止分裂，分化成类似毛细管样的结构。在分化和去分化转变过程中，胶原种类与数量常有变化，例如，骨创伤后软骨细胞去分化并增殖，不表达Ⅱ型胶原而代之以Ⅰ型，直至再分化时才恢复合成Ⅱ型胶原。

在胚胎发育早期，胚胎组织中Ⅲ型胶原丰富；随着牙、眼和皮肤的发育成熟，Ⅲ型胶原渐被Ⅰ型胶原取代。此外，胶原的分化诱导作用还决定干细胞的分化方向，例如，干细胞在Ⅳ型胶原和层黏连蛋白上分化为片层状极性排列的上皮细胞，在Ⅰ型胶原和纤连蛋白上分化为结缔组织的成纤维细胞，在Ⅱ型胶原及软骨黏连蛋白（chondronectin）上则分化为软骨细胞。

案例 6-2 分析

　　胶原含量、结构、类型或代谢的异常导致的疾病称为胶原病。胶原病不仅种类多，而且广泛涉及机体的多个器官系统。累及心血管系统可致动脉瘤、动脉硬化及心瓣膜病，累及骨、关节可致骨脆性增加而易骨折、关节活动度过大和关节炎，累及皮肤可造成伤口愈合不良，累及眼可引起晶状体脱位等。

　　胶原病可为遗传性，亦可为获得性。天然或变性的胶原蛋白作为一种特殊的自身抗原，可引起自身体液免疫和细胞免疫反应；人体丧失对自身胶原组织结构的免疫耐受可产生自身免疫性胶原损伤，如类风湿性关节炎和慢性肾炎等。一方面，改变的胶原作为一种自身抗原，可诱发类风湿性关节炎；另一方面，利用胶原治疗关节炎可能是一条潜在途径。

（二）弹性蛋白

弹性蛋白（elastin）是高度疏水的非糖基化纤维蛋白，大约由 830 个氨基酸残基组成，其氨基酸组成类似胶原，富含甘氨酸及脯氨酸，羟脯氨酸含量少，不含羟赖氨酸。弹性蛋白没有胶原特有的三肽序列，也不发生糖基化修饰。弹性蛋白肽链由两种短肽段交替排列构成，疏水性片段使弹性蛋白具有弹性，富含丙氨酸和赖氨酸的 α 螺旋片段在相邻分子间形成交联。因此，弹性蛋白具有构象呈无规则卷曲及赖氨酸残基相互交联成网状结构两个显著特征（图 6-16）。

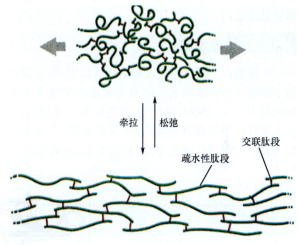

牵拉　松弛

交联肽段

疏水性肽段

图 6-16　弹性蛋白结构示意图

弹性蛋白是构成弹性纤维的主要成分，皮肤、血管和肺等处的细胞外基质中的弹性纤维网络使这些组织具有弹性。

视窗 6-3

细胞外基质与皮肤衰老

　　人皮肤真皮层为致密结缔组织，皮下组织为疏松结缔组织。年轻人真皮致密结缔组织的细胞外基质含大量胶原、弹性蛋白，皮下组织富含透明质酸、硫酸软骨素等糖胺聚糖成分；胶原纤维具有韧性，弹性蛋白赋予组织弹性，透明质酸、硫酸软骨素具有很好的保水性。因此，年轻人皮肤既具有韧性和弹性，又具有很好的保水性，外观表现为容貌姣好。

　　随着年龄增长，机体老化，胶原纤维和弹性蛋白合成减少，皮肤的韧性和弹性下降；透明质酸、硫酸软骨素含量减少，硫酸软骨素逐渐被硫酸皮肤素取代，组织的保水性能明显下降。因此，老年人外观表现为皮肤松弛、变皱。

三、非胶原糖蛋白

细胞外基质的非胶原糖蛋白包括纤连蛋白（fibronectin）、层黏连蛋白（laminin，LN）、玻连蛋白（vitronectin）、软骨黏连蛋白（chondronectin）、骨黏连蛋白（osteonectin）、巢蛋白（nidogen）、凝血酶敏感蛋白（thrombospondin）等。非胶原糖蛋白是细胞外基质的组织者，以多个结构域分别与细胞、其他细胞外基质成分结合，使细胞与细胞外基质相互黏着，介导细胞运动，并在细胞分化和创伤修复中起重要作用。对结构和功能了解较多的非胶原糖蛋白是纤连蛋白和层黏连蛋白。

（一）纤连蛋白

纤连蛋白广泛存在于人和动物组织中，有可溶性和不溶性两种存在形式。前者主要存在于血浆及各种体液中，由肝细胞分泌产生，称为血浆纤连蛋白；后者主要存在于细胞外基质（包括某些基膜）及细胞表面，由成纤维细胞、内皮细胞、软骨细胞、巨噬细胞等分泌产生，称为细胞纤连蛋白。

1. 分子结构　纤连蛋白是大分子糖蛋白，含糖量为 4.5%～9.5%，因组织不同和细胞分化状态不同而异。纤连蛋白由 2 条或 2 条以上多肽亚单位通过 C 端二硫键交联而成，每个亚单位约含 2450 个氨基酸残基，相对分子质量为 220～250kD。目前已鉴定出的 20 种人体纤连蛋白亚单位，都是同一基因编码的，氨基酸序列极为相似。不同组织来源的纤连蛋白亚单位结构的微小差别，是基因转录后差异剪接所致。

血浆纤连蛋白是两条相似肽链形成的二聚体，呈"V"形（图 6-17）。细胞纤连蛋白是二聚体交联后形成的多聚体。纤连蛋白亚单位上含有 5～7 个有特定功能的球形结构域，其上含有不同大分子结合位点，可分别与不同生物大分子或细胞表面受体结合。能与纤连蛋白结合的物质很多，包括胶原、肝素、纤维蛋白、血小板反应蛋白、凝血因子、多胺及 DNA 等生物大分子。纤连蛋白肽链中还含有 Arg-Gly-Asp（RGD）三肽和 Arg-Gly-Asp-Ser（RGDS）四肽等特殊短肽序列，是细胞表面各种纤连蛋白受体的结合部位。

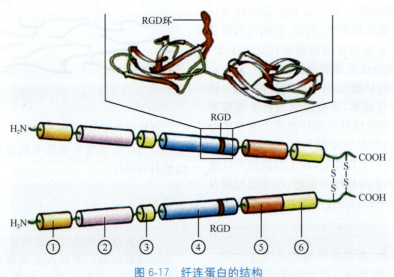

图 6-17　纤连蛋白的结构
①～⑥：不同的结构域；RGD：Arg-Gly-Asp 三肽序列

2. 功能　纤连蛋白是一类广泛存在于各种组织的多功能大分子，与细胞形态的维持及细胞黏着、迁移、增殖、分化等生理功能，以及创伤修复、肿瘤转移等病理过程有密切关系。

（1）细胞黏着：纤连蛋白分子的多个结构域及其排列特点，使其可同时与细胞外基质中多种生物大分子结合，介导细胞与细胞外基质、细胞与细胞间相互黏着。通过黏着作用，调节细胞骨架的组装和细胞形状，促进细胞伸展，调节细胞增殖与分化。

（2）细胞迁移：细胞迁移依赖于细胞的黏附与去黏附、细胞骨架的组装与去组装。在黏着斑处，质膜上的纤连蛋白受体通过与细胞外基质中的纤连蛋白结合，使细胞黏附于细胞外基质。细胞通过黏着斑的形成与解离，影响细胞骨架的组装与去组装，调节细胞的迁移运动，这是胚胎发育早期细胞迁移的基础。

（3）组织创伤修复：血浆中纤连蛋白能够促进血液凝固和创伤面的修复。在组织创伤修复过程中，血浆纤连蛋白可与血浆纤维蛋白结合，诱导成纤维细胞、平滑肌细胞和内皮细胞向伤口迁移，形成肉芽组织，同时还可刺激上皮细胞增生，促进创面修复。

（二）层黏连蛋白

层黏连蛋白是胚胎发育中出现最早的细胞外基质成分，是构成基膜（特化的细胞外基质）的主要成分之一。

1. 分子结构 层黏连蛋白也是大分子糖蛋白，含糖量为13%～28%，相对分子质量为820～850kD，层黏连蛋白是1条重链（α链）和2条轻链（β、γ链）借二硫键交联形成的异三聚体，呈不对称的"十"字形结构（图6-18）。层黏连蛋白分子中含有多个结构域，能和Ⅳ型胶原、硫酸乙酰肝素、肝素、脑苷脂和神经节苷脂以及细胞表面受体等多种物质结合。

图 6-18 层黏连蛋白结构示意图

2. 功能

（1）构成基膜（basal lamina）：层黏连蛋白分子作为基膜的主要结构成分，分子上有与其他基膜成分结合的位点，在基膜框架构建和组装中起关键作用。肾脏滤过屏障的基膜位于内皮细胞和足细胞突起之间，气-血屏障的基膜位于内皮细胞和肺泡Ⅰ型上皮细胞之间。这些部位的基膜均起分子筛的作用。

（2）介导细胞黏着：层黏连蛋白分子上也含有特殊的RGD（Arg—Gly—Asp）三肽序列，能与上皮细胞、内皮细胞、神经元、肌肉细胞以及多种肿瘤细胞表面的层黏连蛋白受体结合，使细胞黏附在基膜上，促进细胞生长，并使细胞铺展，保持一定的形态。

（3）调节细胞迁移和分化：层黏连蛋白与细胞相互作用，可直接或间接调节胚胎发育及机体的细胞黏附、迁移、分化、增殖及凋亡。

（4）促进神经元生长：在缺乏神经生长因子情况下，层黏连蛋白能促进中枢及外周神经元轴突的生长；层黏连蛋白也有助于神经元体外存活。

四、基 膜

基膜是细胞外基质特化而成的薄层网络状结构，位于上皮组织和结缔组织之间，厚60～100nm。此外，在肌肉细胞、脂肪细胞、血管内皮细胞以及神经鞘细胞周围也分布有基膜，基膜将这些细胞和上皮组织或底部结缔组织分开（图6-19）。

1. 分子结构 基膜由位于其上的细胞合成和分泌，不同组织、甚至同一组织不同区域的基膜成分都存在差异，但各种组织的必有基膜成分是Ⅳ型胶原、层黏连蛋白、基膜蛋白聚糖perlecan和棒状连接分子nidogen，巢蛋白（entactin）以及渗滤素（perlecan）等。层黏连蛋白对基膜的结构与功能具有重要作用，因为层黏连蛋白具有多个不同的结构域，既能够与Ⅳ型胶原结合，也能够与巢蛋白、渗滤素以及细胞表面的受体结合，从而将细胞与基膜紧密结合在一起。

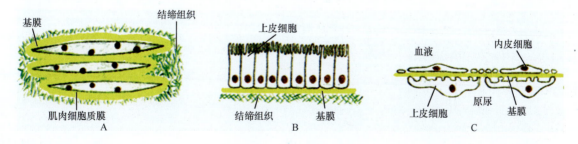

图 6-19 基膜的 3 种类型

A. 肌肉细胞基膜；B. 上皮细胞基膜；C. 肾小球滤过膜基膜

2. 功能   基膜除对上皮组织具有支撑作用外，还具有保护性屏障作用。例如，肾小体滤过膜基膜允许小分子从毛细血管进入肾小囊，但阻止血液中蛋白质通过；皮肤表皮下基膜阻止结缔组织中成纤维细胞进入表皮层，但允许参与免疫作用的巨噬细胞、淋巴细胞进入表皮层。

基膜在促进创伤愈合和组织再生过程中也起重要作用。当肌肉、神经和上皮组织受到损伤时，保存下来的基膜能够为再生细胞提供"脚手架"，再生细胞可沿脚手架迁移，使原先组织结构得到重建。表皮和角膜受伤后，其基膜的化学性质会改变，如纤连蛋白增加；纤连蛋白增加有利于细胞迁移，促进伤口愈合。

思　考　题

1. 细胞连接有哪几种类型，各有什么功能？
2. 简述细胞外基质的组成与功能。
3. 简述糖胺聚糖与蛋白聚糖的结构与功能。
4. 简述胶原的分子结构、组装及功能。
5. 简述非胶原糖蛋白的种类及功能。
6. 什么是基膜？有何功能？

（陆　宏　霍正浩）

第七章　内膜系统和核糖体

内膜系统（endomembrane system）是指真核细胞内,在结构、功能上具有连续性,由膜围成的细胞器或细胞结构,包括内质网、高尔基体、溶酶体、过氧化物酶体、内吞体、分泌泡、各种转运囊泡及核膜等。内膜系统在结构和功能上相互联系,各细胞器之间共同作用,完成蛋白质、脂类和糖类的合成、加工、包装和运输。

内膜系统是区别真核细胞与原核细胞的重要标志之一,真核细胞内膜系统的存在,有效增加了细胞内膜的表面积,使细胞内不同的生理、生化过程能够彼此相对独立、互不干扰地在一定区域内进行,从而极大提高了细胞整体的代谢水平和功能效率。内膜系统的出现是生物在漫长进化过程中,细胞内部结构不断分化完善、各种生理功能逐渐提高的结果。蛋白质的合成、加工和分拣是内膜系统的主要功能,蛋白质的合成起始于胞质中的核糖体（ribosome）,核糖体既是蛋白质的合成场所,又是糙面内质网的结构成分,故本章先介绍核糖体。

第一节　核　糖　体

核糖体是蛋白质合成场所,被喻为"蛋白质合成机"。携带遗传信息的 mRNA、携带氨基酸的 tRNA 和其他众多因子集中在核糖体的有限空间内,快速、有序、高效进行蛋白质合成。

> **案例 7-1**
>
> 　2009 年 10 月 7 日,瑞典皇家科学院宣布,美国科学家 Ramakrishnan V、Steitz TA 和以色列科学家 Yonath AE 3 人,因核糖体结构和功能的研究成果共同获得当年诺贝尔化学奖。如果细菌的核糖体功能受到抑制,那么细菌就因蛋白质合成受阻而无法存活。医学上,人们正是利用抗生素抑制细菌核糖体的功能治疗感染性疾病的。以病菌核糖体为靶向的抗生素占抗生素的大部分,依据细菌核糖体结构,研制新的高效核糖体靶向抗生素,有可能解决细菌抗药性问题。
>
> **思考题:**
> 　抑制细菌核糖体功能的抗生素有哪些?

一、形态结构与化学成分

1953 年,Robinson 等用电子显微镜观察植物细

胞时发现一种颗粒结构;1955 年,Palade 在动物细胞中也发现了这种颗粒结构。因为富含核苷酸,Roberts 建议把这种颗粒命名为核糖核蛋白体,简称核糖体。电镜下,核糖体呈致密颗粒状,直径 15～25nm,为非膜相结构。无论原核细胞,还是真核细胞,均含有核糖体,即使最简单的支原体细胞也含有数百个核糖体。目前,仅发现哺乳动物成熟红细胞等极少数高度分化细胞不含核糖体。

（一）形态

真核细胞中,附着于糙面内质网或细胞外核膜表面的核糖体称为附着核糖体,游离在细胞质中的核糖体称为游离核糖体。细胞的种类和功能状态不同,核糖体的数量也不同。原核细胞中约 $1.6×10^4$ 个核糖体,真核细胞约含 $1×10^6$ 个核糖体;蛋白质合成旺盛的细胞,核糖体数量可达 $1×10^{12}$ 个。核糖体由大、小两个亚基组成（图 7-1）。

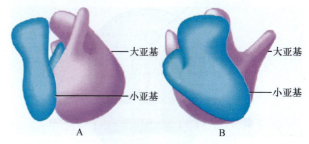

图 7-1　核糖体结构示意图
A. 侧面观;B. 顶面观

核糖体有 70S 核糖体和 80S 核糖体两种基本类型,70S 核糖体存在于原核细胞,80S 核糖体存在于真核细胞胞质中,真核细胞线粒体与叶绿体内的核糖体与原核细胞 70S 核糖体相似。

（二）化学成分

核糖体大、小亚基均由 rRNA 和蛋白质组成,rRNA 约占 60%,蛋白质约占 40%。原核细胞 70S 核糖体大、小亚基分别为 30S 和 50S,30S 亚基由 16S rRNA 和 21 种蛋白质组成,50S 亚基由 23SrRNA、5S rRNA 和 31 种蛋白质组成。真核细胞胞质中 80S 核糖体大小亚基分别为 60S 和 40S,40S 亚基由 18SrRNA 和 33 种蛋白质组成,60S 亚基由 5S、5.8S 和 28S 3 种 rRNA 和 50 种蛋白质组成。核糖体中的蛋白质除少数几种外,绝大多数均为单拷贝。

只有蛋白质合成时,核糖体大、小亚基才结合;蛋

白质合成完成后,核糖体大、小亚基分开,游离于细胞质基质中。在体外,Mg^{2+}对大、小亚基的聚合和解离影响较大,当Mg^{2+}为浓度为$1\sim10mmol/L$时,大、小亚基聚合;低于$1mmol/L$时,大、小亚基则分离。

■ (三) 结构

在蛋白质合成过程中,核糖体上的不同结构执行不同功能(图7-2),核糖体上与蛋白质合成密切相关的重要活性部位包括:①核糖体结合位点:核糖体结合位点(ribosome binding site)位于小亚基上,是核糖体识别并结合mRNA的位点。真核细胞mRNA5′帽子结构对核糖体的识别起一定作用。②氨酰位:氨酰位(aminoacyl site,A site)简称A位或受位,位于大亚基上,是tRNA运载活化氨基酸,与mRNA特定的密码子识别结合的部位。③肽酰位:肽酰位(peptidyl site,P site)简称P位或供位,位于小亚基上,是延伸中肽酰-tRNA的结合部位。④出口位:出口位(exit site,E site)简称E位,位于大亚基上,是肽酰-tRNA移交肽链后,tRNA释放的位点。⑤肽酰转移酶催化位点:该位点具有催化氨基酸间形成肽键功能。新近研究表明,肽键形成是大亚基23S rRNA催化的结果。⑥中央管出口:中央管位于大亚基上,多肽链最终从中央管出口释放。

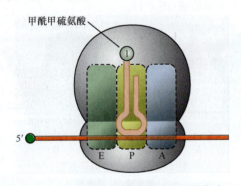

图7-2　原核细胞核糖体的主要功能位点

除上述活性部位外,核糖体大亚基上还有能与内质网膜结合的膜附着位点,以及蛋白质合成过程中各种因子和酶的结合位点。

二、蛋白质合成过程

核糖体合成蛋白质过程分为氨基酸活化、起始、肽链延长、终止几个阶段。真核细胞蛋白质合成远比原核细胞复杂,现仅介绍原核细胞蛋白质合成过程。

■ (一) 氨基酸活化

在氨酰-tRNA合成酶(aminoacyl tRNA ligase)作用下,氨基酸羧基与tRNA3′端CCA-OH缩合成氨酰-tRNA(aminoacyl tRNA)的过程称为氨基酸活化。

生成的氨酰-tRNA酯酰键含较高的能量,可用于肽键的合成。氨酰-tRNA合成酶具有高度特异性,既能识别特异氨基酸,又能辨认能携带该种氨基酸的特异tRNA。

■ (二) 起始

原核细胞蛋白质合成的起始阶段,核糖体大、小亚基,mRNA和具有启动作用的甲酰甲硫氨酰-tRNA(fMet-tRNA)形成起始复合物。①在起始因子-3(IF-3)介导下,核糖体30S小亚基与mRNA结合,形成IF3-30S亚基-mRNA复合物;②在IF-2作用下,活化的fMet-tRNA与mRNA的AUG互补结合,从而形成"IF2-30S亚基-mRNA-fMet-tRNA"30S前起始复合物;③在GTP和Mg^{2+}参与下,50S亚基与30S前起始复合物结合,IF-2、IF-3相继脱落,形成"30S亚基-mRNA-50S亚基-fMet-tRNA"70S起始复合物。此时,fMet-tRNA占据核糖体P位点,A位点空缺(图7-3)。氨酰-tRNA进入P位点后,氨酰-tRNA则称为肽酰-tRNA。

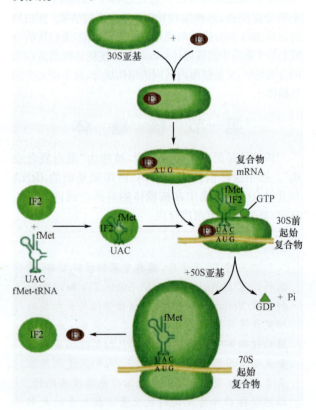

图7-3　大肠埃希菌中翻译起始复合物形成

■ (三) 肽链延伸

按照mRNA上密码子序列,各种氨酰-tRNA依次结合到核糖体上,肽链从N端向C端逐渐延长。肽链延伸过程需要延伸因子(elongation factor,EF)和GTP的参与,包括进位、成肽、移位和释放4个环节(图7-4)

第 2 个氨酰-tRNA 进入 A 位称为进位;在肽酰转移酶催化下,A 位氨酰-tRNA 的氨基与 P 位肽酰 tRNA 的羧基形成肽键称为成肽;核糖体向 3′ 端移动 1 个密码子,原来 P 位的 tRNA 移到 E 位并释放出去,A 位的肽酰 tRNA 移到 P 位,A 位空出,此过程称为移位;移到 E 位的 tRNA 释放出去。以上进位、成肽、移位和释放的全过程称为核糖体循环(ribosome circulation)。每经过一次循环,肽链增加 1 个氨基酸。

(四) 终止

随着核糖体向 mRNA3′ 端移动,肽链逐渐延长;当 mRNA 的终止密码(UAA、UAG、UGA)进入 A 位时,任何氨酰-tRNA 都不能进位,只有相关的释放因子(release factor,RF)能识别终止密码并与之结合。

RF 与 A 位终止密码的结合,使大亚基转肽酶构象改变,由转肽酶活性转变为水解酶活性,进而催化 P 位上肽酰-tRNA 水解;肽链与 tRNA 分离、经中央管出口释放,tRNA 从 P 位脱落,大、小亚基解聚并与 mRNA 分离(图 7-5)。

细胞内蛋白质合成时,1 个 mRNA 分子可结合多个核糖体,同时进行多条多肽链的合成。当前一个核糖体与 mRNA 结合启动多肽链合成、核糖体沿 mRNA 向 3′ 端移动约 80 个核苷酸时,下一个核糖体就结合到 mRNA 起始位点。这种多个核糖体与同一 mRNA 结合的聚合体称为多核糖体(polyribosome)。多核糖体的形式使 mRNA 的利用率提高,在一定时间内能够合成更多的蛋白质(图 7-6)。

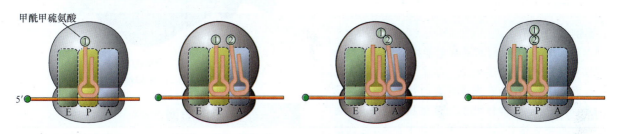

图 7-4 肽链的延伸

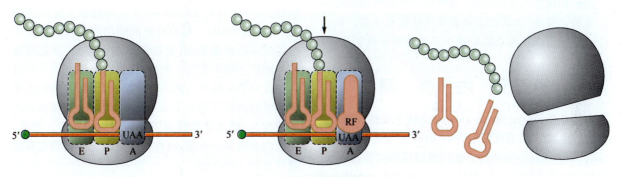

图 7-5 肽链合成的终止

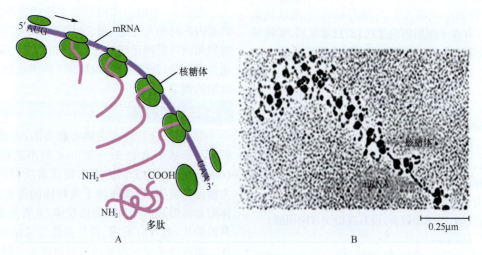

图 7-6 多核糖体
A. 模式图;B. 电镜图

第二节　内　质　网

1945年，Porter和Claude等在电镜下观察培养的小鼠成纤维细胞时，发现细胞质的"内质区"分布着一些由小管、小泡相互连接吻合形成的网状结构，当时根据该结构的分布及形态特征，将其命名为内质网（endoplasmic reticulum，ER）；1954年，Palade和Porter等证实，内质网是由1层单位膜形成的大小、形状各异的管、泡或扁囊状结构，不仅存在于细胞的内质区，而且常扩展、延伸至外质区。尽管如此，"内质网"一词仍被沿用下来。

一、化学成分

内质网膜的主要成分是蛋白质和脂类。蛋白质占60%～70%，脂类占30%～40%。蛋白质主要是参与细胞内糖代谢、脂代谢、蛋白质加工、药物及其他有毒物质解毒有关的酶。内质网膜上的酶与其催化功能密切相关，标志酶为葡萄糖-6-磷酸酶。脂类主要为磷脂，磷脂酰胆碱含量较高，鞘磷脂较少，没有或很少含胆固醇。

二、形　态　结　构

胞质中的内质网相互贯通、构成连续的膜性管网系统。靠近细胞核的内质网膜与外核膜相连续，内质网腔与核周间隙贯通；靠近质膜的内质网可与质膜内褶相连。内质网存在两个面，即胞质面和腔面。根据表面是否附着有核糖体，将内质网分为糙面内质网（rough endoplasmic reticulum，RER）和光面内质网（smooth endoplasmic reticulum，SER）两种类型（图7-7）。

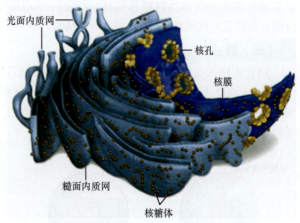

光面内质网——

——核孔

核膜

糙面内质网——

核糖体

图7-7　内质网模式图

（一）糙面内质网

除哺乳动物红细胞外，几乎所有真核细胞均含有糙面内质网。电镜下，糙面内质网多呈扁囊状，排列较整齐，少数为管状或泡状，膜表面附着大量核糖体（图7-7，图7-8A）。糙面内质网的功能是合成与加工分泌蛋白质和膜蛋白，其数量与细胞类型、分化程度及功能状态密切相关。例如，胰腺腺泡细胞和分泌抗体的浆细胞的糙面内质网非常发达，干细胞和胚胎细胞的糙面内质网则较少；高分化肿瘤细胞的糙面内质网较发达，低分化肿瘤细胞糙面内质网较少。因此，糙面内质网发达程度，可作为判断细胞分化程度和功能状态的一项指标。

（二）光面内质网

电镜下，光面内质网呈分支管状或小泡状，并与糙面内质网相互连通（图7-8B）。分泌类固醇激素细胞的光面内质网比较发达；肌肉细胞的光面内质网特化为肌质网，是储存和释放 Ca^{2+} 的细胞器，参与肌肉收缩的调节。

（三）微粒体

细胞匀浆后，经差速离心获得的，由破碎内质网膜碎片形成的直径20～100nm的小泡称为微粒体（microsome）（图7-9）。来自糙面内质网的微粒体称为糙面微粒体，核糖体位于微粒体的外表面；无核糖体附着的微粒体称为光面微粒体，主要来自光面内质网的膜片，也可由质膜、高尔基体等膜结构的碎片形成。微粒体是研究内质网功能的理想材料，包括信号假说实验在内的很多经典实验都是以微粒体为实验材料进行的。

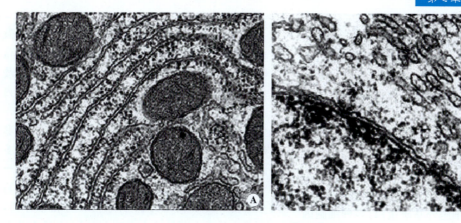

图 7-8　内质网电镜图
A. 糙面内质网；B. 光面内质网

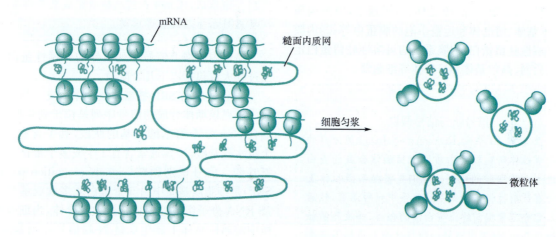

图 7-9　微粒体的形成

糙面内质网和光面内质网在细胞中的分布因细胞功能而异，例如，狗胰腺外分泌细胞中含有丰富的糙面内质网，与多种消化酶的合成有关；人睾丸间质细胞是特化细胞，具有合成大量固醇类激素的功能，故光面内质网相当发达；哺乳动物肝细胞具有多方面功能，糙面内质网和光面内质网都很丰富。

内质网膜面积约占细胞总膜面积的一半，内质网的体积约占细胞总体积的 10%，因此，内质网的存在大大增加了细胞内膜的表面积，为多种酶提供了广泛的结合位点，提高了代谢反应效率。内质网形成的封闭体系，使内质网腔与细胞质基质相隔离，有利于内质网内物质的合成、加工和运输。在结构上，内质网可与高尔基体、溶酶体等内膜系统移行、转换；在功能上，内质网与这些细胞器密切相关。

案例 7-2
　　内环境稳定是内质网行使功能的基本条件，内质网具有极强的内稳态体系。尽管如此，仍有很多因素可导致内质网的内稳态失衡，形成内质网应激。内质网应激是导致心脑组织缺血梗死、神经退行性疾病等多种疾病发生的重要因素。

思考题：
　　什么是内质网应激？根据内质网功能说明内质网应激有哪些表现？

三、糙面内质网的功能

糙面内质网的主要功能是蛋白质的合成、折叠、修饰和运输等，另外，糙面内质网也参与膜脂的合成。

（一）蛋白质合成

核糖体是细胞内所有蛋白质合成的唯一场所，蛋白质的合成都起始于细胞质中核糖体。内源性蛋白质合成自始至终均在细胞质游离核糖体上进行，这类蛋白质包括：①非定位分布的细胞质溶质性驻留蛋白，参与细胞质溶质中的生理生化代谢活动；②定位分布的细胞质溶质蛋白，与其他成分一起组装成特定细胞器，如中心粒（centriole）、中心粒周物质（pericentriolar material，PCM）等；③经核孔进入细胞核的核蛋白，如组蛋白、非组蛋白等；④核基因编码的线粒体蛋白。

糙面内质网上合成的是外输性蛋白，外输性蛋白质多肽链 N 端有一段特定序列。细胞质中游离核糖体上外输性蛋白合成后不久，在外输性蛋白N-端特定序列引导下，正在合成的多肽链随同核糖体一起转移到内质网上；在内质网上外输性蛋白继续合成，直至合成结束。因此，将引导细胞质中游离核糖体转移到内质网上继续进行蛋白质合成的外输性蛋白N-端的特定序列称为信号序列（signal sequence），也称为信号肽（signal peptide）。

外输性蛋白包括：①分泌蛋白质（secretory protein）：分泌蛋白质通过出胞作用转运到细胞外，如浆细胞分泌的抗体、内分泌细胞分泌的肽类激素、胰腺细胞分泌的消化酶以及细胞外基质蛋白、多种细胞因子等；②穿膜蛋白：穿膜蛋白插入、整合到内质网膜，并随着功能的执行，移行、转换进入内膜系统各个区域及质膜中，如膜抗原、膜受体、离子通道，以及内质网、高尔基体、溶酶体和运输小泡的膜蛋白等；③内膜系统可溶性驻留蛋白：内膜系统的可溶性驻留蛋白定位于内质网、高尔基体和溶酶体等细胞器。

视窗 7-2
信号肽与信号假说

20世纪60年代，Redman和Sabatini用分离的糙面微粒体研究糙面内质网上核糖体合成的蛋白质进入内质网腔的机制。他们先将糙面微粒体置于含有放射性标记的氨基酸体系中短暂温育，然后加入嘌呤霉素提前终止蛋白质的合成，并收集微粒体进行分析，结果发现糙面微粒体新合成的多肽含有放射性标记。这一结果间接说明，糙面内质网核糖体合成的蛋白质能够进入内质网腔。

1971年，Blobel和Sabatini等对上述现象做出的解释是：分泌蛋白质N-端有一段特殊的信号序列即信号肽，可将多肽和核糖体引导到内质网膜上；多肽通过内质网膜上的水性通道进入内质网腔中，多肽是边合成边转移的。

1972年，Milstein等发现从骨髓瘤细胞提取的免疫球蛋白分子N-端要比分泌到细胞外的多出一段；1975年，Blobel和Sabatini等根据进一步的实验，提出了信号假说（signal hypothesis）：分泌蛋白质多肽链的N-端序列作为信号序列，指导分泌蛋白到糙面内质网上合成，在蛋白质合成结束前信号序列被切除。信号假说目前已得到普遍承认，Blobel也因此项研究成果获得1999年诺贝尔生理或医学学奖。

糙面内质网上信号序列引导的外输性蛋白的合成过程大致包括以下几个阶段。

1. 信号序列-SRP-核糖体复合体形成 细胞质基质中游离核糖体合成的信号序列是位于新生肽链N-端含20～30个氨基酸残基的肽段，其中含有6～12个疏水氨基酸，N-端通常含有1个或多个带正电荷的氨基酸。信号识别颗粒（signal recognition particle, SRP）是细胞质基质中由6个蛋白质多肽亚基和1个7S RNA分子组成的核糖核蛋白复合体，当细胞质基质中游离核糖体上新生肽链N-端信号序列暴露后，立即被SRP识别并结合，SRP的另一端与核糖体结合，形成信号序列-SRP-核糖体复合体，多肽链合成暂停（图7-10）。

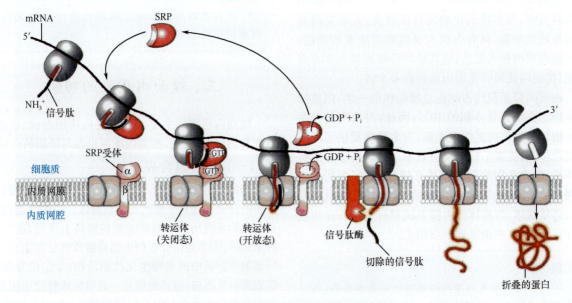

图 7-10　糙面内质网的蛋白质合成过程

2. 核糖体结合到糙面内质网上 信号序列-SRP-核糖体复合体的SRP与内质网膜上SRP受体结合，并介导核糖体锚泊于糙面内质网膜的转运体上。

SRP从糙面内质网上解离，返回细胞质中重复利用。转运体（translocon）也称为易位子、易位蛋白质，为糙面内质网上的多蛋白复合体，可形成直径8.5nm、中央孔内径2nm的亲水性通道。当信号序列与之结合时,转运体处于开放状态。随着转运体被激活,转运体通道打开,暂停合成的多肽链又继续合成。

3. 多肽链合成完成 合成中的多肽链通过转运体通道,穿膜进入内质网腔,进入内质网腔的信号序列被内质网膜腔面的信号肽酶切除,与之相连的多肽链继续延伸,直至多肽链合成完成。多肽链合成结束后,核糖体大、小亚基解聚并从内质网上解离,转运体通道关闭。

以上肽链边合成边转移到内质网腔的方式称为共转移(cotranslocation)。定位在过氧化物酶体、线粒体、叶绿体的蛋白质是在细胞质基质游离核糖体合成,释放到胞质溶胶后,再转移到这些细胞器,这种转移方式称为后转移(post tanslocation)。真核细胞内引导后转移的蛋白质到达特定部位的肽段称为前导肽(leader peptide)。与信号序列不同,前导肽可存在于新合成多肽链的N-端

或C-端,常在引导任务完成后被切除。

如果在糙面内质网合成的是穿膜蛋白,尤其是多次穿膜蛋白,那么穿膜蛋白的插入转移远比上述可溶性分泌蛋白质的转移过程复杂。现以单次穿膜蛋白为例,介绍插入转移的可能机制。

信号序列引导的糙面内质网合成的单次穿膜蛋白上存在一段停止转移序列(stop transfer sequence),该序列是与内质网膜亲和力强的疏水性序列,进入内质网膜的转运体通道,与膜上脂双层结合,而不再进入内质网腔。转运体由开放态转为关闭态而停止肽链转移,此停止转移序列形成单次穿膜α螺旋区,内质网腔内的N-端信号序列被信号肽酶切除。此后,继续合成的肽链无法再向糙面内质网腔转移,导致多肽链的C-端滞留在胞质侧,由此形成单次穿膜蛋白(图7-11)。

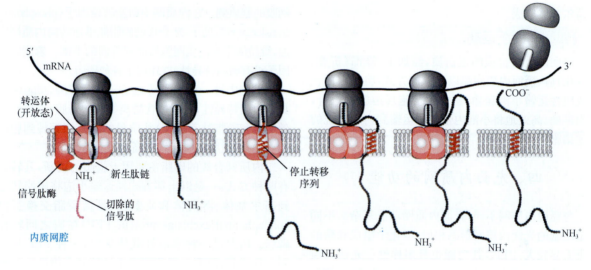

图 7-11 单次穿膜蛋白的合成

(二) 蛋白质折叠

多肽链氨基酸组成和排列顺序决定蛋白质的基本理化性质,而蛋白质功能则依赖于多肽链盘旋、折叠等形成的三维空间结构。如果蛋白质未正确折叠,则被运送到细胞质基质,经泛素——蛋白酶体(proteasome)途径降解。泛素-蛋白酶体具有多种肽酶活性,是真核细胞内,溶酶体外细胞质蛋白质的降解体系。只有经过折叠,形成正确构象的蛋白质才能运输到高尔基体进行进一步加工,糙面内质网为新生多肽链的正确折叠提供了有利环境。

新生肽链的折叠需要内质网腔内的结合蛋白(binding protein, BIP)、蛋白二硫键异构酶(protein disulfide isomerase, PDI)、钙联蛋白(calnexin)和钙网蛋白(calreticulin)等的参与。这些蛋白质能识别折叠错误的多肽和尚未组装的蛋白质亚单位并与之结合,促使其重新折叠、组装,但其本身并不参与最终产物的形成,只起陪伴作用,故称之为分子伴侣(molecular chaperone)。分子伴

侣是细胞内蛋白质质量监控的重要因子。

(三) 蛋白质糖基化

糙面内质网合成的大部分蛋白质都需要在内质网腔内糖基化,糖基化是单糖或寡糖与蛋白质通过共价键结合形成糖蛋白的过程。蛋白质糖基化有利于蛋白质折叠成正确构象,具有抵抗蛋白水解酶的作用。从糙面内质网转移到高尔基体和溶酶体的蛋白质均为糖蛋白。

在内质网腔中,与蛋白质相连的糖链是由2分子N-乙酰葡萄糖胺、9分子甘露糖和3分子葡萄糖组成的十四寡糖。首先,十四寡糖与内质网膜中的嵌入脂分子焦磷酸多萜醇相连,并被其活化;然后,在内质网腔面的膜结合糖基转移酶催化下,十四寡糖与蛋白质多肽链的天冬酰胺残基的氨基相连,故这种糖基化称为N-糖基化(N-glycosylation);最后,十四寡糖经修饰作用,切除末端的1个甘露糖分子和3个葡萄糖分子,形成N-连接寡聚糖(图7-12)。

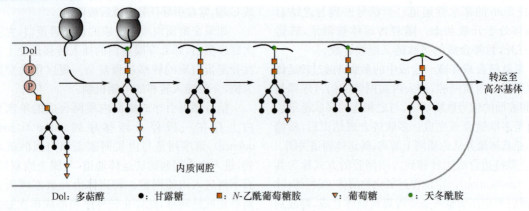

Dol：多萜醇　　●：甘露糖　　■：N-乙酰葡萄糖胺　　▽：葡萄糖　　●：天冬酰胺

图 7-12　N-糖基化及其加工

糖基化的另一种方式是糖链与蛋白质多肽链的丝氨酸、苏氨酸、酪氨酸或羟脯氨酸的羟基（—OH）连接，称为 O-糖基化（O-glycosylation）。O-糖基化主要在高尔基体完成。

（四）蛋白质运输

糙面内质网合成的蛋白质，经加工、修饰（折叠、糖基化）后，糙面内质网膜以出芽的方式，将蛋白质包裹成膜性运输小泡运输，避免了与胞质溶胶的混合，从而准确、高效地将小泡内蛋白质运输到内膜系统的其他细胞器或细胞外。

四、光面内质网的功能

与糙面内质网不同，光面内质网功能复杂。不同类型细胞的光面内质网形态相似，但化学组成和酶的种类差异较大，因此，其功能也具多样性。光面内质网的功能包括脂类合成、类固醇激素合成、糖原的合成与分解、解毒作用、钙离子的储存与释放等。

（一）脂质合成与转运

脂类合成是光面内质网最重要的功能。例如，肾上腺皮质细胞、睾丸间质细胞和卵巢黄体细胞等有丰富的光面内质网，其中含有合成胆固醇和转化胆固醇为激素的全套酶系，能合成肾上腺素、雄激素和雌激素等类固醇激素。

小肠上皮细胞是从肠管吸收脂肪的主要细胞，光面内质网很多。脂肪酸、甘油一酯等小分子摄入小肠上皮细胞后，在光面内质网中酯化合成甘油三酯，甘油三酯再进一步与磷脂、胆固醇及由糙面内质网合成的蛋白质结合成乳糜微粒，从细胞侧面排出，进入乳糜管。同样，肝细胞从血液中摄取脂肪酸，在光面内质网合成脂肪，再与糙面内质网合成的蛋白质结合成脂蛋白颗粒，然后由高尔基体释放到细胞外，通过血液带到身体其他部位。

微粒体和细胞放射自显影的研究结果表明，构成质膜和细胞内膜的膜脂，如磷脂、胆固醇等，大部分是光面内质网合成的。合成磷脂所需的 3 种酶（乙酰转移酶、磷酸酶和胆碱磷酸转移酶）活性部位均位于内质网膜的胞质侧，底物来自细胞质基质，新合成的磷脂位于内质网膜的胞质侧。在内质网中磷脂转位因子（phospholipid translocator）帮助下，新合成的磷脂能迅速转向内质网腔面，维持磷脂在内质网胞质面和腔面的平衡。磷脂转位因子没有磷脂特异性，能作用于各种磷脂。

细胞中另一种磷脂转运子——翻转酶（filppase），具有磷脂特异性，只能把有游离氨基的磷脂（如磷脂酰丝氨酸和磷脂酰乙醇胺）从质膜的胞外侧翻转到胞内侧，从而使质膜的磷脂具有高度不对称性。

内质网合成的磷脂主要用于膜脂的更新，其转运有两种方式：一是以出芽方式经运输小泡将磷脂转运到高尔基体、溶酶体和质膜；二是借磷脂交换蛋白（phospholipid exchange protein，PEP）在膜之间转移磷脂。PEP 是一种水溶性载体蛋白，一种 PEP 只识别一种磷脂；PEP 与磷脂形成水溶性复合物进入细胞质基质，当接触到磷脂含量低的膜时即把磷脂释放到膜中，线粒体和过氧化物酶体的膜就是通过这种方式获得糙面内质网合成的磷脂的。

（二）解毒作用

肝细胞具有解毒作用，是机体内最主要的解毒器官，这是由于肝细胞光面内质网含有丰富的氧化及电子传递的酶系。有毒物质在肝细胞光面内质网相关酶作用下，经氧化、还原、水解和结合的方式，使毒性变低，或使脂溶性毒物变为水溶性物质排出体外。当给动物注射脂溶性苯巴比妥后，肝细胞内光面内质网明显增加，参与药物代谢的酶活性也增加；一旦药物作用消失，过剩的光面内质网随之被溶酶体消化。这说明光面内质网与药物代谢密切相关。

（三）钙的储存和释放

光面内质网具有储存钙的功能。光面内质网释放 Ca^{2+} 到细胞质基质，参与细胞的信号转导过程。肌肉细胞中发达的光面内质网特化为肌质网（sarcoplasmic reticulum），肌质网储存的 Ca^{2+} 能调节肌肉收缩与舒张。当兴奋沿肌肉细胞内横管系统传递到肌质网时,肌质网释放 Ca^{2+},肌肉收缩;肌肉舒张时,Ca^{2+} 被肌质网上钙泵重新泵回肌质网内。

(四) 糖原代谢

　　肝细胞中,糖原颗粒的分布与光面内质网关系密切。机体进食后,糖原合成增加,糖原往往遮盖光面内质网;机体处于饥饿状态时,细胞内光面内质网明显可见。肝细胞光面内质网中的葡萄糖-6-磷酸酶能催化糖原的降解产物葡萄糖-6-磷酸去磷酸化生成葡萄糖和磷酸,有利于细胞内葡萄糖通过脂双层释放到血液中被利用。这说明光面内质网参与糖原的分解过程,光面内质网是否参与糖原合成,尚存在不同观点。

案例 7-2 分析

　　内质网应激(endoplasmic reticulum stress, ERS)是指由于某种原因使细胞内质网功能紊乱的病理状态。目前发现,缺氧、高浓度同型半胱氨酸、氧化应激、细胞内蛋白质合成过快以至于超过蛋白折叠能力、卵磷脂合成障碍、钙代谢紊乱等都能引起内质网应激级联反应,表现为蛋白质合成暂停、内质网应激蛋白表达和细胞凋亡等。

　　内质网是真核细胞中蛋白质合成、折叠与分泌的重要细胞器。细胞在长期进化过程中,形成了一套完整的机制,监督、帮助内质网内蛋白质的折叠与修饰;当错误折叠的蛋白质累积时,细胞通过一系列信号转导途径,产生应答,包括增强蛋白质折叠能力、停滞大多数蛋白质的翻译、加速蛋白质的降解等;如果内质网功能紊乱持续,细胞将最终启动凋亡程序。这些反应统称为未折叠蛋白质应答(unfolded protein response,UPR)。

　　内质网应激反应实际上是一种细胞水平的保护机制,内质网内环境稳态对细胞乃至整个生物体均有重要意义。作为细胞保护性机制的内质网应激体系一旦遭到破坏,细胞将不能合成应有的蛋白质,也不能发挥正常的生理功能,甚至出现细胞凋亡。内质网应激和未折叠蛋白反应与许多疾病有关,如糖尿病、神经退行性疾病和脑缺血等。理解内质网应激过程对进一步认识多种疾病的发生机理有十分重要的理论意义。

第三节　高尔基体

视窗 7-3

高尔基体的发现

　　1898 年,意大利科学家 Golgi 在光镜下观察猫头鹰脊神经节银染标本时,发现胞质中存在一种嗜银性网状结构,当时将其命名为内网器(in-ternal reticular apparatus)。以后在许多真核细胞中相继发现了类似结构。由于这一结构是 Golgi 发现的,人们便称其为高尔基体(Golgi body);高尔基体形态多样,故也称其为高尔基复合体(Golgi complex)。

　　活细胞内高尔基体难以辨认,普通染色的标本也不易观察到。因此,在发现高尔基体后的很长一段时间内,对细胞内高尔基体是否存在一直存在争议;到了 20 世纪 50 年代,电镜和超薄切片技术的应用和发展,不仅证明了高尔基体存在,而且对其超微结构也有了更深入的认识。

　　高尔基体普遍存在于真核细胞,在蛋白质修饰、加工及分拣中起关键作用,与细胞的分泌活动密切相关。

一、形态结构

　　电镜下,高尔基体呈现 3 种不同形态的膜性结构,即扁平膜囊、小囊泡和大囊泡(图 7-13)。扁平膜囊,也称为潴泡(cistern)是高尔基体中最具特征的部分,由 4~8 层略呈弓形的扁平膜囊层叠而成。弓形的凸面朝向内质网或细胞核,称为顺面(cis-face)或形成面,膜厚约 6nm,与内质网膜相似;凹面朝向质膜称为反面(trans-face)或成熟面,膜厚约 8nm,与质膜相似。小囊泡,也称为小泡(vesicle),聚集在潴泡的顺面,直径 40~80nm。一般认为小泡由附近的糙面内质网芽生而来,继而,小泡与潴泡融合,使糙面内质网合成的蛋白质转运到高尔基体。因此,此小泡也称为运输小泡(transfer vesicle)。大囊泡,也称为分泌小泡(secretory vesicle),位于潴泡的反面,直径 100~500nm,由潴泡末端膨大断离形成。

　　研究表明,高尔基体主体的潴泡可呈扁平囊状、管状或管囊状,各层膜囊的标志化学反应及其功能亦不尽相同,这说明高尔基体具有明显的极性结构特征。因此,目前一般将高尔基体潴泡的膜囊划分为 3 部分:①顺面高尔基网(cis-Golgi network),由高尔基体顺面的扁囊状和小管状潴泡连接成网络,接收来自内质网的小泡。②中间膜囊(medial saccule),位于顺面高尔基网和反面高尔基网之间的多层囊、管状结构。③反面高尔基网(tran-Golgi network),由高尔基体反面的扁囊状和小管状潴泡连接成网络,加工物通过此部位运出高尔基体,是分拣与包装加工的主要部位。

二、化学组成

　　高尔基体的膜约含 60% 蛋白质和 40% 脂类。研究表明,高尔基体膜的脂类含量介于质膜和内质网膜之间,蛋白质的组成、含量和复杂程度也介于二者之间。这说明,高尔基体是质膜和内质网之间相互联系

的细胞器。高尔基体中含有多种酶,如糖基转移酶、氧化还原酶、磷酸酶、激酶、甘露糖酶、磷脂酶等。不

同部位酶的类型和含量不同,说明不同区室的功能不同。糖基转移酶是高尔基体最具特征的酶。

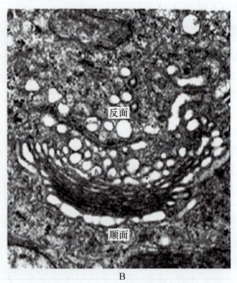

图7-13　高尔基体
A. 模式图;B. 电镜图

三、功　　能

高尔基体的主要功能是参与细胞的分泌活动。在分泌活动中,高尔基体对来源于内质网的蛋白质进行糖基化加工修饰,并对各种蛋白质进行分拣,然后运输到细胞的特定部位或分泌到细胞外。因此,高尔基体是细胞内大分子物质运输的“交通枢纽”。

(一) 蛋白质加工和修饰

高尔基体对物质的加工、修饰方式很多,其中蛋白质糖基化是最重要的加工修饰方式。

N-糖基化始于内质网,完成于高尔基体。来自内质网 N-连接糖基化修饰的糖蛋白,具有相同的寡糖结构,在高尔基体各膜囊转运过程中,进行有序的加工和修饰,如切除多余的甘露糖,加上不同的糖基等,最终形成成熟的糖蛋白。

O-糖基化主要在高尔基体中进行,其所连接寡糖链的成分及加工方式等与 N-糖基化差异很大(表7-1)。

表7-1　N-糖基化和O-糖基化比较

	N-糖基化	O-糖基化
糖基化部位	糙面内质网	高尔基体
连接的氨基酸残基	天冬酰胺	丝氨酸、苏氨酸、酪氨酸、羟脯(赖)氨酸
糖链长度	5～25 个糖基	1～6 个糖基
第1个糖基	N-乙酰葡萄糖胺	半乳糖、N-乙酰半乳糖胺
连接基团	—NH₂	—OH
糖基化方式	寡糖链一次性连接	单糖基逐个添加

蛋白质糖基化的意义在于:第一,为各种蛋白质分子带上不同的标记,起到运输信号的作用,可引导蛋白质包装成运输小泡,进行靶向运输;第二,对蛋白质具有保护作用,使蛋白质免遭蛋白水解酶的降解;第三,形成质膜表面的糖被,构成膜抗原,在质膜的保护、细胞识别及细胞通讯等生命活动中发挥重要作用。

除蛋白质糖基化外,高尔基体还参与了某些糖脂的糖基化及糖蛋白、蛋白多糖的硫酸盐化。

(二) 蛋白质水解

少数在糙面内质网合成的多肽,切除信号序列后即成为有活性的成熟多肽;多数分泌蛋白质如肽类激素、神经肽、水解酶等,在糙面内质网中合成的只是没有活性的前体蛋白,前体蛋白必须通过水解作用,才能成为有活性的蛋白质或多肽。例如,人的胰岛 B 细胞糙面内质网合成的胰岛素原含有 α 肽链、β 肽链及 1 条起连接作用的 γ 肽链,共86 个氨基酸残基;胰岛素原转运到高尔基体后,在转换酶(converting enzyme)作用下水解切去 γ 肽链,生成由 51 个氨基酸残基组成的有活性的胰岛素。

(三) 蛋白质分拣与运输

从内质网运送到高尔基体的蛋白质多种多样,在高尔基体加工修饰后,必须通过分拣才能送到细胞的各个部位。高尔基体依据蛋白质上的分拣信号(sorting signal)进行分拣,分拣信号是细胞内被运输蛋白质上的特异序列。有些蛋白质送到高尔基体时就带有分拣信号,而多数蛋白的分拣信号是在高尔基体形成的。高尔基体含有识别分拣信号的受体,通过分拣

信号与相应受体结合,不同蛋白质分装成不同的运输小泡(transport vesicle),这些运输小泡经3种途径将小泡内蛋白质运输到相应部位。

(1)来自糙面内质网的溶酶体酶蛋白在高尔基体形成 M-6-P 标记,经 M-6-P 受体的分拣浓缩后转运到溶酶体(详见本章第四节)。

(2)没有分拣信号的细胞表面蛋白,在高尔基体包装成运输小泡,运输小泡连续不断地运送到细胞表面与质膜融合,运输小泡的膜加入到质膜中;与此同时,运输小泡的分泌蛋白质释放到细胞外,为细胞外基质提供糖蛋白、蛋白聚糖和其他蛋白质。

(3)肽类激素、神经肽与消化酶等分泌蛋白质,按其分拣信号形成不同的分泌小泡,暂存于细胞质中;当受到细胞外信号刺激时,分泌小泡与质膜融合,通过胞吐作用将内容物分泌到细胞外。

另外,高尔基体还存在高尔基体驻留蛋白及内质网驻留蛋白(ER retention protein)。前者来自糙面内质网,不再转运;后者是从内质网被错误运送到高尔基体的,可在其C-端的内质网驻留信号(ER retention signal)(KDEL 或 KKXX 序列)引导下返回内质网(详见第六节)。

第四节　溶　酶　体

溶酶体(lysosome)是一层单位膜包被的囊状结构,内含多种水解酶,能分解各种外源和内源的大分子物质,是细胞内消化器官。

一、形　态　结　构

溶酶体大多呈圆形或椭圆形,大小差异显著,直径多为 0.25~0.8μm,最小者仅为 0.025μm,大者可达数微米。因此,溶酶体是一种异质性(heterogeneous)细胞器,不同来源的溶酶体形态、大小,甚至所含酶的种类差异很大(图 7-14)。溶酶体内含有 60多种水解酶,主要包括蛋白酶、核酸酶、酯酶、糖苷酶、磷酸酶和溶菌酶等,能够分解机体中几乎所有的生物活性物质,其作用最适 pH 为 3.5~5.5,故溶酶体酶统称为酸性水解酶。酸性磷酸酶是溶酶体的标志酶。

每个溶酶体所含酶的种类是有限的,不同溶酶体所含酶也不完全相同,因此,溶酶体不仅在形态数量上,而且在生理、生化性质等方面都表现出高度的异质性。

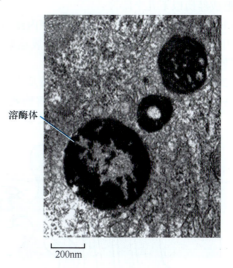

溶酶体

200nm

图 7-14　溶酶体电镜图

与其他生物膜相比,溶酶体膜的化学成分及结构有如下特点:①膜上有质子泵,能将 H⁺逆浓度梯度泵入溶酶体,保持溶酶体内的酸性环境,以利于酸性水解酶发挥作用;②膜蛋白质高度糖基化,寡糖链突入膜腔面,有利于防止溶酶体酸性水解酶对其自身膜结构的消化分解;膜中含有较多的胆固醇,增加膜的稳定性,阻止酶的泄漏;③膜上有多种载体蛋白,可将消化产物运出溶酶休,供细胞再利用或排出细胞外。

二、类　　　型

根据传统的分类方法,溶酶体分为初级溶酶体(primary lysosome)和次级溶酶体(secondary lysosome)。初级溶酶体只含酸性水解酶,不含被消化的底物,其中酶通常处于非活化状态;次级溶酶体内含酸性水解酶和相应底物,处于活化状态的酶对底物进行分解,故次级溶酶体内也含有消化产物。

从溶酶体形成过程看,来自高尔基体、含有溶酶体酶的运输小泡内 pH 为中性,溶酶体酶没有活性。

很显然,这种 pH 为中性、溶酶体酶没有活性、没有作用底物的运输小泡不能称为溶酶体。这种运输小泡与含胞吞物质的内体融合才能形成溶酶体。由此看来,细胞内可能不存在没有作用底物的初级溶酶体,这种观点目前已被普遍接受。

近年来,人们根据溶酶体的形成过程和功能状态,将其分为内体溶酶体(endolysosome)、吞噬溶酶体(phagolysosome)和残余体(residual body)3 类。

（一）内体溶酶体

内体溶酶体是高尔基体芽生的运输小泡和胞吞作用形成的内体(endosome)合并而成,其 pH 为 6 左右,已呈弱酸性,已能对内容物进行消化。内体溶酶体的形成经历以下几个阶段:

(1) 糙面内质网合成的酶蛋白,在腔内经 N-糖基化作用形成糖蛋白,然后以出芽方式形成运输小泡,继而转运到高尔基体。

(2) 在顺面高尔基网,在磷酸转移酶及 N-乙酰葡萄糖胺磷酸糖苷酶催化下,酶蛋白的甘露糖残基磷酸化为甘露糖-6-磷酸(mannose-6 -phosphate,M-6-P),甘露糖-6-磷酸是溶酶体酶的分拣信号。

(3) 反面高尔基网膜上具有 M-6-P 受体蛋白,能识别溶酶体酶上的 M-6-P 标记并与之结合;二者的结合触发反面高尔基网局部出芽,形成网格蛋白包被的有被小泡,并从反面高尔基网膜上断离;断离的有被小泡脱去网格蛋白,形成光滑的无被小泡;无被小泡内 pH 近中性,溶酶体酶没有活性。

(4) 细胞经胞吞作用形成的异质性小泡,称为早期内体(early endosome),其内为碱性环境;与其他胞内小泡融合形成晚期内体(late endosome);晚期内体在膜上质子泵作用下,将胞质的 H^+ 泵入,使其腔内 pH 从 7.4 左右降到 6 左右的弱酸性环境。无被小泡与晚期内体融合形成内体溶酶体。在酸性环境下,内体溶酶体带有 M-6-P 标记的溶酶体酶蛋白与 M-6-P 受体分离,并通过去磷酸化形成成熟的溶酶体酶;同时,M-6-P 受体以出芽方式形成运输小泡返回到反面高尔基网循环利用(图 7-15)。

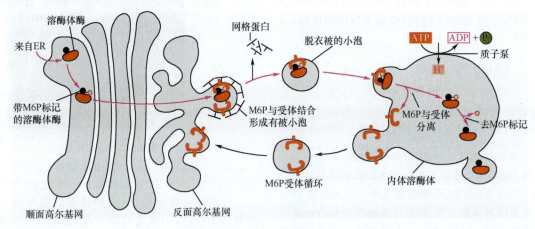

图 7-15　内体溶酶体的形成

（二）吞噬溶酶体

细胞摄取的外来物质或细胞自身的结构成分形成吞噬小泡,吞噬小泡与内体溶酶体融合形成吞噬溶酶体。依据底物的来源,吞噬溶酶体分为自噬溶酶体(autophagolysosome)和异噬溶酶体(heterophagic ly-sosome)。吞噬溶酶体内含多种生物大分子、颗粒状物质、破损细胞器和细菌等,形态不规则,直径可达几微米。

1. 自噬溶酶体　自噬溶酶体的底物是内源性物质,如细胞内衰老或崩解的细胞器等内源性物质可被膜结构包裹形成自噬体(autophagosome),自噬体与内体溶酶体融合即成自噬溶酶体。因此,自噬溶酶体内可看到尚未完全分解的内质网、线粒体、高尔基体等破损结构。药物、射线及机械损伤等因素致细胞病变时,细胞自噬作用增强,细胞内自噬溶酶体明显增多。

2. 异噬溶酶体　异噬溶酶体内的底物是细胞摄入的病原体或异物等外源性物质。外源性物质经胞吞作用进入细胞,形成异噬体(heterophagosome),异噬体与内体溶酶体融合形成异噬溶酶体。

（三）残余体

吞噬溶酶体在完成绝大部分底物水解消化后,由于酶活性减弱乃至消失,以至一些不能被消化分解的物质残留其中,电镜下可见电子密度较高的不同形状残余物。此时的吞噬溶酶体易名为残余体,也称后溶酶体(postlysosome)。例如,衰老的神经元、心肌细胞和肝细胞中的脂褐素机体摄入大量铁质时,肝、肾等器官巨噬细胞中的含铁小体等均属残余体。有的细胞能将残余体中的残余物通过胞吐作用排出细胞,有的残余体则长期存留在细胞内(图 7-16)。

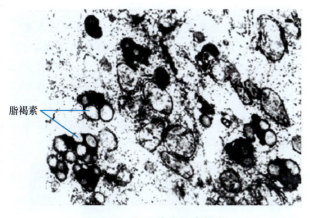

脂褐素

图 7-16　肝细胞中的脂褐素

三、功　　能

溶酶体的主要功能是参与细胞的各种消化活动,根据在消化活动中所起作用的不同,溶酶体的功能归纳为以下几个方面。

（一）细胞内消化作用

1. 清除病原体及异物　单核巨噬细胞系统(mononuclear phagocyte system)的中性粒细胞、巨噬细胞等具有吞噬作用,这些细胞具有发达的溶酶体,能将吞噬的细菌和病毒颗粒消化、分解,起到消除病原体的作用。

然而,在某些病理情况下,细胞的吞噬和溶酶体消化作用也会有不利影响,例如,经吞噬作用进入细胞的麻风杆菌、利什曼原虫等病原体,在溶酶体内具有抑制溶酶体酸化的作用,使溶酶体失去功能,可致病原体在细胞内繁殖。某些病毒通过吞噬作用进入溶酶体后,可利用溶酶体的酸性环境,将病毒核衣壳水解,将病毒基因组释放到细胞质基质中,进而整合到宿主细胞的基因组中,导致病毒在细胞内增殖。

巨噬细胞、中性粒细胞还能吞噬外来异物,在吞噬溶酶体内分解。例如,在创伤愈合过程中,巨噬细胞的溶酶体通过消化血肿内各种成分,为创伤愈合开辟道路。动物和人的睾丸支持细胞也具有吞噬作用,能吞噬精细胞演变为精子时丢失的残余细胞质,在溶酶体内消化。

2. 更新细胞成分　体内的各类细胞均有一定寿命,衰老及破损的细胞被吞噬,形成吞噬体,继而形成吞噬溶酶体;破损的线粒体、内质网等细胞器形成自噬体,继而形成自噬性溶酶体。二者经消化作用分解。因此,溶酶体起到了"清道夫"的作用。红细胞平均寿命约 120 天,据估计,人体每天清除的红细胞多达 10^{11} 个。

3. 为细胞提供营养　动物和人体所需的大分子营养物质,不能直接通过质膜,必须通过胞吞作用进入细胞,并最终在溶酶体内降解,其产物透过溶酶体膜进入细胞质基质被利用。例如,低密度脂蛋白通过受体介导的胞吞作用进入细胞,经溶酶体消化作用产生的游离胆固醇,作为细胞各种膜的合成原料。

溶酶体对病原体、异物、衰老细胞及破损细胞器的消化作用产生氨基酸、核苷酸、糖、脂肪酸以及胆固醇等小分子,作为营养物质可被细胞重新利用。在细胞饥饿状态下,溶酶体可分解某些对细胞生存并非必需的生物大分子物质,为细胞生命活动提供营养和能量,维持细胞的基本生存。

4. 参与激素形成　甲状腺素是在溶酶体参与下形成的。甲状腺滤泡上皮细胞合成的甲状腺球蛋白,分泌到滤泡腔碘化后,又被滤泡上皮细胞重吸收,形成大脂滴;大脂滴与溶酶体融合,溶酶体中的蛋白酶将碘化的甲状腺球蛋白水解成甲状腺素；甲状腺素经细胞基部进入毛细血管。

5. 调节激素分泌 当垂体催乳素细胞分泌催乳素受到抑制时，溶酶体可清除细胞内过多的催乳素分泌颗粒，几乎所有分泌肽类激素的细胞中都存在这种作用。睾丸间质细胞、肾上腺皮质细胞的分泌活动受到抑制时，其自噬作用明显增强，不但清除已形成的激素分泌颗粒，甚至参与合成类固醇激素的细胞器光面内质网也被包裹形成自噬体，经溶酶体的消化作用而分解，从而有效地调节内分泌细胞的分泌活动。

（二）细胞外消化作用

1. 清除陈旧骨质 骨组织中的破骨细胞是单核巨噬细胞系统成员，能将细胞中溶酶体酶释放到细胞外，清除陈旧骨质，以利骨组织的改建与再生。

2. 参与受精过程 动物精子头部的顶体是特化的溶酶体，受精时，顶体膜与卵细胞质膜融合、继而破裂，顶体内溶酶体酶释放，溶解卵细胞外的放射冠和透明带并形成孔道，使精子的核能顺畅进入卵细胞，完成受精过程。

（三）细胞自溶作用

生理条件下，细胞内溶酶体膜破裂、水解酶释放，致使细胞降解的过程称为自溶作用（autolysis）。无尾两栖类变态过程中尾部的吸收、幼虫组织的消失、子宫内膜的周期性萎缩并脱落、断乳后乳腺组织的退行性改变、雄性脊椎动物发育过程中苗勒管的退化等都是细胞自溶的结果。

另外，在某些非生理因素作用下，溶酶体膜稳定性降低，水解酶释放，可导致细胞溶解或组织溶解。研究表明，导致溶酶体膜稳定性下降的因素有多种，如缺氧或氧含量过多、白喉毒素、X 射线、紫外线等，多种抗生素、肝素、乙醇、胆碱能药物等，维生素 A 过多、维生素 E 缺乏等。例如，动物机体死亡后，细胞失去氧的供应，溶酶体膜稳定性下降，溶酶体酶大量渗出，细胞被消化，再加上细菌的作用，机体很快发生腐败。

合成大量胶原并聚合成胶原纤维；胶原纤维在肺内大量沉积形成纤维结节，使肺的弹性降低，功能受损，形成矽肺（图 7-17）。因此，患者时常出现胸闷，呼吸不畅，有时胸部有针刺样痛；胸片可见肺纤维化。克矽平是治疗矽肺的传统药物，摄入体内的克矽平与硅酸结合，从而减轻硅酸对溶酶体膜的破坏作用。

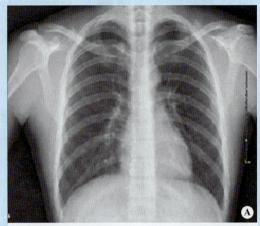

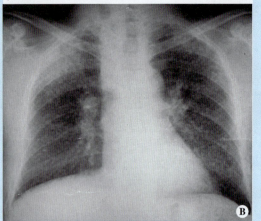

图 7-17　正常人胸片（A）和矽肺患者胸片（B）

案例 7-3 分析

工业职业病矽肺（也称硅肺）的发生与细胞自溶作用有关。该矽肺患者长期在含二氧化硅尘粒的环境工作，吸入的硅尘经肺泡巨噬细胞吞噬进入溶酶体。溶酶体酶不能消化硅尘，在溶酶体酸性环境下，二氧化硅易形成硅酸；硅酸的羟基与溶酶体膜的磷脂或蛋白形成氢键，导致膜破坏，溶酶体酶释放，造成细胞死亡。死亡细胞释出的二氧化硅又被其他巨噬细胞吞噬，如此反复进行，巨噬细胞相继死亡。受损或已破坏的巨噬细胞释放巨噬细胞纤维化因子，刺激成纤维细胞

案例 7-4 分析

痛风是以高尿酸血症为主要特征的嘌呤代谢紊乱性疾病。患者尿酸盐的生成与清除平衡失调，血尿酸盐升高；尿酸盐以结晶形式沉积于患者左足背、大姆指处的细胞，并被白细胞吞噬。白细胞内含尿酸盐结晶的吞噬体与溶酶体相互作用或将氢离子结合到富含胆固醇的溶酶体膜上，降低了溶酶体膜的稳定性，使溶酶体膜穿孔、破裂，溶酶体酶释放，白细胞自溶坏死。坏死的白细胞释放组胺等致炎因子，引发沉积组织的急性炎症，并吸引更多的白细胞到达炎症部位；同时坏死白细胞释放的尿酸盐被正常白细胞吞噬。如此循环往复，病情逐渐加重，使患

者左足跖骨骨头处出现溶骨性缺损。尿酸盐沉积发生在关节、关节周围、滑囊、腱鞘等处形成异物性肉芽肿;沉积在肾脏,则导致尿酸性肾结石或慢性间质性肾炎。

第五节 过氧化物酶体

过氧化物酶体(peroxisome)在 1954 年首次发现时称微体(microbody),后来发现,不同生物细胞内微体外观相似,但所含酶不同,据此,将微体分为过氧化物酶体、乙醛酸循环体和糖酶体。动物和人体细胞内仅存在过氧化物酶体。

一、形态结构

过氧化物酶体是由 1 层单位膜包裹形成的膜性细胞器,圆球形或卵圆形,直径为 $0.2\sim1.5\mu m$,大多为 $0.6\mu m$ 左右,内含细颗粒状物质。电镜下,有些细胞的过氧化物酶体含电子密度较高、规则排列的尿酸氧化酶结晶,称为类晶体(crystalloid)。人细胞的过氧化物酶体无尿酸氧化酶,故不存在类核体(图 7-18)。

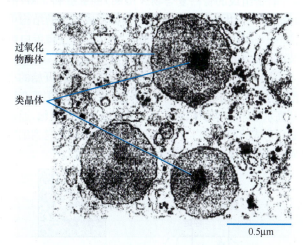

图 7-18 鼠肝细胞过氧化物酶体的电镜图

过氧化物酶体含酶丰富,迄今已鉴定的 40 多种过氧化物酶体酶,存在于不同细胞的过氧化物酶体中。过氧化物酶体酶可分为 3 类:①氧化酶类,占过氧化物酶体酶总量的 50% 以上,包括尿酸氧化酶、D-氨基酸氧化酶、L-氨基酸氧化酶等。各种氧化酶作用底物不同,共同特征是氧化底物的同时,能将氧还原为过氧化氢。②过氧化氢酶,约占酶总量的 40%,主要作用是将氧化酶分解底物产生的过氧化氢还原成水,所有过氧化物酶体中均含此酶。因此,过氧化氢酶是过氧化物酶体的标志酶。③过氧化物酶,此酶含量很少,仅存在于少数细胞(如血细胞)的过氧化物酶体中,其作用与过氧化氢酶相同。此外,过氧化物酶体中还含有苹果酸脱氢酶、柠檬酸脱氢酶等。

二、功 能

过氧化物酶体的功能与其所含酶的功能密切相关,主要有以下几方面。

(一) 调节细胞氧张力

过氧化物酶体中氧化酶氧化底物的同时,将 O_2 还原为 H_2O_2,即:

$$RH_2 + O_2 \xrightarrow{\text{氧化酶}} R + H_2O_2$$

这一反应对细胞内氧的张力具有重要的调节作用。线粒体与过氧化物酶体对氧敏感性不同,线粒体氧化最佳氧浓度为 2% 左右,增加氧浓度,并不提高线粒体氧化能力;过氧化物酶体氧化率随氧张力增强而提高。因此,在低浓度氧条件下,线粒体利用氧能力比过氧化物酶体强;而在高浓度氧情况下,过氧化物酶体的氧化反应占主导地位,可有效保护细胞免受高浓度氧的毒性作用。

上述反应中产生的 H_2O_2 对细胞有损伤作用,可通过过氧化氢酶清除 H_2O_2。

$$2H_2O_2 \xrightarrow{\text{过氧化氢酶}} 2H_2O + O_2$$

(二) 解毒作用

过氧化物酶体中过氧化氢酶能将氧化酶催化底物产生的 H_2O_2 还原成水,同时还能对多种底物,如酚、甲酸、甲醛、亚硝酸盐和乙醇等进行分解,消除 H_2O_2 及其他有害物质对细胞的毒害作用。这种解毒作用对肝、肾特别重要,例如,人体通过饮酒摄入的乙醇几乎有一半以这种方式氧化成乙醛,从而消除乙醇对细胞的毒性作用。

$$RH_2 + O_2 \xrightarrow{\text{氧化酶}} H_2O_2$$

$$R'H_2 + H_2O_2 \xrightarrow{\text{过氧化氢酶}} R' + 2H_2O$$

(三) 脂肪酸氧化

动物组织 25%~50% 的脂肪酸在过氧化物酶体内进行 β 氧化,产生的"2C"分子可转化为乙酰辅酶A,用于构建细胞的其他化合物。脂肪酸氧化产生的能量以热能形式供细胞利用。

视窗 7-5

Zellweger 综合征

Zellweger 综合征是与过氧化物酶体功能异常有关的常染色体隐性遗传病,也称为脑肝肾综合征。目前证实,Zellweger 综合征患者有超过 13 个基因编码的过氧化物酶体膜蛋白和基质蛋白缺陷;过氧化物酶体膜上 35kD 运输蛋白分子异常,以致新生酶分子不能运输进入过氧化物酶体内,过氧化物酶体是"空的"。

过氧化物酶体不能对极长链脂肪酸（very long chain fatty acid，VLCFA）进行氧化，而使VL-CFA在细胞质内积累，导致细胞毒性反应，影响早期胚胎细胞的正常迁移，致胚胎发育异常；神经元的迁移障碍是癫痫、脑部畸形的主要原因。

Zellweger综合征通常发生在新生儿期，主要表现为颅面畸形、中枢神经系统发育异常、肝硬化和肾脏微小囊肿等。因患儿病情严重，往往在出生后3～6个月夭折。

溶酶体和过氧化物酶体都是一层单位膜包裹形成的异质性细胞器，大小、形态结构相似，但结构和功能上二者又是完全不同的两类细胞器（表7-2）。

表7-2　溶酶体与过氧化物酶体的比较

特征	溶酶体	过氧化物酶体
形态、大小	多呈球形，直径0.2～0.5μm	多呈球形，直径0.2～1.5μm
pH	3.5～5.5	7左右
酶	酸性水解酶，无酶结晶	氧化酶类，常有尿酸氧化酶结晶
标志酶	酸性磷酸酶	过氧化氢酶
耗氧情况	不耗氧	耗氧
功能	细胞内、外消化、细胞自溶等	解毒，调节细胞氧张力，脂肪酸水解等
酶的来源	糙面内质网合成，高尔基体分拣	胞质合成

第六节　内膜系统与小泡运输

内膜系统在细胞内、外物质运输中起着重要作用。胞外大分子及颗粒状物质通过胞吞进入细胞，然后进入溶酶体消化分解；细胞内糙面内质网合成的蛋白质，进入高尔基体加工、修饰，分类包装后运输到细胞的其他部位或分泌到细胞外。这些物质的运输都通过小泡（vesicle）进行，其运输过程称为小泡运输。在物质运输的同时，小泡的膜也在内膜系统及质膜间移行和转换，即在物质流的同时也存在"膜流"。

一、有被小泡的类型

小泡通常以出芽的方式产生，小泡产生的同时，某种特定蛋白质聚集到膜胞质面形成"衣被"，有"衣被"包裹的小泡称有被小泡（coated vesicle）。有被小泡将物质运送到下一个膜性细胞器前要脱去"衣被"，形成光滑的无被小泡。细胞内承担物质定向运输的小泡有10多种，目前研究得较为清楚的有网格蛋白有被小泡（clathrin-coated vesicle）、COPⅠ有被小泡（COPⅠ-coated vesicle）和COPⅡ有被小泡（COPⅡ-coated vesicle）3种（图7-19）。

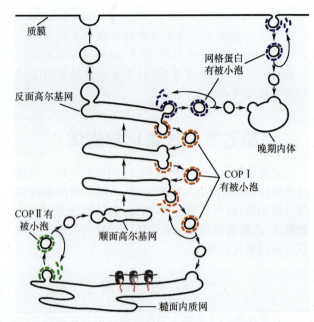

图7-19　3种有被小泡参与的小泡运输

（一）网格蛋白有被小泡

网格蛋白有被小泡是最早发现的有被小泡，研究得最清楚，其主要组分网格蛋白（clathrin）是由3条重链和3条轻链组成的蛋白复合物。180kD的重链和35kD的轻链各1条组成二聚体，3个二聚体形成衣被的结构单位——三脚蛋白（triskelion）（图7-20），多个三脚蛋白组装成有被小泡衣被，其外观呈篮网状（图7-21）。

网格蛋白有被小泡介导从质膜和高尔基体开始的小泡运输。由高尔基体产生的网格蛋白有被小泡主要介导从高尔基体向溶酶体、胞内体或质膜外的物质运输，通过胞吞形成的网格蛋白有被小泡则将外来物质转送到细胞质或从胞内体输送到溶酶体（图4-31，图4-32）。

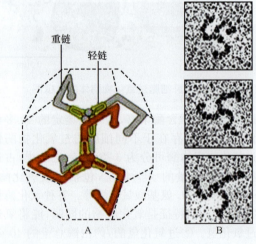

图7-20　三脚蛋白
A. 模式图；B. 电镜图

（二）COPⅠ有被小泡

COPⅠ有被小泡是覆盖有COPⅠ衣被的运输小泡，其衣被蛋白Ⅰ（coatmer-protein Ⅰ）主要成分是7个亚

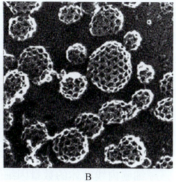

网格蛋白

LDL颗粒

A B

图 7-21　网格蛋白有被小泡

A. 模式图；B. 电镜图

基组成的多聚体。COPⅠ有被小泡介导高尔基体向糙面内质网的逆向物质运输及高尔基体膜囊间的运输。顺面高尔基网存在 KDEL 受体，蛋白二硫键异构酶、BIP 等内质网驻留蛋白 C-端含有内质网驻留信号，即KDEL（赖-天冬-谷-亮）序列。当逃逸的内质网驻留蛋白到达顺面高尔基网时顺面高尔基网膜上的 KDEL 受体与内质网驻留蛋白 KDEL 序列结合，以出芽方式形成 COPⅠ有被小泡；然后，COPⅠ有被小泡将逃逸的

内质网驻留蛋白送回到内质网。另外，如果内质网加工的膜蛋白 C-端含有内质网回收信号（ER retrieval signal）KKXX 序列，也可以同样方式，经 COPⅠ有被小泡送回到内质网（图 7-19，图 7-22）。

（三）COPⅡ有被小泡

COPⅡ有被小泡是覆盖有 COPⅡ衣被的运输小泡，其衣被蛋白Ⅱ（coatmer-proteinⅡ）是 5 个亚基组成的复合体。COPⅡ有被小泡介导从内质网向高尔基体的物质运输。在没有核糖体分布的糙面内质网膜上存在穿膜蛋白受体，受体的网腔侧一端与待运输的可溶性蛋白结合，胞质侧一端存在信号序列，能特异地与 COPⅡ有被小泡衣被蛋白结合。穿膜蛋白受体与待运输和可溶性蛋白、COPⅡ有被小泡衣被蛋白结合后，以出芽方式形成 COPⅡ有被小泡。这说明，COPⅡ有被小泡衣被蛋白Ⅱ对糙面内质网内可溶性蛋白选择性运输有重要作用。

COPⅡ有被小泡自糙面内质网形成后，在向高尔基体的转移途中常相互融合，形成"内质网-高尔基体中间体"；此中间体脱去衣被蛋白Ⅱ形成无被小泡后，与顺面高尔基网膜融合（图 7-19，图 7-22）。完成转运的受体自高尔基体出芽，返回内质网。

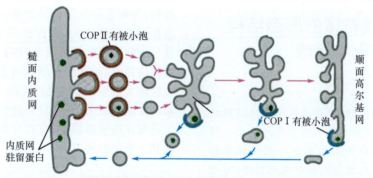

图 7-22　COPⅠ有被小泡和 COPⅡ有被小泡介导的物质运输

二、小泡的定向运输

上述有被小泡携带被运输物质定向抵达靶标与靶膜融合，小泡与靶膜融合具有高度特异性，小泡与靶膜的识别是二者融合的前提。这种识别机制目前还知之甚少，近年来，Rothman 等提出的 SNARE 假说受到广泛关注。

N-乙基马来酰亚胺敏感性融合蛋白（N-ethylmaleimide-sensitive fusion protein，NSF）是一种 ATP 酶，可溶性 NSF 附着蛋白（soluble NSF attachment protein，SNAP）与 NSF 结合可增加 NSF 的 ATP 酶活性，SNAP 还可同有被小泡膜、靶膜上的 SNAP 受体（SNAP -receptor，SNARE）结合，前者称为 v-SNARE（vesicle -SNARE），后者称为 t-SNARE（targetSNARE）。v-SNARE 和 t-SNARE 以"锁-钥"契合方式相互作用，决定小泡的锚泊与融合。

目前普遍认为，所有小泡及内膜系统膜上都存在成套的 SNARE 互补序列，SNARE 互补序列相互识

别和相互作用是使有被小泡在靶膜上锚泊，保证小泡物质定向运输、准确卸载的基本分子机制之一。

除 SNARE 外，目前还发现了包括 GTP 结合蛋白（Rab 蛋白）家族在内的，多种参与小泡运输识别、锚泊融合等调节的蛋白因子。例如，细胞质合成的融合蛋白（fusion protein）可在小泡与靶膜融合处与 SNARE 一起组装成融合复合物（fusion complex），促使小泡的锚泊融合。

思　考　题

1. 核糖体、内质网、高尔基体都与蛋白质合成有关，三者间有何关系？

2. 综述细胞外被中糖蛋白在细胞内合成，组装和运输的全过程。

3. 矽肺的发病机制如何？如何治疗？

（朱金玲　张玉萍）

第八章 线 粒 体

生物需要能量维持其生存,例如,生物合成、肌肉收缩、神经传导、体温维持、细胞分裂、生物发光、质膜的主动运输等一系列生理活动都需要能量。地球上一切生物的生命活动所需要的能量,归根到底来源于太阳能。植物和某些有光合能力的细菌通过光合作用摄取太阳的能量,将无机物转化为有机物,从而将光能转化为化学能储存在有机物中。动物以植物的有机物为营养,通过分解代谢获取能量。动物细胞实现这一能量转换的结构是线粒体(mitochondrion)。

线粒体普遍存在于除哺乳动物成熟红细胞外的所有真核细胞中,是细胞进行生物氧化和能量转换的场所。细胞生命活动所需能量的 80% 由线粒体提供,因此,人们将线粒体比喻为细胞的"动力工厂"。

第一节 线粒体的形态结构和化学组成

> **案例 8-1**
>
> 克山病、肝硬化、肝炎、癌症等患者细胞内线粒体数量、形态和功能均有不同程度的变化。研究发现,缺硒导致的克山病患者心肌线粒体膨胀、嵴稀少或不完整;在大鼠肝纤维化模型,可观察到肝细胞线粒体肿胀变形、嵴减少、扭曲;肝硬化患者肝细胞线粒体减少;原发性肝癌患者肝癌细胞线粒体嵴减少,形成液泡状线粒体;坏血病患者细胞中有时可见 2～3 个线粒体融合成的巨大线粒体。
>
> **思考题:**
>
> 机体患病时,线粒体形态结构异常说明了什么?

一、形态、数目和分布

经特殊染色的线粒体可在光镜下观察到。光镜下,线粒体呈线状或颗粒状,直径 $0.5～1.0\,\mu m$,故名线粒体。线粒体形态与细胞类型、生理状态和发育阶段有关。例如,骨骼肌细胞中可见长达 $7～10\,\mu m$ 的巨大线粒体(giant mitochondria);低渗环境下的线粒体膨胀如泡状,高渗环境下则伸长为线状;肝细胞线粒体在人胚胎发育早期为短棒状,胚胎发育晚期

则为长棒状。细胞内 pH 对线粒体形态也有影响,酸性环境下线粒体膨胀,碱性环境下线粒体为粒状。

细胞内线粒体的数量因细胞类型不同而变化,少者仅含 1 个线粒体,如单细胞鞭毛藻;多者可达数万个,如巨大变形虫细胞内约含 50 万个线粒体。但同一类型的细胞,线粒体数相对稳定。一般来说,线粒体的数量与细胞代谢活动有关:代谢旺盛,能量需求多的细胞,线粒体较多,如哺乳动物肝细胞中约含 2000 个线粒体,肾细胞中约含 300 个线粒体;反之,代谢水平低,需要能量少的细胞,线粒体就少,如精子中线粒体仅为 25 个左右。

细胞内线粒体的分布随细胞的形态和功能不同而异。线粒体多聚集在细胞内生理功能旺盛、需要能量供应的细胞器附近,如精细胞中线粒体沿鞭毛紧密排列,为鞭毛的运动提供能量;肌肉细胞中线粒体分布在肌原纤维之间,以保证肌肉收缩时快速供给能量。细胞内线粒体可因细胞的生理状态改变产生变形移位现象,如肾小管细胞内主动运输功能旺盛时,线粒体大量集中于质膜近腔面内缘,这可能与主动运输需要能量有关;有丝分裂过程中,细胞内线粒体均匀分布在纺锤体周围;有丝分裂终了,线粒体随机分配到 2 个子细胞中。

> **案例 8-1 分析**
>
> 线粒体是细胞内敏感且多变的细胞器,其形态结构受到各种病理因素的影响常发生改变,故可作为组织病变的标志,是有关疾病诊断的辅助指标之一。

二、超微结构

电镜下,线粒体是由两层单位膜围成的封闭性囊状结构,内膜与外膜套叠形成囊中之囊,内、外囊腔不相通,外膜与内膜构成线粒体的支架(图 8-1)。

(一)线粒体外膜

线粒体外膜(mitochondrial outer membrane)厚 $5～7nm$,光滑平整,所含多种运输蛋白形成较大的水相通道跨越脂双层,使外膜呈现直径 $2～3nm$ 的小孔,可通过包括小分子多肽在内的相对分子质量 10 000 以下的物质。

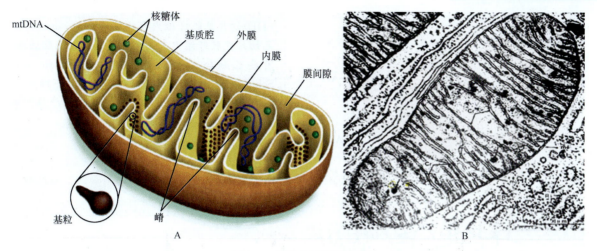

图 8-1 线粒体的超微结构
A. 模式图；B. 电镜图

（二）线粒体内膜

线粒体内膜（mitochondrial inner membrane）比外膜稍薄，厚约 4.5nm。内膜将线粒体内部空间分成两部分，内膜包围的空间称为基质腔（matrix space）或内腔内含线粒体基质（mitochondrial matrix）；内膜与外膜之间的腔隙称为外腔或膜间隙（intermembrane space）或外腔。

内膜向内突入形成线粒体嵴（mitochondrial crista），嵴与嵴之间的内腔部分称为嵴间腔（intercrista space），外腔伸入嵴内的部分称为嵴内腔（intracristae space）。嵴的形态多样，有羽冠型、网膜型、绒毛型、平行型和同心圆型等（图 8-2）。嵴的存在大大增加了内膜的表面积。内膜蛋白质含量丰富，约占 70%，在内膜上有序排列，形成电子传递链。

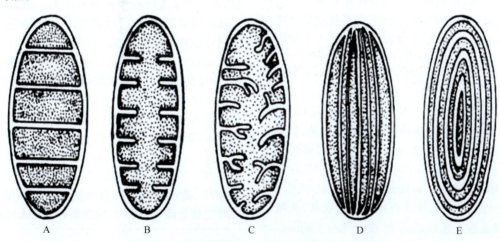

图 8-2 线粒体嵴的不同类型
A. 羽冠型；B. 网膜型；C. 绒毛型；D. 平行型；E. 同心圆型

内膜（包括嵴膜）基质面上带柄的球状颗粒称为基粒（elementary particle）。基粒是将呼吸链电子传递过程中释放的能量，用于 ADP 磷酸化生成 ATP 的主要结构，其化学本质是 ATP 合酶，由 F_0 因子和 F_1 因子构成，也称为 F_0F_1-ATP 酶。F_1 因子是 5 种 9 个多肽（$\alpha_3\beta_3\gamma\delta\varepsilon$）组成的复合体（图 8-3），能催化 ADP 磷酸化生成 ATP，是偶联磷酸化的关键部位。F_0 因子嵌入内膜中，含 a、b、c 3 种亚基，以 a b_2 c_{12} 方式构成质子（H^+）通道，质子由膜间隙通过 F_0 因子的质子通道流回基质腔。质子的穿膜运输驱动 C 环旋转，进而催化 ATP 的合成。

内膜的通透性很低，仅允许相对分子质量 110～150 的不带电荷的小分子，如 H_2O、CO_2、尿素等通过。这种通透性屏障对建立质子电化学梯度，驱动 ATP 合成具有重要作用。ATP、ADP、丙酮酸、H^+ 等许多代谢反应所需的分子和离子，借助膜上的多种运输蛋白进出线粒体基质腔。因此，线粒体内膜通透性具有选择性。

（三）线粒体基质

线粒体基质腔内充满电子密度较低的可溶性蛋白质和脂肪等基质成分。催化三羧酸循环、脂肪酸氧化、氨基酸分解、蛋白质合成等有关的酶都存在基质

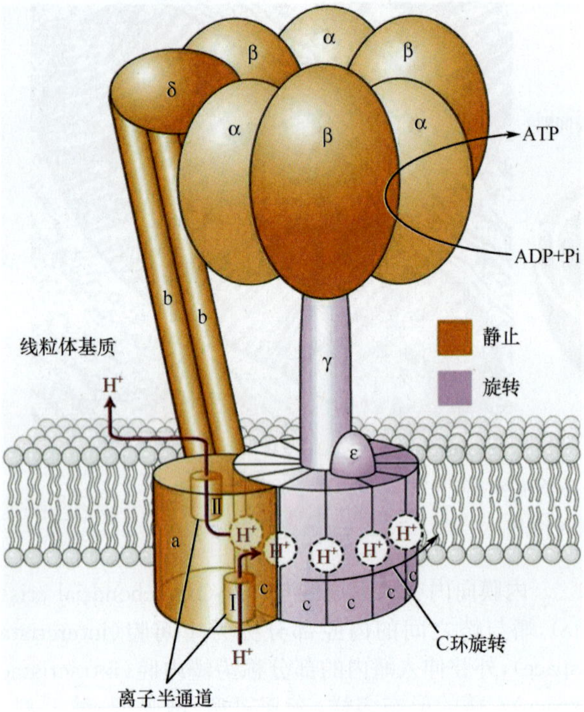

图 8-3　基粒结构示意图

腔中。此外,基质腔中还含有线粒体特有的双链环状DNA及核糖体,它们构成了线粒体相对独立的遗传信息复制、转录和翻译系统。线粒体是细胞质中唯一含有DNA的细胞器,每个线粒体中含有1个或数个DNA分子,平均为5~10个。

案例 8-2

患儿,女,10岁,因抽搐、发作性呕吐、乏力两年半入院。入院后数次呕吐、昏迷、抽搐、低血糖。既往曾有心、肝、肾、脑、肺和胃肠的多脏器功能衰竭病史,肉毒碱治疗有效。

体格检查:消瘦、四肢肌力明显减弱。

辅助检查:心电图显示肢导联低电压,头颅CT和磁共振成像(magnetic resonance imaging,MRI)显示脑萎缩;血常规,血清钾、钠、氯、钙正常,血三酰甘油、高密度脂蛋白、低密度脂蛋白、胆固醇正常;尿代谢产物筛查阴性,24小时尿游离皮质醇正常;血胰岛素、C肽正常,血总胆红素和直接胆红素正常;血清谷丙转氨酶(SGPT)、血清谷草转氨酶(SGOT)、肌酸磷酸激酶(CPK)和乳酪脱氢酶(LDH)轻度到中度升高,空腹血糖2.97~4.11mmol/L,血乳酸2.05~3.4mmol/L,血氨48.72μmol/L。尿常规:蛋白(+)、白细胞(+)、红细胞0~2/HP(高倍视野)、潜血(+)。血游离肉毒碱、乙酰化肉毒碱和总肉毒碱均低于正常。

骨骼肌活检:外观浅红色,苏木精-伊红染色

(HE)切片见肌纤维内大小不等空泡,油红O染色切片见肌纤维中充满大小不等的红色脂肪滴,有些已融合成池;过碘酸雪夫(periodic acid-Schiff,PAS)染色显示肌纤维糖原含量下降。

电镜检查:肌原纤维溶解断裂,肌纤维间和溶解破坏区见脂质聚集及少量线粒体。

诊断:全身性肉毒碱缺乏症。

思考题:

肉毒碱缺乏症的发病机制如何?与线粒体有何关系?

三、化 学 组 成

蛋白质是线粒体的最主要成分,占线粒体干重的65%~70%,多数分布于内膜和基质腔。线粒体蛋白分两类:一类是可溶性蛋白,包括基质腔中的酶和膜周边蛋白质;另一类是不溶性蛋白,为膜结构蛋白和膜镶嵌酶蛋白。

线粒体是细胞含酶种类最多的细胞器之一,现已确认120多种,其中37%是氧化还原酶,10%是合成酶,水解酶不到9%。它们分布在线粒体的不同区域,在氧化供能过程中起重要作用。例如,存在于线粒体内膜外侧的肉毒碱棕榈酰转移酶缺乏,可影响肉毒碱在线粒体运输,继而引起能量代谢障碍。有些酶作为线粒体不同部位的标志酶,如外膜的单胺氧化酶,内膜的细胞色素氧化酶,膜间隙的腺苷酸激酶,基质的苹果酸脱氢酶等。

脂类占线粒体干重的25%~30%,大部分是磷脂,约占脂类总量的3/4以上。

此外,线粒体还含有包括DNA在内的完整的遗传系统,多种辅酶如泛醌(CoQ)、黄素单核苷酸(FMN)、黄素腺嘌呤二核苷酸(FAD)和尼克酰胺腺嘌呤二核苷酸(NAD^+),维生素和各类无机离子等。

案例 8-2 分析

肉毒碱是位于线粒体膜上运载脂肪酸进入线粒体的载体,肉毒碱缺乏将引起细胞能量代谢障碍,而脂酰辅酶A和脂酰肉毒碱等代谢中间产物堆积,导致组织细胞损伤。引起肉毒碱缺乏的机制有:存在于线粒体内膜外侧的肉毒碱棕榈酰转移酶1(CPT1)酶缺乏,使肉毒碱作为载体将长链脂肪酸向线粒体内转运的机制出现障碍;存在于线粒体内膜内侧的肉毒碱棕榈酰转移酶2(CPT2)的缺乏,使脂肪酰肉毒碱不能再转化为游离肉毒碱;存在于线粒体内膜内侧的肉毒碱-脂酰肉毒碱转移酶(carnitine-acylcarnitine translocase)缺乏,使脂酰辅酶A和游离肉毒碱通过线粒体内膜受阻。

第二节　细胞呼吸

物质代谢与能量转换是细胞生命活动的最基本形式。糖、脂肪、蛋白质等供能物质的氧化分解在线粒体中完成,伴随着物质氧化分解,能量释放与转换也在线粒体中实现。因此,线粒体是物质氧化和能量转换的场所。供能物质蕴藏的化学能在线粒体内经氧化磷酸化,转变为 ATP 的高能磷酸键,ATP 水解去磷酸化,释放能量供细胞生命活动所用(图8-4)。

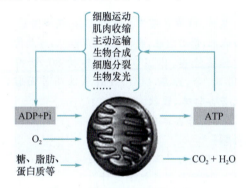

图 8-4　线粒体能量转换示意图

细胞呼吸(cellular respiration)也称生物氧化(biological oxidation)或细胞氧化(cellular oxidation),是指细胞内供能物质氧化分解,产生 CO_2 和 H_2O,并将氧化分解过程释放的能量生成 ATP 的过程。

蛋白质、脂肪和糖等供能物质的能量只有分解释放,并且转换为 ATP 形式才能被细胞利用。这些物质分解为氨基酸、脂肪酸和葡萄糖等小分子后被细胞摄取,在细胞内进一步分解生成乙酰辅酶 A,在线粒体基质中经过三羧酸循环彻底氧化,同时,将储存的能量释放出来,经磷酸化作用生成 ATP。

左旋肉碱是脂肪代谢过程中一种必需辅酶,长链脂肪酸在左旋肉碱作用下,在线粒体内氧化,"燃烧"消耗脂肪的同时产生能量,这就是左旋肉碱减肥的理论基础。

当初,左旋肉碱刚问世,使用左旋肉碱是运动员的专利,运动员需要服用足够多的左旋肉碱把脂肪转化为能量。因此,左旋肉碱有助于锻炼时脂肪的消耗,并发挥减肥作用;如果不运动,左旋肉碱就起不到减肥效果。

左旋肉碱在细胞内广泛存在,在能量需求高的骨髓肌、心肌含量更高。人体内左旋肉碱总含量约 20g,主要来源于红肉如牛肉、猪肉和羊肉等。左旋肉碱作为减肥药的摄入量是 2～6 克。人体对体内左旋肉碱含量具有调节能力,控制其含量在合适水平。摄入左旋肉碱过多,机体会自动排出,因此,过多摄入左旋肉碱没有必要。

人体缺乏左旋肉碱的原因,一是遗传缺陷引起的心肌病、肌无力和低血糖等,二是慢性肾衰或其他因素(如某些抗生素)影响所致的左旋肉碱吸收减少或者损失增加。这两种情况需补充左旋肉碱,健康人通常不需要额外补充。

现以葡萄糖为例介绍细胞呼吸的主要过程。细胞呼吸分为 4 个阶段:①糖酵解,②乙酰辅酶 A 形成,③三羧酸循环,④电子传递和氧化磷酸化;前 3 步是物质分解和能量释放,第 4 步是能量转换。除糖酵解在细胞质中完成外,其他 3 个阶段均在线粒体内完成(图8-5)。

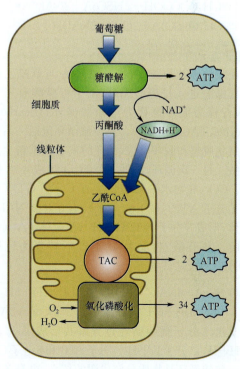

图 8-5　细胞呼吸

（一）糖酵解

从葡萄糖分解为丙酮酸的过程,不需氧的参与且在细胞质中进行,故称为糖酵解(glycolysis)。经过糖酵解过程的十几步酶促化学反应,1分子葡萄糖分解生成 2 分子丙酮酸、2 分子 NADH＋H$^+$ 和 2 分子 ATP。反应式如下:

$$C_6H_{12}O_6+2NAD^++2ADP+2Pi\rightarrow$$
$$2CH_3COCOOH+2NADH+2H^++2ATP$$

ATP 是通过底物水平磷酸化产生的。底物水平磷酸化(substrate-level phosphorylation)是指由高能底物水解放能,直接将高能磷酸基从底物转移到ADP上,使 ADP 磷酸化生成 ATP。在没有线粒体、不能进行有氧氧化的细胞(如红细胞),糖酵解是一条重要的产能途径。它提供的能量虽然少,但产能速度快,能满足能量的应急需求。剧烈运动时肌肉细胞的能量供应就依靠糖酵解,剧烈运动引起的肌肉酸痛,是由于缺氧状态下糖酵解产生的丙酮酸还原为乳酸,堆积在肌组织中所致。

（二）乙酰辅酶 A 形成

在供氧充足情况下,糖酵解产物丙酮酸和"NADH ＋ H$^+$"从细胞质基质中进入线粒体,在线粒体基质腔内丙酮酸脱氢酶系作用下,丙酮酸与辅酶 A(HSCoA)反应,生成乙酰辅酶 A;同时,烟酰胺腺嘌呤二核苷酸(NAD)作为受氢体被还原为 NADH＋H$^+$,脱下的羧基形成 CO_2。此过程称为乙酰辅酶 A(CH$_3$COSCoA)形成。反应式如下:

$$2CH_3COCOOH+2HSCoA+2NAD^+\rightarrow$$
$$2CH_3COSCoA+2CO_2+2NADH+2H^+$$

（三）三羧酸循环

在线粒体基质腔中,乙酰辅酶 A 与草酰乙酸结合成柠檬酸进入柠檬酸循环,由于柠檬酸有三个羧基,故柠檬酸循环也称为三羧酸循环(tricarboxylic acid cycle,TAC)(图 8-6)。三羧酸循环包括一系列酶促的氧化脱氢和脱羧反应,循环的末端又重新生成草酰乙酸。每一次循环,消耗 3 个 H_2O,生成 4 对 H 和 2 分子 CO_2,底物水平磷酸化生成 1 分子 GTP(可转变为 1 分子 ATP),脱下的 4 对 H 有 3 对以 NAD$^+$ 为受氢体,形成 3 分子 NADH＋H$^+$,受氢体 FAD(黄素腺嘌呤二核苷酸)接受另 1 对 H 后转变为还原态 FADH$_2$。总反应式如下:

$$2CH_3COSCoA+6NAD^++2FAD+2ADP+2Pi+6H_2O\rightarrow$$
$$4CO_2+6NADH+6H^++2FADH_2+2HSCoA+2ATP$$

至此,1 分子葡萄糖经过分解共形成了 10 分子 NADH＋H$^+$、2 分子 FADH$_2$、4 分子 ATP 和 6 分子 CO_2。

三羧酸循环是物质分解代谢的核心,也是各类有机物相互转化的枢纽。除丙酮酸外,脂肪酸和一些氨

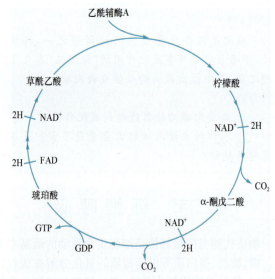

图 8-6　三羧酸循环示意图

基酸也从细胞质进入线粒体,并进一步转换为乙酰辅酶 A 或三羧酸循环的其他中间体。

案例 8-4

某男,40 岁。服苦杏仁约 250g,两小时后出现口舌麻木,恶心呕吐,腹痛、腹泻等症状,遂就诊。

体格检查:体温 36.5℃,脉搏 80 次/分,呼吸 25 次/分,血压 14/10kPa;急性痛苦面容,可嗅及苦杏仁味,腹软、压痛。

诊断:苦杏仁中毒。

思考题:

1. 患者为什么会出现上述症状?
2. 该病人中毒机制是什么?

（四）电子传递和氧化磷酸化

电子传递(electron transport)和氧化磷酸化(oxidative phosphorylation)是能量转换的主要环节。高能电子沿线粒体内膜的电子传递链(electron transport chain,或呼吸链(respiratory chain)传递过程中释放能量,释放的能量在基粒内通过氧化磷酸化生成 ATP。因此,电子传递链是电子传递的结构基础,基粒是 ATP 合成的场所(图 8-7)。

1. 电子传递链与电子传递　经过上述 3 个环节,供能物质的大部分能量已经以高能电子的形式转移至 NADH＋H$^+$、FADH$_2$,经过电子传递链的电子传递和基粒的氧化磷酸化作用,NADH、FADH$_2$ 拥有的能量逐步释放并转移至 ATP 中。

具有递氢、递电子作用的一系列氢载体和电子载体(electron carrier),在线粒体内膜上有序排列,构成相互关联的链状,称为电子传递链。该体系最终以氧作为电子接受体,与细胞摄氧有关,故又称为呼吸链。除泛醌(CoQ)和细胞色素 c(Cyt c)外,电子传递链的其他成员均

是内膜的整合蛋白质。CoQ 是脂溶性醌类化合物,可在脂双层中从膜的一侧向另一侧移动;Cyt c 是膜周边蛋白质,可在膜表面移动。电子传递链的组分在线粒体内膜上分别组成Ⅰ、Ⅱ、Ⅲ、Ⅳ 4 个酶复合物(表 8-1)。

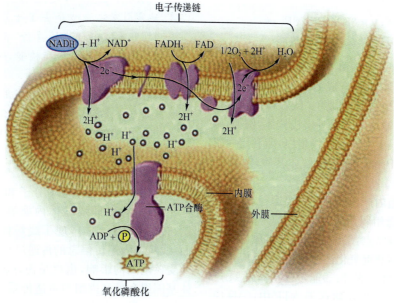

图 8-7 电子传递与氧化磷酸化过程

表 8-1 线粒体呼吸链的组分

复合体	酶复合物	相对分子质量	辅基
Ⅰ	NADH-CoQ 还原酶	850 000	FMN、FeS
Ⅱ	琥珀酸-CoQ 还原酶	140 000	FAD、FeS
Ⅲ	CoQ-细胞色素 c 还原酶	250 000	血红素、b、c1、FeS
Ⅳ	细胞色素 c 氧化酶	160 000	血红素、a、a3、Cu

伴随电子的传递,电子传递链上进行一系列的氧化还原反应。在氧化还原反应过程中,一般认为,H 不能与 O 直接结合,必须先解离为 H^+ 和 e(高能电子),二者分别由氢载体和电子载体依次传递。e 经过电子传递链传递,最终使 $1/2 O_2$ 成为 O^{2-},O^{2-} 再与基质腔中的 2 个 H^+ 化合生成 H_2O。至此,葡萄糖彻底氧化生成 CO_2 和 H_2O。

2. 基粒与氧化磷酸化 位于线粒体内膜上的基粒的本质是 ATP 合酶。NADH 和 $FADH_2$ 是两种还原性的电子载体,它们所携带的电子经线粒体内膜上的电子传递链逐级定向传递给氧,本身被氧化。此过程释放的能量经 ATP 合酶(也称为复合体Ⅴ)催化,使 ADP 磷酸化为 ATP。氧化和磷酸化相偶联,称为氧化磷酸化。因此,线粒体内膜上的电子传递链可认为是"放能装置",而基粒则是"换能装置","放能"与"换能"相偶联。

案例 8-4 分析

中医认为,苦杏仁味苦,性温,有小毒,具有止咳平喘、润肺通便之功效,但大量服用会引起中毒。苦杏仁中含有苦杏仁甙(氰甙)和苦杏仁酶,

苦杏仁甙被自身的苦杏仁酶水解后,产生氰化氢。因此,生食苦杏仁或食入过量可引起氰化氢中毒,抑制细胞呼吸,形成"细胞内窒息",组织缺氧。由于中枢神经系统对缺氧最为敏感,故苦杏仁中毒时,脑部首先受到损害,可致呼吸中枢麻痹而死亡。氰化氢可在非常短的时间内致人死亡,中毒机理是氰化氢抑制呼吸链中细胞色素 c 氧化酶,使电子不能传递给氧,ATP 无法生成。人体不能生成 ATP,细胞的生命活动不能进行,人在 3～6min 内就会失去知觉,继而死亡。

氢载体 NADH 和 $FADH_2$ 进入电子传递链的部位不同,所释放的能量也有差异。1 分子的 NADH 经过电子传递可形成 3 分子 ATP,而 1 分子 $FADH_2$ 经过电子传递可形成 2 分子 ATP。电子传递链的其他部位释放的能量不足以形成 ATP,只能以热能的形式耗散。因此,物质氧化分解经电子传递所释放的能量并不是全部形成 ATP。1 分子葡萄糖氧化分解产生的 38 个 ATP,占释放能量的 40.4%,1 分子脂肪酸彻底氧化产生 129 个 ATP,占释放能量的 30%。

综上所述,1 分子葡萄糖完全分解形成的 10 分子 NADH 和 2 分子 $FADH_2$,经氧化磷酸化生成 34 个 ATP,糖酵解过程底物水平磷酸化产生 2 个 ATP(细胞质中),三羧酸循环过程底物水平磷酸化产生 2 个 ATP。所以,1 分子葡萄糖完全氧化产生 38 个 ATP。12 个 H 离解形成的 $12H^+$ 与电子传递链终端产生的 O^{2-} 结合生成水,即:

$$12H^+ + 6O^{2-} \rightarrow 6H_2O$$

葡萄糖在体内彻底氧化分解的总反应式为：

$$C_6H_{12}O_6 + 6O_2 + 38ADP + 38Pi \rightarrow$$
$$6CO_2 + 6H_2O + 38ATP + 热能$$

磷酸化所需要的 ADP 和 Pi 由细胞质基质输入到线粒体基质，而线粒体内合成的 ATP 则输送到细胞质基质，供细胞的生命活动利用。线粒体内膜借助专一性运输蛋白，运输这些物质进出线粒体，例如，腺苷酸转移酶作为内膜上专一性运输蛋白，能利用内膜两侧 H$^+$ 梯度把 ADP 和 Pi 运进线粒体基质，把 ATP 输到线粒体外。

细胞呼吸是细胞内产生能量的主要途径，其化学本质与体外物质燃烧相同，终产物都是 CO_2 和 H_2O。但细胞呼吸有其自身特点：①细胞呼吸的本质是在线粒体内进行的一系列酶促氧化还原反应；②反应是在恒温（37℃）、恒压条件下进行；③能量逐步释放；④产生的能量以高能磷酸键形式储存于 ATP 中；⑤反应过程需要 H_2O 参与。

第三节　线粒体的半自主性

案例 8-5

　　患儿，男，11 岁，因"进食少，不爱活动 2 年"收入内科。入院第 4 天因发现其颈肌无力而转入神经科。4 岁时，幼儿园老师发现其运动时颈部姿势异常；7 岁后消瘦明显，跑步慢，并渐出现运动不能耐受，活动后感极度劳累；9 岁已不能上体育课，颈部无力明显，抬头费力，并有说话声小、咳嗽无力、肌肉萎缩等表现。

　　体格检查：近端肌力Ⅲ级，远端肌力Ⅳ级，下蹲、站起困难。

　　肌活检：部分肌纤维轻度萎缩，GT 染色显示许多破碎红纤维，个别肌纤维变性，肌原纤维呈小灶状退行性变，肌膜下灶状线粒体堆积，肌丝间脂滴、糖原颗粒分布无异常。

　　家族史：患儿曾外祖母有肌无力表现，外祖母 39 岁死于糖尿病，母亲 35 岁，平素易乏力，对运动耐受差，不爱运动，持重物即出现肌肉酸痛。母亲及舅舅血乳酸均增高。

　　诊断：线粒体肌病。

思考题：

　　1. 在此家族中，患者的分布有何规律？为什么？

　　2. 线粒体病有哪些特点？如何诊断线粒体病？

案例 8-6

　　2004 年 2 月，印度尼西亚发生里氏 9 级地震，地震引发的海啸夺去了十几万人的生命。为查明埋在废墟中死者的身份，我国救援队科技人员利用线粒体 DNA 进行检验，确认死者身份。

思考题：

　　1. 尸体身份检验偏爱利用线粒体 DNA，而冷落染色体 DNA 的原因是什么？

　　2. 同胞的确认是检测核 DNA，还是线粒体 DNA？为什么？

线粒体内含有 DNA 分子和完整的遗传信息传递和表达体系，即线粒体内能够进行遗传信息的复制、转录和翻译，这体现了线粒体的自主性；另一方面，线粒体内遗传信息的传递过程及大部分功能活动又受核基因的影响，也就是说，线粒体的功能受线粒体基因组和核基因组双重遗传系统的控制。因此，线粒体是一种半自主性细胞器。

一、线粒体 DNA

线粒体是人和动物细胞中唯一含有 DNA 的细胞器，线粒体 DNA（mitochondrial DNA，mtDNA）也称为线粒体基因组。不同动物细胞的 mtDNA 分子大小不同。人 mtDNA 为双链环状 DNA 分子，外侧的重链（heavy strand）称为 H 链，内侧的轻链（light strand）称为 L 链。mtDNA 全长 16569bp，共 37 个基因，包括 22 个 tRNA 基因、2 个 rRNA 基因和 13 个多肽链基因。与核基因组相比，人线粒体基因组具有如下特点：①mtDNA 结构紧凑，基因内无内含子，相邻基因间很少有非编码的间隔序列，调节 DNA 序列也很短。②mtDNA 裸露，不与组蛋白结合。③两条链均有编码功能，H 链含 28 个基因，L 链含 9 个基因。④部分遗传密码与"通用"遗传密码不同（表 8-2）。

表 8-2　"通用"遗传密码与线粒体遗传密码的差异

密码子	"通用"遗传密码	哺乳动物线粒体遗传密码
UGA	终止	色氨酸
AUA	异亮氨酸	甲硫氨酸（起始）
AGA	精氨酸	终止
AGG	精氨酸	终止

mtDNA 的复制与核基因复制方式相同，即半保留复制，但复制时间不限于 S 期，在整个细胞周期均可复制。

mtDNA 的转录类似于原核细胞的转录，即产生一个多顺反子（polycistron）。转录分别从重链启动子和轻链启动子处开始，重链的转录起始点有两个，因此，重链的转录可产生初级转录物Ⅰ和Ⅱ。初级转录物Ⅰ、Ⅱ和轻链转录物经过剪切加工,分别形成2个rRNA,22个tRNA和13个mRNA,其余不含有用信息的部分很快被降解。加工后的mRNA5′端无帽,但3′端有约55个腺苷酸构成的尾部。

案例8-5分析

线粒体是细胞的能量供应站,其病变将导致多组织、多器官和多系统功能障碍。肌肉细胞和神经元对能量的需求特别多,故线粒体病变常导致线粒体肌病(mitochondrial myopathy)、线粒体脑肌病(mitochondrial encephalomyopathy)。

线粒体肌病是线粒体遗传病的一种,遗传方式是母系遗传。此家族中,患儿曾外祖母、外祖母、母亲、舅舅等发病,这些人均是患儿的母系亲属,患者的分布符合母系遗传的规律。线粒体肌病的特点有:①肌肉萎缩;②肌无力,以近端为主,有肌纤维病变特点;③运动耐受差。

线粒体疾病的临床表现包括:肌无力、运动不耐受、听力受损、共济失调、突发中风、学习障碍、白内障、心衰、糖尿病和生长缓慢等,如果兼有3种以上的上述病症,或累及多器官、多系统,可初步诊断为线粒体病。

二、线粒体内蛋白质合成

线粒体蛋白质有两个来源:一是核基因编码的外源性蛋白质,在细胞质中合成后运输到线粒体;二是mtDNA编码,在线粒体基质腔合成的内源性蛋白质(图8-8)。

在人的细胞中,线粒体核糖体(mitoribosome)合成mtDNA编码的13种多肽链。这些多肽链参与电子传递链上酶复合物和ATP合酶的组成,包括NADH脱氢酶复合体(NADH dehydrogenase complex)的7个亚单位、CoQ-细胞色素c还原酶中细胞色素b亚单位、细胞色素c氧化酶的3个亚单位和ATP合酶的2个亚单位。组成电子传递链酶复合物和ATP合酶的蛋白质亚单位,除上述13种是mtDNA编码外,大部分是核基因(nDNA)编码的(图8-9)。

与胞质中80S核糖体不同,线粒体核糖体为70S,由50S和30S两个亚基组成,类似于原核细胞中的70S核糖体。组成线粒体内核糖体的12S rRNA和16S rRNA是mtDNA编码的,携带氨基酸的22种tRNA也是mtDNA编码的。

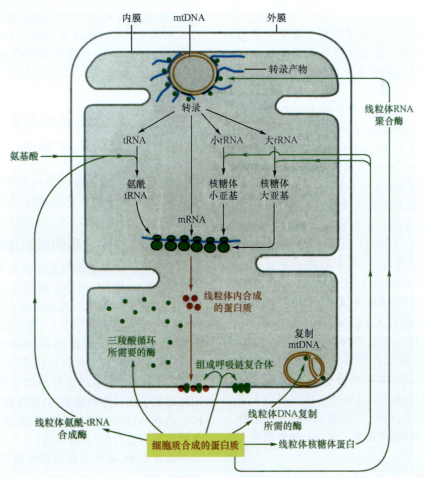

图8-8 线粒体蛋白质与线粒体的功能

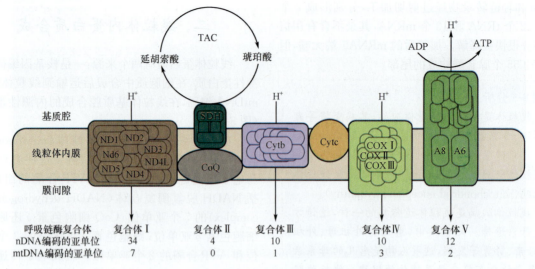

图 8-9 电子传递链的酶复合物及 ATP 合酶

呼吸链酶复合体	复合体 I	复合体 II	复合体 III	复合体 IV	复合体 V
nDNA 编码的亚单位	34	4	10	10	12
mtDNA 编码的亚单位	7	0	1	3	2

mtDNA 能够复制、转录,加工后的转录产物,既有蛋白质合成的模板 mRNA,又有组成核糖体的 rRNA 及转运氨基酸的 tRNA;在线粒体合成的 13 种多肽链参与组成电子传递链上酶复合物和 ATP 合酶,因此,线粒体 ATP 的产生,与线粒体 DNA 的功能密切相关。

案例 8-6 分析

mtDNA 分析,在人类学人群谱系发生和迁移流动研究、生物学考古研究及法医学检验方面,具有核基因组 DNA 分析无法比拟的作用和应用价值。

(1) 利用 mtDNA 进行个体身份鉴定的优越性在于:①应用 DNA 体外扩增技术,只需提取出少量 mtDNA。②mtDNA 易变异,具有高度的个体差异性,排除率高。这是 mtDNA 作为检测对象比核 DNA 作为检测对象的优点之一。③人体细胞大多只有一个细胞核,但具有 10～1000 个线粒体,多数线粒体内有多拷贝的 mtDNA,因此,mtDNA 比核 DNA 具有更高的检出率。尤其是毛发(毛干)、指甲等富含角化细胞的检材,细胞核发生明显转移,检测不到核染色体 DNA,但细胞质中线粒体仍然存在,可检测到 mtDNA。④核 DNA 易降解,闭环结构的 mtDNA 抵抗降解能力较强,因此,可以进行陈旧、腐败检材的分析,如腐(古)尸身份识别鉴定,灾难事件的遇难者身份识别等。⑤与细胞核染色体 DNA 不同,mtDNA 是裸露的,因此提取方便,可应用 mtDNA 多态性分析进行个体识别,这也是 mtDNA 分析的最大优点。

(2) 同胞间亲缘关系鉴定,最可取的办法是对所涉及的"父母"进行直接 DNA 亲子鉴定;但当涉及的父母不愿或不能参加(如已去世)时,可利用 mtDNA 进行分析鉴定。利用 mtDNA 进行亲子鉴定主要基于 mtDNA 是母系遗传。目前普遍认为,在没有突变的情况下,母系直系亲属间 mtDNA 序列完全一致,适用于单亲的亲子鉴定、身源鉴定及同一认定,尤其是对那些只有母系亲属案例的亲缘关系鉴定。已有的实验数据表明,四代之内所有母系亲属的 mtDNA 序列相同,可以进行母系鉴定、身源鉴定。

三、核基因编码的线粒体蛋白质及其转运

线粒体内合成的蛋白质只占线粒体蛋白质的很少一部分,大部分是核基因编码、在细胞质核糖体上合成后,经特定的转运方式运进线粒体中的。

(一) 核基因编码的线粒体蛋白质

组成电子传递链的酶复合物和 ATP 合酶的蛋白质亚基,除 13 种是 mtDNA 编码外,大部分是核基因编码的。组成线粒体的核糖体蛋白,mtDNA 复制所需的 mtDNA 聚合酶、mtRNA 聚合酶(催化合成 RNA 引物)、起始因子、延伸因子,mtDNA 转录所需的 mtRNA 聚合酶、线粒体转录因子 A 及翻译过程所需的相关酶、因子等也都是核基因编码的。另外,核基因还编码了线粒体的膜蛋白,如外膜的线粒体孔蛋白 P70、内膜 ADP/ATP 反向转运体,基质腔和膜间隙的各种可溶性蛋白(包括各种酶)。

由此看来,虽然线粒体存在遗传系统,能够进行蛋白质合成,有一定的自主性,但合成的蛋白质很少,仅 13 种;在线粒体的 1000 种左右的基因产物中,

mtDNA 仅编码 37 种。这说明线粒体的自主性是有限的,线粒体内复制、转录与翻译过程受到核基因的控制。因此,线粒体仅具有半自主性。

(二) 核基因编码的线粒体蛋白质的转运

运输到线粒体的蛋白质大部分进入基质腔,少数输入到膜间隙及插入到内膜和外膜上。线粒体外膜上的蛋白转运体(translocator of the outer mitochondrial membrane,TOM)称为 TOM 复合体(TOM complex),负责将全部核基因编码的线粒体蛋白运进膜间隙,并协助将穿膜蛋白插入外膜;线粒体内膜上的蛋白转运体(translocator of the inner mitochondrial menbrane,TIM)称为 TIM 复合体(TIM complex),负责将核基因编码的线粒体蛋白运进基质腔,也介导一些蛋白质插入内膜。

核基因编码的线粒体蛋白质,在运输到线粒体之前,称为前体蛋白,其 N 端具有一段长 20～80 个氨基酸残基的前导肽(leading peptide),含有识别线粒体的信息,相当于牵引蛋白质通过线粒体膜到达线粒体内的"火车头"。以下简介输入到基质腔的线粒体蛋白质的转运过程(图 8-10)。

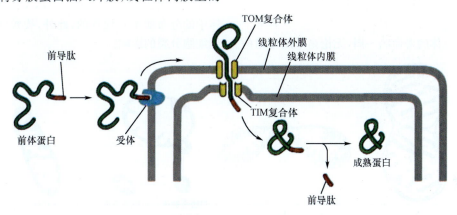

图 8-10 核基因编码的线粒体蛋白质运输过程

1. 前体蛋白解折叠 细胞质中合成的前体蛋白呈折叠状态,而紧密折叠的蛋白质不能穿越线粒体膜。因此,前体蛋白必须在线粒体外解折叠,解折叠作用需要分子伴侣(molecular chaperone)的参与。热激蛋白 70(heat shock protein70,Hsp70)是一种分子伴侣,与前体蛋白结合,可使前体蛋白保持非折叠状态。

2. 前体蛋白穿越线粒体膜 当前体蛋白到达线粒体表面时,ATP 水解提供能量,使 Hsp70 从前体蛋白上解离。前体蛋白的前导肽被 TOM 复合体的受体识别并结合,TOM 复合体在线粒体外膜上形成转运通道,前体蛋白经转运通道进入膜间隙,并立即与 TIM 复合体结合;TIM 复合体在线粒体内膜上也形成转运通道,前体蛋白经 TOM 和 TIM 偶联的开放通道进到基质腔(图 8-11)。当前体蛋白的前导肽经 TIM 通道刚进入基质腔时,基质腔内的分子伴侣 mtHsp70 即与前导肽交联,使前体蛋白维持解折叠状态,并将前体蛋白快速拖拽进基质腔。

3. 前体蛋白重新折叠 前体蛋白多肽链完全进入基质腔后,要发挥作用必须恢复蛋白质的天然构象,因此,前体蛋白必须重新折叠。此时,mtHsp70 发挥其折叠因子的作用,并在基质腔内 Hsp60 和 Hsp10 共同参与下,完成前体蛋白多肽链的重新折叠;与此同时,基质腔的水解酶催化前体蛋白 N 端的前导肽水解,线粒体蛋白质恢复其天然构象。

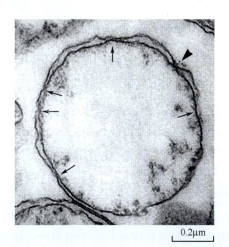

0.2μm

图 8-11 前体蛋白穿越线粒体膜(箭头所示)

视窗 8-1

mtDNA 的双亲遗传

关于受精卵的 mtDNA 的来源,一直认为是严格的母系遗传,即线粒体基因全部来自于母亲的卵子,可是这个观点目前已受到不少学者的质疑。

2002 年 8 月,哥本哈根的两位学者在《新英格兰医学杂志》上发表了"Paternal inheritance of mitochondrial DNA"论文。论文说,他们通过对一位 28 岁男患者的严重运动耐受能力低下的临床症状研究,发现这位患者的肌肉中线粒体基因 ND2

中有两个碱基缺失,导致其线粒体电子传递链中酶复合体Ⅰ缺乏,轻微运动后就会因乳酸酸中毒而无法继续运动。进一步研究发现,该患者mtDNA序列与其父亲和叔叔相同,这说明存在父系 mtDNA 遗传现象。这篇论文告诉我们,mtDNA 并不是绝对的母系遗传。

细胞,还是高度分化的细胞,线粒体都在不断增殖。线粒体的增殖方式目前尚未完全明了,一般认为,线粒体有 3 种分裂方式:①间壁分离:先由线粒体内膜向中心内褶形成间壁,间壁向对侧内膜延伸,最后外膜在间壁处一分为二,形成两个线粒体。②收缩分离:分离时,线粒体中央部分收缩,并向两端拉长,中央成为很细的颈,整个线粒体呈哑铃形,最后断裂成两个线粒体。③出芽分裂:先从线粒体上长出小芽,然后分离长大,形成新线粒体(图 8-12)。

无论哪一种分裂方式,线粒体的分裂都不是绝对均等的。例如,经过复制的 mtDNA 在分裂后的线粒体中的分布就不是均等的,此外,线粒体的分裂还受到细胞分裂的影响。

第四节　线粒体的增殖与起源

一、线粒体的增殖

细胞中线粒体的寿命约一周,无论是不断增殖的

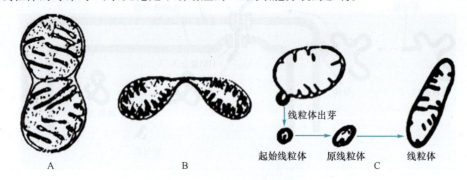

图 8-12　线粒体的增殖方式
A. 间壁分离;B. 收缩分离;C. 出芽分离

二、线粒体的起源

线粒体的起源有内共生学说(endosymbiotic hypothesis)与非内共生学说(non-endosymbiotic hypothesis)两种,两种学说各有实验证据,但两种学说都存在一些无法解释的问题。

(一) 内共生学说

由于线粒体在结构与功能上有与细菌相似之处,因此,有人设想,线粒体由共生于细胞内的细菌演变而来。原始真核细胞具有吞噬能力,不需要氧气,能酵解吞噬的糖类获取能量;线粒体的祖先——革兰阴性需氧细菌,含有三羧酸循环所需的酶系和电子传递链,可利用氧把糖酵解产物丙酮酸进一步分解,获取比酵解更多的能量。当这种细菌被原始真核细胞吞噬后,二者形成互利的共生关系,宿主细胞利用寄生菌的呼吸作用获得能量,寄生菌的遗传信息大部分转移到细胞核上,留在线粒体内的遗传信息大大减少,寄生菌逐渐演变为线粒体。这就是线粒体发生的内共生学说,现在所见到的线粒体 DNA 和蛋白质合成系统类似于细菌,就是内共生学说的证据。

(二) 非内共生假说

非内共生学说认为真核细胞的前身是一种比典型的原核细胞大、进化程度较高的需氧细菌,电子传递链和氧化磷酸化系统位于质膜上。随着不断进化,细胞要逐渐增加具有呼吸功能的膜表面积,从而导致质膜不断内陷、折叠、融合成小囊泡,小囊泡被其他膜结构(如质粒)包裹,形成功能上特殊的双层膜性囊泡,最后演变为线粒体。

思 考 题

1. 线粒体的结构特征与细胞能量转换的关系如何?
2. 为什么说线粒体是半自主性细胞器?
3. 试比较蛋白质进入线粒体和细胞核过程的异同。
4. 线粒体和叶绿体都是含自主 DNA 的细胞器,如果内共生学说成立的话,二者中哪个会先产生? 提出你的假说,并说明理由。

(朱志强　高　兵)

第九章 细胞骨架

细胞骨架（cytoskeleton）是广泛存在于真核细胞中的蛋白纤维网架系统。细胞骨架不仅在维持细胞形态，保持细胞内部结构的有序性中起重要作用，而且与细胞运动、物质运输、能量转换、信息传递、细胞分裂、基因表达、细胞分化等生命活动密切相关，是细胞内除生物膜体系和遗传信息表达体系外的第三类重要结构体系。

视窗 9-1
细胞骨架与疾病

多种疾病与细胞骨架异常有关，如进行性肌营养不良、阿尔茨海默病（Alzheimer's disease, AD）、掌跖角化症（palmoplantar keratoderma, PPK）、遗传性球形红细胞增多症（hereditary spherocytosis, HS）、遗传性大疱性表皮松解症（epidermolysis bullosa, EB）、纤毛不动综合征（Immotile cilia syndrome, ICS）伴男性不育、肌萎缩性侧索硬化症（amyotrophic lateral sclerosis, ALS）等。

肿瘤也与细胞骨架异常有关。在转化细胞中，细胞骨架结构紊乱，组装异常。与正常细胞相比，肿瘤细胞内微管更容易解聚，数量减少；微丝也减少，长度缩短且分布混乱，微丝的聚合能力减弱，细胞变圆，黏附能力降低。肿瘤细胞中细胞骨架异常表达，可通过改变肿瘤细胞运动、调节细胞间黏附、参与肿瘤细胞内信号转导、抑制细胞凋亡和增强细胞吞噬功能等方面，促进肿瘤转移。

狭义的细胞骨架是指存在于真核细胞胞质中的蛋白质纤维网架体系，即细胞质骨架，包括微管（microtubule, MT）、微丝（microfilament, MF）和中间丝（intermediate filament, IF）。广义的细胞骨架则包括细胞质骨架、细胞核骨架、质膜骨架和细胞外基质4部分，是贯穿于细胞核、细胞质、细胞外的网络结构。

第一节 微 管

微管是不分支的中空管状结构，基本结构成分是微管蛋白。在细胞中，微管呈网状或束状分布，具有保持细胞形态、定位膜性细胞器、提供小泡运输导轨等重要作用。微管还与其他蛋白质共同组装成纺锤体、中心粒、鞭毛、纤毛、轴突等结构，参与细胞运动和细胞分裂等功能活动。

案例 9-1

男性不育患者6例，年龄27～40岁，平均33.0岁。就诊时不育年限1.5～12年，平均4.8年。检查结果表明6例患者均为严重弱精子症，其中5例精液无活动精子，1例精液偶见活动精子。所有患者的X线胸片、CT、腹部B超、性激素水平，包括促卵泡素（FSH）、黄体生成素（LH）、睾酮（T）、垂体泌乳素（PRL）及外周血染色体核型和无精子症因子（AZF）等检查结果均正常。此外，每例患者均有反复呼吸道感染史。

思考题：

6例不育症患者的真正病因是什么？此病因是如何导致不育的？

一、形态结构

微管呈中空管状，外径24～26nm，内径约15nm，管壁厚约5nm。微管壁由13根原纤维（protofilament）纵向排列构成（图9-1）。微管细长而具有一定刚性，长度不等，多为数微米，但在某些特定细胞，如中枢神经系统运动神经元的轴突中，微管可长达几厘米。

细胞中微管有单管（singlet）、二联管（doublet）和三联管（triplet）3种存在形式（图9-2）。单管是微管的主要存在形式，不稳定，在低温、Ca^{2+}等因素作用下容易解聚，可随细胞周期发生变化；二联管主要构成纤毛和鞭毛的杆状部分；三联管主要构成中心粒、纤毛和鞭毛的基体。二联管与三联管属于稳定微管，对低温、Ca^{2+}等因素不敏感。

二、化学组成

微管的基本成分是微管蛋白（tubulin）。微管蛋白呈球形，是一类酸性蛋白，约占微管总蛋白的80%～95%，主要包括α-微管蛋白（α- tubulin）和β-微管蛋白（β- tubulin）。二者有35%～40%的氨基酸序列同源，化学性质极为相似，在细胞中常以异二聚体（heterodimers）形式存在（图9-3）。异二聚体上有鸟嘌呤核苷酸（GDP/GTP）、二价阳离子（Mg^{2+}、Ca^{2+}）及秋

水仙素、长春碱的结合位点。若干异二聚体首尾相接
形成原纤维。近年来，人们又发现了微管蛋白家族的
第3个成员——γ-微管蛋白，其含量不足微管蛋白总
量的1%。γ-微管蛋白存在于细胞内微管组装的始发
区——微管组织中心（microtubule organizing center,
MTOC）。MTOC存在于中心体的中心粒用物质、纤
毛和鞭毛基体的邻近区。虽然微管中γ-微管蛋白含
量很少，但对微管的功能却是必不可少的，对微管的
形成、极性的确定以及细胞分裂等起重要作用。

　　除微管蛋白外，微管表面还有一些微管相关蛋白
质（microtubule associated protein, MAP），它们不是
构成微管壁的基本构件，而是在微管蛋白组装成微管
后，结合在微管表面的辅助蛋白。MAP在调节微管
组装、稳定微管结构、促进微管与其他细胞器之间的
连接等方面发挥重要作用。已发现的微管相关蛋白
质有MAP_1、MAP_2、MAP_4、τ蛋白和抑微管装配蛋白
（stathmin）等。微管结构和功能的差异与微管相关蛋
白质密切相关。

　　一般认为，微管相关蛋白质由两个区域组成（图
9-4）：①微管结合区：该区与微管侧面结合，加速成核
作用；②突出区：该区从微管蛋白表面向外延伸成丝
状，以横桥方式与其他骨架纤维相连接，其长度决定
微管成束时的间距大小。

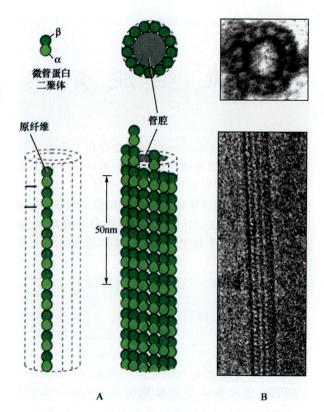

图 9-1　微管的结构
A. 模式图；B. 电镜图

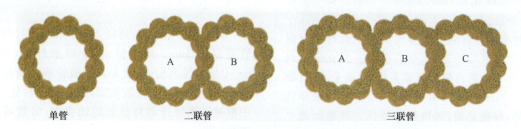

单管　　　　　　二联管　　　　　　三联管

图 9-2　微管的 3 种形式

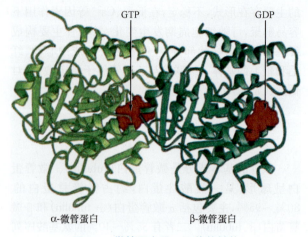

图 9-3　微管蛋白异二聚体的结构

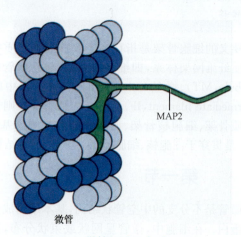

图 9-4　微管相关蛋白质 MAP-2

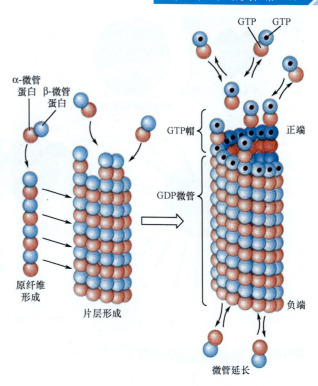

图 9-5 微管的体外组装过程

三、组　装

(一) 体外组装

微管的体外组装分为成核期、聚合期和稳定期 3 个阶段(图 9-5):①成核期(nucleation phase):α-微管蛋白、β-微管蛋白组成异二聚体,若干异二聚体聚合成短的寡聚体核心;随后异二聚体在核心两端和侧面不断增加并扩展为片层结构,当加宽到 13 条原纤维时即合拢成一段微管。②聚合期(polymerization phase):在特定体外条件下,微管两端组装速度不同,组装快的一端称为正端(plus end)(＋),另一端称为负端(minus end)(－)。正端(＋)GTP-微管蛋白不断聚合,使微管延长,负端(－)GDP-微管蛋白不断解聚,使微管缩短。这种一端延长,另一端缩短的交替现象称为踏车现象(tread milling)(图9-6)。聚合速度大于解聚速度时,微管不断加长。微管具有极性,所以细胞内由微管构成的结构也具有极性。③稳定期(stable phase):随着胞质中游离微管蛋白浓度下降,微管正端的聚合速度与负端的解聚速度达到平衡,微管长度趋于相对稳定。

(二) 体内组装

细胞内微管的组装更为复杂,时间和空间都有严格要求。例如,纺锤体微管的组装与去组装发生在分裂期。细胞内微管组装始发于微管组织中心(MTOC),MTOC 中的 γ-微管蛋白与其他几种蛋白质一起构成 γ-微管蛋白环状复合体(γ-tubulin ring complex,γ-TuRC),γ-TuRC 就像一粒种子,成为异二聚体结合的核心,即具有成核作用,微管由此生长、延长(图9-7)。γ-TuRC 组织微管形成的能力可被细胞周期调节机制开启或关闭。此外,γ-TuRC 通过包裹微管负端,阻止微管蛋白渗入,使微管负端得到保护而稳定,延长的一端为正端。

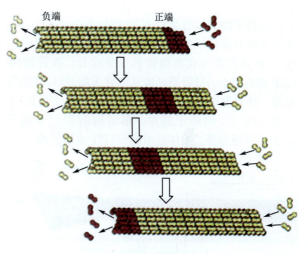

图 9-6 微管的踏车现象

(三) 微管组装的影响因素

微管的组装受多种因素影响,包括 GTP 和微管蛋白的浓度、pH、温度、离子浓度等。在体外,当 α、β-微管蛋白异二聚体达到临界浓度(约为 1mg/ml),在有 Mg^{2+}、无 Ca^{2+}、pH6.9 及 37℃的缓冲液中,异二聚体同 GTP 结合后将被激活,聚合形成微管。影响微管组装的药物有秋水仙素(colchicine)、紫杉醇(taxol)等。秋水仙素可特异性结合游离的微管蛋白,再加到微管末端阻止其他微管蛋白的聚合,促进微管的解聚;紫杉醇只结合到聚合的微管上,使其保持稳定,抑制微管的解聚。这些微管特异性药物对研究微管的结构和功能起重要作用。

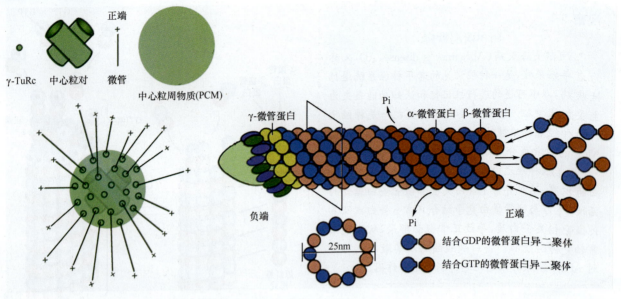

图 9-7   微管的体内组装

（四）微管组装的模型

目前普遍接受的微管组装模型是非稳态动力学模型（dynamic instability model）（图 9-8）。该模型认为，微管的组装具有动态不稳定性（dynamic instability），即增长的微管末端有微管蛋白-GTP 帽（tubulin-GTP cap），在微管组装期间或组装后，GTP 被水解成 GDP，从而使 GDP-微管蛋白成为微管的主要成分。微管蛋白-GDP 帽及短小的微管原纤维从微管末端脱落，使微管解聚。即如果微管末端是 GTP 帽，微管趋于生长；如果是 GDP 帽，则趋于缩短。帽结构的类型取决于 GTP-微管蛋白异二聚体的浓度和 GTP 水解速度。

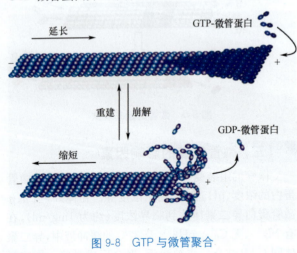

图 9-8   GTP 与微管聚合

四、功　　能

（一）骨架支撑作用

微管本身不能收缩，且具有一定刚性，能够抗压、抗弯曲，给细胞提供机械支撑力。因此，微管对维持细胞形状具有重要作用。例如，血小板中环形微管束排列在血小板的四周，维持血小板的圆盘形结构。当血小板暴露在低温时，环形微管消失，血小板变为不规则形；当温度恢复到 37℃时，环形微管重新出现，血小板又恢复为圆盘形结构。微管对于细胞突起部分，如纤毛、鞭毛、轴突的形成和维持也起关键作用。

（二）参与细胞内物质运输

细胞内物质的合成部位与其发挥作用部位往往不同，细胞内微管为物质的定向运输提供了轨道。例如，神经元合成的蛋白质等物质经轴索（含微管）运送至远端的神经末梢，细胞内的分泌颗粒和色素细胞的色素颗粒经微管输送，线粒体的快速运动也是沿微管进行的。

驱动物质运输并决定运输方向的是马达蛋白（motor protein），其中的驱动蛋白（kinesin）驱动沿微管负端(-)向正端（+）运输，动力蛋白（dynein）则驱动从正端（+）向负端(-)的运输（图 9-9）。

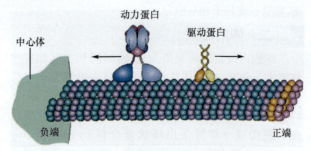

图 9-9   动力蛋白与驱动蛋白的驱动方向

（三）参与中心粒、纤毛和鞭毛的形成

1. 中心粒　中心粒是构成中心体的主要结构，成对存在，互相垂直。电镜下中心粒是 9 组三联体微管按一定

角度排列围成的圆筒状结构(图 9-10)。三联管中的 3 个微管分别称为 A 管、B 管和 C 管,A 管伸出两个短臂,一个伸向中心粒的中央,另一个反方向连接到下一组三联管的 C 管。9 组三联管相互间倾斜排列,略似风车的旋翼,呈"9×3+0(9+0)"结构。中心粒周围的无定形电子致密物称中心粒周物质,起微管组织中心的作用。一对中心粒和中心粒周物质,共同组成中心体。

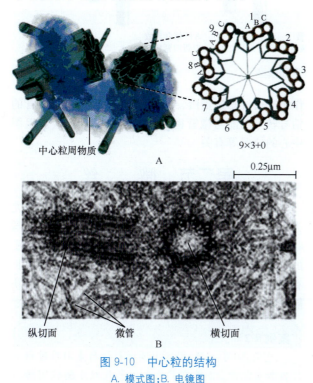

图 9-10 中心粒的结构
A. 模式图;B. 电镜图

2. 纤毛和鞭毛 纤毛(cilia)和鞭毛(flagella)是动植物细胞的运动器官,是细胞表面的特化结构。一般把短而多者称为纤毛,少而长者称为鞭毛。二者结构基本相同,均外被质膜,内含规则排列的微管构成的轴丝(axoneme)。组成轴丝的 9 组二联管在周围等距离排列成一圈,中央有两根单管,呈"9×2+2(9+2)"结构(图 9-11)。中央的两根微管由细丝相连,外包

中央鞘。二联管中电子密度较高的称为 A 管,电子密度较低的称为 B 管。A 管向相邻二联管的 B 管伸出两条动力蛋白臂(dynein arm),其头部具有 ATP酶活性,通过水解 ATP 为纤毛和鞭毛运动提供能量。A 管向中央鞘伸出的凸起称为放射辐(radial spoke),其末端膨大,称为辐条头(spoke head)。相邻二联管通过微管连接蛋白(nexin)相连。在纤毛、鞭毛的顶部,每组微管减为一条并相互融合。纤毛、鞭毛基部埋藏在细胞内的部分称为基体(basal body),呈"9×3+0(9+0)"结构。

纤毛和鞭毛运动是一种简单的弯曲运动,其运动机制一般用微管滑动模型(sliding-microtubule model)解释:①动力蛋白臂头部与相邻微管的 B 管接触,促进动力蛋白臂结合的 ATP 水解,释放 ADP和 Pi,引起 A 管动力蛋白臂头部构象改变,进而促进头部朝向相邻二联管正端滑动,使相邻二联管之间产生弯曲力;②新的 ATP 结合,促使动力蛋白臂头部与相邻 B 管脱离;③ATP 水解,释放的能量使动力蛋白臂头部角度复原;④带有水解产物的动力蛋白臂头部与相邻二联管上另一个位点结合,开始下一个循环(图 9-12)。

案例 9-1 分析

本案例中,6 例患者的第二性征及性器官发育正常,精液量及精子数量在正常范围,患者不能生育的原因在于精子无活力。电镜检查发现,全部患者均存在精子尾部鞭毛轴丝的"9+2"结构排列紊乱或缺失,动力蛋白臂缺失以及支气管纤毛动力蛋白臂缺失。这种轴丝的结构异常直接导致了精子运动能力的丧失。轴丝是鞭毛和纤毛的核心结构,故精子轴丝异常者往往合并呼吸道纤毛运动障碍,表现为呼吸道阻塞、感染等征象,所以案例中的患者除由于精子无活动能力导致不育外,还都有反复呼吸道感染史。

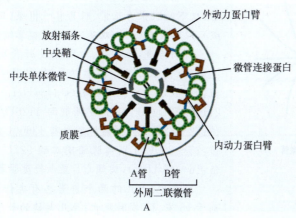

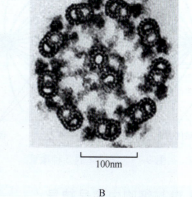

图 9-11 纤毛与鞭毛的横切面
A. 模式图;B. 电镜图

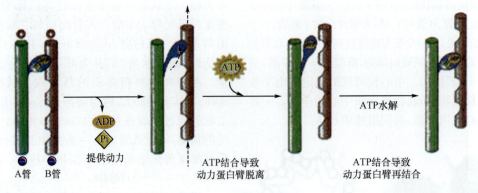

提供动力　ATP结合导致　ATP结合导致
动力蛋白臂脱离　动力蛋白臂再结合

A管　B管　　　　　　　　　　　　ATP水解

图9-12　微管滑动模型

（四）维持细胞内细胞器的定位和分布

微管及其相关的马达蛋白对细胞内膜性细胞器的空间定位起重要作用。例如，驱动蛋白与内质网膜结合，内质网沿微管向细胞的周边展开分布；动力蛋白与高尔基体膜结合，高尔基体沿微管向近核区牵拉，使其位于细胞中央。如用秋水仙碱处理细胞，微管的组装受阻，内质网积聚到核附近；高尔基体分解成小泡，遍布整个细胞质；去除秋水仙碱，细胞器的分布恢复正常。

（五）参与染色体运动，调节细胞分裂

当细胞进入分裂期，间期细胞内微管网架崩解，微管解聚为微管蛋白，经重组装形成纺锤体，参与染色体的运动，调节细胞分裂。组成纺锤体的微管有动粒微管（也称为染色体微管）、极微管和星体微管。极微管在纺锤体内部相互交叉，保持纺锤体形状的对称；动粒微管与染色体动粒相连（图9-13）。有丝分裂前期，通过动粒微管动粒端的聚合延长，推动染色体向赤道板移动；星体微管从中心体向四周发散，与中心体向两极移动有关。有丝分裂末期，纺锤体微管解聚为微管蛋白，经重组装形成微管网。

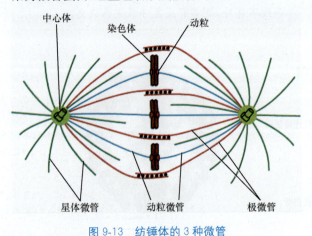

中心体　　染色体　　　　　动粒

星体微管　　动粒微管　　　极微管

图9-13　纺锤体的3种微管

（六）参与细胞内信号转导

在蛋白激酶信号通路中，信号分子可直接与微管作用或通过马达蛋白、支架蛋白与微管作用。微管的信号转导功能与微管稳定性和方向性以及微管组织中心的位置等有关。

第二节　微　　丝

微丝普遍存在于各种细胞中，非对称的细胞中尤为发达。顾名思义，微丝比微管细而短，呈实心纤丝状，常以束状、网状或散在等多种方式存在于细胞质的特定位置。成束的微丝强度比单根微丝更大，更具有韧性。微丝的基本成分是肌动蛋白，具有收缩功能，因此也称其为细胞的"肌肉系统"。

> **案例 9-2**
>
> 患儿，男，5岁，因双小腿增粗伴行走困难进行性加重就诊。2年前家长发现患儿双小腿较同龄儿明显增粗，上下楼梯及下蹲困难。起床需先翻身呈俯卧位，再成跪位，然后双手按住双膝使身体成拱背样，最后直立。因患儿精神饮食及睡眠均较好，语言表达能力尚可，病情未引起家长重视。其后，上述表现逐渐加重，出现反应迟钝，平地行走易跌倒等情况。经当地医院治疗，病情未见好转。
>
> 体格检查：神清、呼吸平稳、双瞳孔等圆等大、对光反射灵敏，颈软，心肺、腹部未见异常。双侧腓肠肌肥大、坚实，双上肢肌张力、肌力正常，双下肢肌张力正常、肌力Ⅱ—Ⅲ级（正常人Ⅴ级），双膝反射（＋），双足下垂、跟腱挛缩。
>
> 辅助检查：血常规、电解质及肝肾功能均无异常，血清肌酶谱：谷草转氨酶 337U/L（正常值：0～40U/L）、乳酸脱氢酶 1437U/L（正常值：211～423U/L）、羟丁酸脱氢酶 1126U/L（正常值：72～82U/L）、磷酸肌酸激酶 13600U/L（正常值：25～200U/L）、磷肌酶同工酶 527U/L（正常值：16～25 U/L），头颅CT显示轻度脑萎缩。
>
> 家族史：患儿的两个舅舅也有类似症状，分别于16岁、17岁时死亡；患儿大姨的长子15岁，也有类似症状，生活不能自理。

一、化学组成与形态结构

　　微丝的主要成分是肌动蛋白。脊椎动物肌动蛋白分为α、β和γ 3种,骨骼肌、心肌和平滑肌细胞中3种肌动蛋白均有,但非肌细胞中只存在β和γ两种肌动蛋白。细胞内肌动蛋白以单体和多聚体两种形式存在。肌动蛋白单体称球状肌动蛋白(globular actin,G-actin),即单条多肽链构成的球形分子,外观呈哑铃型,其上有1个ATP或ADP结合位点。肌动蛋白单体(球状肌动蛋白)首尾依次相接形成肌动蛋白单链,两条肌动蛋白单链以右手螺旋方式盘旋形成直径5~7nm、螺距37nm的纤维状肌动蛋白多聚体。纤维状肌动蛋白多聚体也称为纤丝状肌动蛋白(filamentous actin,F-actin),即微丝(图9-14)。随着微丝的组装与解聚,这两种形式的肌动蛋白可相互转换。

　　由于肌动蛋白单体具有极性,由肌动蛋白单体首尾相接组装的两条肌动蛋白单链的两端结构也不同,因此,微丝的结构也具有极性。

　　近年来,有观点认为,微丝是由一条肌动蛋白单链形成的螺旋,每个肌动蛋白单体有4个亚单位,呈上、下及两侧排列。

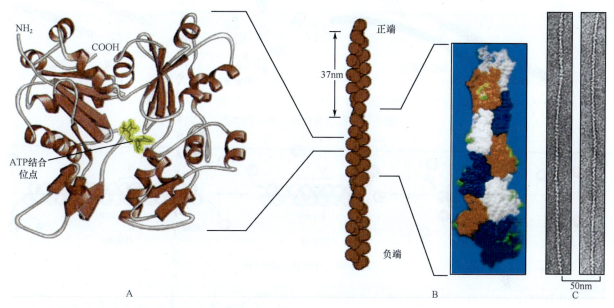

图 9-14　肌动蛋白和微丝的结构
A. 球状肌动蛋白构象;B. 纤丝状肌动蛋白模式图;C. 微丝电镜图

二、肌动蛋白结合蛋白

　　肌动蛋白结合蛋白(actin-binding protein)是指细胞内与球状肌动蛋白或纤丝状肌动蛋白结合,并改变其特性的一大类蛋白质。细胞内同样的微丝,功能不一致,有的参与细胞运动,有的支撑细胞,有的行使更为复杂的功能,这在很大程度上和细胞质内存在的多种肌动蛋白结合蛋白有关。有的肌动蛋白结合蛋白是细胞共有的,有的只在特定细胞中存在,其名称依它们对微丝结构和组装的影响而定。不同的肌动蛋白结合蛋白将肌动蛋白纤维组织成各种不同的结构,从而执行不同的功能。

　　目前分离出来的肌动蛋白结合蛋白有100多种。在肌肉细胞中,构成粗肌丝主要成分的肌球蛋白、构成细肌丝的原肌球蛋白、肌钙蛋白均为肌动蛋白结合蛋白。非肌细胞中的肌动蛋白结合蛋白有单体隔离蛋白、交联蛋白、末端阻断蛋白、纤维切割蛋白、肌动蛋白纤维解聚蛋白、膜结合蛋白、膜桥蛋白等(图9-15)。这些肌动蛋白结合蛋白功能广泛,从不同水平调控微丝的组装,影响微丝的稳定性、长度和构型。例如交联蛋白可以使纤丝状肌动蛋白彼此交联形成网络,抵抗机械压力;单体隔离蛋白可以与球状肌动蛋白结合,抑制其聚合等。

三、组 装 过 程

　　球状肌动蛋白单体形成纤丝状肌动蛋白的过程称为微丝的组装。体外实验表明,此过程分为成核期、延长期和稳定期(图9-16)。

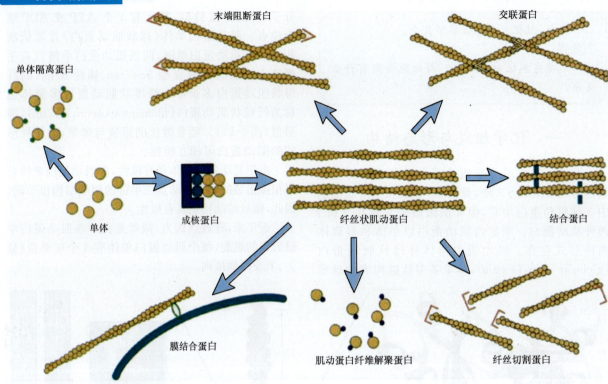

图 9-15　肌动蛋白结合蛋白的功能

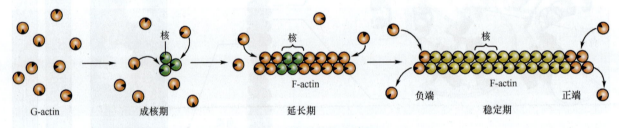

图 9-16　微丝的组装过程

在成核期,3～4 个球状肌动蛋白聚合成稳定的寡聚体,即核心。核心形成后,更多的球状肌动蛋白迅速在两端添加,进入延长期。组装快的一端称正端,组装慢的一端称负端。随着纤丝状肌动蛋白的生长,球状肌动蛋白浓度降低,当降至临界浓度时,球状肌动蛋白在正端添加,在负端脱落,且速度相等,微丝长度基本不变,进入稳定期。这说明同微管的组装一样,微丝的组装也存在踏车现象(图 9-17)。

微丝的组装过程需要 ATP 提供能量,因此,在延长期,ATP 起组装的调节作用。一个球状肌动蛋白分子可以结合 1 分子 ATP 或 ADP,ATP-actin 对微丝纤维末端的亲和力高,ADP-actin 则相反。当环境中 ATP-actin 浓度高时,微丝快速生长,在两端形成ATP 帽。随着 ATP 水解,ADP-actin 暴露出来,微丝开始去组装而变短。

微丝的组装受多种因素的影响。在含 Ca^{2+} 以及低浓度的 Na^+ 或 K^+ 溶液中,微丝趋向于解聚;在含ATP、Mg^{2+} 和高浓度的 K^+ 或 Na^+ 溶液的诱导下,微丝趋向聚合。影响微丝组装的特异性药物有细胞松

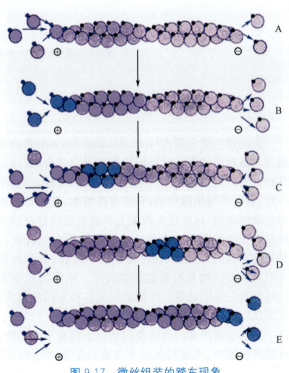

图 9-17　微丝组装的踏车现象

弛素(cytochalasin)、鬼笔环肽(phalloidin)等。细胞松弛素可以切断微丝并结合在微丝的末端,抑制其组装,但对微丝的解聚没有明显影响。鬼笔环肽与微丝具有很强的结合作用,使肌动蛋白纤维稳定,抑制其解聚。由于只与纤丝状肌动蛋白结合,因此,荧光标记的鬼笔环肽可特异性显示微丝。肌动蛋白结合蛋白对微丝的组装也有调控作用。

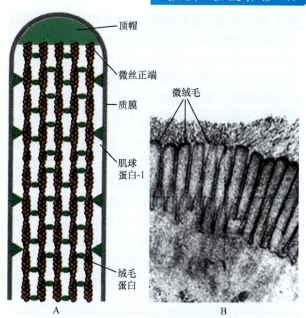

图 9-18 微绒毛中的微丝束及肌动蛋白结合蛋白
A. 微绒毛模式图;B. 微绒毛电镜图

视窗 9-3

细胞骨架与肿瘤化疗

长期以来,微管、微丝一直作为肿瘤化疗药物的作用靶点。临床上,对肿瘤患者应用长春碱、秋水仙素、紫杉醇、细胞松弛素 B 等药物,利用其特异性结合细胞骨架蛋白的特点,破坏肿瘤细胞内微管或微丝的动态平衡,起到抑制增殖、诱导凋亡的作用。

案例 9-2 分析

本案例中患儿所患的假肥大型肌营养不良症是最常见的一类进行性肌营养不良症,主要表现为进行性加重的肌肉萎缩和肌无力,遗传方式为 X 连锁隐性遗传(XR)。该病是由于 Xp21.2 处的 dystrophin 基因缺陷导致其编码产物肌萎缩蛋白(dystrophin)表达异常所致。dystrophin 是肌动蛋白结合蛋白中膜结合蛋白的一种,存在于骨骼肌和心肌细胞肌膜的胞质面,作为细胞骨架的主要成分,与肌肉细胞肌膜糖蛋白、肌肉细胞黏附蛋白结合。因此,dystrophin 具有支架、抗牵拉及防止肌细胞收缩时肌膜撕裂的功能。dystrophin 表达异常将造成肌肉细胞肌膜不稳定,导致肌肉细胞坏死和功能缺失。本病分为 Duchenne 型(duchenne muscular dystrophy,DMD)和 Becker 型(becker muscular dystrophy,BMD),是同一基因发生不同突变的结果。后者相对少见,且临床症状较 DMD 轻得多。

再如,应力纤维(stress fiber)是真核细胞中广泛存在的纤丝状肌动蛋白和肌球蛋白 II 丝组成的可收缩丝束,其一端与穿膜整联蛋白连接,与细胞运动有关。应力纤维长而直,常与细胞长轴平行并贯穿全长,既具有对抗细胞表面张力、维持细胞形状的作用,又为质膜提供了韧性和强度(图 9-19)。

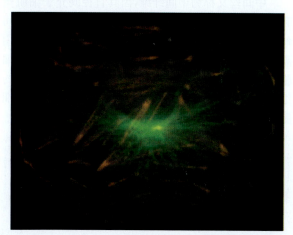

图 9-19 培养的上皮细胞中应力纤维(微丝红色、微管绿色)

四、功 能

(一)构成细胞支架,维持细胞形态

除微管外,微丝对细胞形状的维持也起着重要作用。细胞中微丝往往形成网络或束状发挥支撑作用。例如,细胞的特化结构微绒毛(microvilli)是质膜顶端表面的指状突起,核心是由 20~30 根同向平行排列的微丝组成的微丝束,这种微丝束不含肌球蛋白、原肌球蛋白和 α-辅肌动蛋白,因而无收缩功能,但在维持微绒毛形状上起重要作用(图 9-18)。

(二)参与细胞运动

变形虫、巨噬细胞、白细胞等动物细胞内含有丰富的微丝,依赖肌动蛋白的相互作用,细胞可进行变形运动。另外,微丝还参与胞质环流(cyclosis)、阿米巴运动、胞吞、胞吐及细胞内物质运输等多种运动方式。

(三)参与细胞分裂

有丝分裂末期,两个即将分开的子细胞间产生收缩环,收缩环由大量平行排列的微丝组成。肌动蛋白与肌球蛋白相互作用使不同极性的微丝之间发生相对滑动,收缩环收缩,细胞一分为二。收缩环是非肌细胞中具有收缩功能的微丝束的典型代表,是一种临时结构,胞质分裂后很快消失。

(四)参与肌肉收缩

骨骼肌胞质含密集成束的肌原纤维,肌原纤维由肌肉收缩的基本结构单位肌节(sarcomere)构成,肌原纤维的每个肌节由粗肌丝和细肌丝组成。粗肌丝由肌球蛋白组成,细肌丝由纤丝状肌动蛋白、原肌球蛋白、肌钙蛋白组成。其中,纤丝状肌动蛋白是细肌丝的主要成分,肌动蛋白单体形成有极性的肌动蛋白纤维(即微丝),两条肌动蛋白纤维再螺旋状相互绞合在一起。肌肉收缩是粗肌丝与细肌丝相互滑动的结果。

(五)参与信号转导

细胞表面受体在受到外界信号作用时,可触发质膜下肌动蛋白结构变化,启动细胞内激酶变化的信号传导过程。借助微丝在细胞质中的分布,信号继续传至核膜及核内骨架,调控DNA的结构和功能。反之,通过此途径,核内的信息也可传递到质膜。

第三节 中 间 丝

中间丝又称为中间纤维,因其直径既介于细肌丝和粗肌丝之间,又介于微管与微丝之间而得名。中间丝绕核分布,成束成网,并扩展连接到细胞质膜。用高盐溶液与非离子去污剂处理细胞,可破坏大部分细胞骨架,唯独中间丝保留。因此,中间丝是最稳定的细胞骨架成分,坚固耐磨的细胞,如表皮细胞、肌肉细胞与神经元等,富含中间丝。

案例9-3
    患儿,女,6岁,自出生后2个月开始,腹部、四肢出现红斑丘疹,继之出现大水泡。曾间断治

疗,效果欠佳。体格检查显示患儿各项生命指征正常,神志清楚;痛苦面容,腹部、四肢可见红斑、大泡。有的水泡破裂、呈红色糜烂面,部分水泡感染、可见脓性渗出物,尼氏征阴性。
    诊断:大疱性表皮松解症。
思考题:
    患儿所患疾病的发病机制如何? 为什么会出现上述临床表现?

一、化学组成与形态结构

中间丝单根或成束分布于细胞质中,形成精细发达的纤维网络,内与核纤层、外与质膜和细胞外基质均有直接联系,与微管、微丝及其他细胞器也有错综复杂的联系。电镜下,中间丝是一类形态相似,直径约10nm的纤维,又名10nm丝。

组成中间丝的中间丝蛋白成分复杂,但各种中间丝蛋白均来源于同一基因家族,高度同源,有共同的结构域,由头部、杆状区和尾部3部分构成(图9-20)。中间丝头部(N-端)和尾部(C-端)是非螺旋结构,氨基酸组成高度可变,长度相差也大。各种中间丝蛋白的区别主要取决于头尾的长度及氨基酸的组成。杆状区是中间丝蛋白的主干(backbone),由约310个(核纤层蛋白为356个)氨基酸组成,内含4段高度保守的α螺旋区,即螺旋1A、螺旋1B、螺旋2A、螺旋2B,相邻螺旋区间以短的非螺旋间隔连接。杆状区是中间丝蛋白单体分子聚合成中间丝的结构基础。

二、类 型

根据基因结构、氨基酸序列、组装特性及组织分布的特异性,可将中间丝蛋白分为不同类型,由中间丝蛋白构成的中间丝主要类型及分布见表9-1。

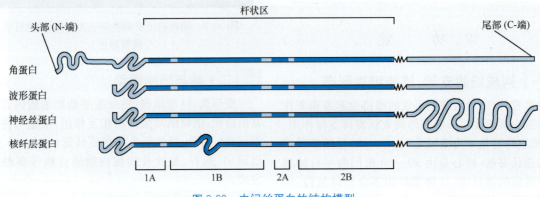

图9-20 中间丝蛋白的结构模型

表 9-1　脊椎动物中间丝的主要类型及分布

类型	中间丝蛋白	中间丝	分布
Ⅰ型	酸性角蛋白	角蛋白丝	上皮细胞
Ⅱ型	中性/碱性角蛋白	角蛋白丝	上皮细胞
Ⅲ型	波形蛋白	波形蛋白丝	间充质细胞
	结蛋白	结蛋白丝	肌肉细胞
	外周蛋白	外周蛋白丝	外周感觉神经元，中枢神经元
	胶质细胞原纤维酸性蛋白	神经胶质丝	神经胶质细胞
Ⅳ型	神经丝蛋白	神经丝	神经元
Ⅴ型	核纤层蛋白	核纤层蛋白丝	各种类型细胞
Ⅵ型	神经干细胞蛋白	神经干细胞蛋白丝	神经干细胞

视窗 9-4

中间丝与肿瘤转移

中间丝的分布具有严格的组织特异性，可用于鉴别转移性肿瘤的组织来源。绝大多数转移性肿瘤转移后，仍表达原发肿瘤的中间丝类型。例如皮肤癌表达角蛋白，肌肉瘤表达结蛋白，非肌肉瘤表达波形蛋白，神经胶质瘤表达胶质细胞原纤维酸性蛋白等。因此，可通过检测肿瘤细胞的中间丝类型，判断转移性肿瘤的组织来源。

三、中间丝结合蛋白

中间丝结合蛋白（intermediate filament associated protein，IFAP）是一类在结构和功能上与中间丝密切相关，但其本身并不是中间丝组分的蛋白质。IFAP 作为中间丝超分子结构的调节者，介导中间丝之间交联成网、成束，并把中间联交联到质膜或其他骨架成分上。迄今已知有 15 种 IFAP 分别与特定的中间丝结合。

四、组　装

与微管、微丝相比，中间丝的组装过程更复杂，大致过程如下：①2 个中间丝蛋白分子杆状区对应 α 螺旋区形成双股螺旋二聚体。二聚体可为同型二聚体，如波形蛋白二聚体；也可为异型二聚体，如一条Ⅰ型角蛋白和一条Ⅱ型角蛋白构成的角蛋白异型二聚体。②2 个二聚体以反向平行和半分子交错的形式组装成两端对称、没有极性的四聚体（tetramer）。一般认为，四聚体是中间丝组装的最小单位。两个四聚体首尾相接，连成一条原纤维。③8 条原纤维侧向相互作用，形成一根横截面由 32 个中间丝蛋白分子组成的、长度不等的中间丝（图 9-21）。

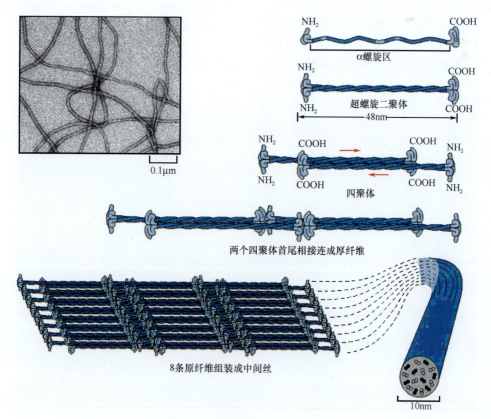

图 9-21　中间丝组装模型与电镜图

中间丝的组装与温度和中间丝蛋白浓度无关,不需 ATP 或 GTP 参与。目前认为,中间丝的组装与去组装是通过中间丝蛋白磷酸化与去磷酸化控制的,其中中间丝蛋白丝氨酸和苏氨酸残基的磷酸化作用是中间丝动态调节最常见、最有效的方式。

五、功　能

（一）骨架支撑作用

中间丝向外与质膜及细胞外基质相连,在细胞质中与微管、微丝和细胞器相连,向内与细胞核内的核纤层相连,由此在细胞质内形成一个完整的支撑网架系统。该网架系统具有稳定性和坚韧性,能为细胞提供机械支持。因此在能够承受较大机械张力和剪切力的肌肉细胞和上皮细胞中,中间丝特别丰富。

案例 9-3 分析

本案例中患儿所患的大疱性表皮松解症是以皮肤和黏膜起疱为特征的遗传性疾病,由表皮基底细胞角蛋白基因突变所引起。角蛋白(keratin)是中间丝蛋白的主要类型之一,主要表达于上皮细胞,存在于发、毛、鳞、羽、甲、蹄、角、爪、喙、丝及其他表皮结构中。角蛋白丝由构成表皮的角化细胞产生,通过桥粒将相邻细胞连接在一起。角蛋白丝十分稳定,即使细胞已经死亡,它仍然通过桥粒将细胞相互连接,形成一层坚固的纤维网络保护层,有效阻止皮肤水分的流失,也防止皮肤在摩擦时受到外伤。若角蛋白基因突变,患者表皮基底细胞中的角蛋白丝受到破坏,皮肤极易受到机械损伤,即使轻微碰触也可能导致皮肤的松解脱落。

（二）参与细胞连接

上皮细胞间存在桥粒和半桥粒的细胞连接,角蛋白丝参与了桥粒和半桥粒的形成。研究表明,角蛋白基因缺失,角蛋白丝纤维网络无法形成,上皮组织细胞间连接及上皮组织结构的完整性则难以维持。

（三）参与细胞分化

中间丝表达及分布的组织特异性表明,中间丝与细胞分化密切相关。不同类型的细胞或细胞不同的发育阶段,表达不同类型的中间丝。例如,小鼠胚胎发育的桑葚胚后期,细胞表达某些角蛋白,其后,在将要发育为间叶的细胞群中,角蛋白表达下降,乃至停止表达,而波形蛋白开始表达。

（四）参与细胞内信息传递

实验表明,在体外,中间丝蛋白与单链 DNA 有高度亲和性。在信息传递过程中,中间丝水解产物进入核内,可通过与组蛋白和 DNA 的作用调节复制和转录。此外,胞质中的 mRNA 锚定于中间丝,对细胞内 mRNA 定位和翻译具有一定作用。

思　考　题

1. 什么是细胞骨架?
2. 3 种细胞质骨架之间有何联系?
3. 从主要成分、形态结构、组装特征、特异性药物、分布、功能等方面对 3 种细胞骨架进行比较分析。
4. 哪些疾病的发病与细胞骨架有关?

（侯　威）

第十章 细 胞 核

细胞核是真核细胞内最大的细胞器,是遗传物质储存、复制和转录的场所,是细胞代谢、生长、分化及增殖等生命活动的控制中心。一般说来,有核细胞一旦失去核便趋于死亡。例如,哺乳动物的红细胞成熟后,失去细胞核,寿命只有120天。

细胞核的形状多种多样,一般与细胞的形态相适应。球形、柱形细胞的核多呈圆球形或椭圆形,细长肌肉细胞的核呈杆状,哺乳动物中性粒细胞的核呈分叶状,形态不规则细胞的核可呈折叠状、锯齿状,肿瘤细胞可呈现畸形核。

细胞核位置和数量因细胞类型不同而异。大多数真核细胞只有1个核,但肝细胞、肾小管细胞和软骨细胞可有双核,破骨细胞的核可达数百个。细胞核通常位于细胞的中央,但也有偏向细胞一侧的,如腺细胞;而在脂肪细胞,核则被脂滴挤到边缘。

细胞核的直径大多为5~20μm,高等动物细胞核直径为5~10 μm。核的大小常用核质比(nuclear-cytoplasmic ratio)表示,即细胞核(V_n)与细胞质($V_c - V_n$)的体积比。用公式表示为:$NP = V_n/(V_c - V_n)$。

核质比与细胞类型、生理状态及染色体倍数等有关。通常,代谢旺盛细胞的核相对较大,如淋巴细胞、胚胎细胞和肿瘤细胞的核质比较大,而表皮角质化细胞、衰老细胞的核质比较小。

细胞核的形态结构随细胞周期变化而不同。分裂期看不到细胞核,只有在细胞间期,才能看到细胞核的全貌。电镜下的细胞核由核被膜、染色质、核仁及核基质等4部分组成(图10-1)。

第一节 核 被 膜

核被膜(nuclear envelope)简称核膜(nuclear membrane),是包围核质、不对称的双层膜,是内膜系统的组成部分,控制细胞核与细胞质之间的物质和信息交流。核被膜的出现是原核细胞进化到真核细胞过程中的重大飞跃,核被膜将细胞核与细胞质分隔开,使真核细胞绝大部分遗传物质包围在核内,确保遗传物质的稳定;同时又使核内DNA复制、RNA转录及加工与胞质中蛋白质翻译在时间上和空间上分开,避免彼此干扰,提高了代谢效率。

未经染色的核被膜,光学显微镜不能显示;相差显微镜下,由于细胞核与细胞质折光率的差异,可以显示核被膜。电镜下,可观察到核被膜包括内核膜、外核膜、核周隙、核孔及核纤层等结构(图10-2)。

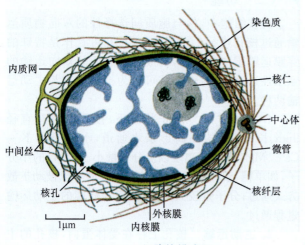

图 10-1 细胞核模式图

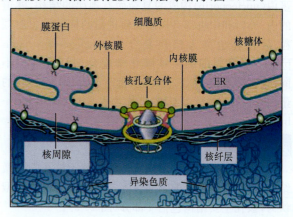

图 10-2 核被膜模式图

一、外 核 膜

外核膜(outer nuclear membrane)朝向胞质,形态结构和生化性质与糙面内质网相似,表面附有大量核糖体颗粒,常见与糙面内质网相连。因此,外核膜可被看作是内质网膜的特化区域,有利于核被膜与内质网间的物质交流及核被膜的更新。外核膜的外表面存在网状分布的中间丝,与细胞核在细胞质中的空间定位有关。

二、内 核 膜

内核膜(inner nuclear membrane)朝向核质,表面光滑,无核糖体附着。内核膜上有特异蛋白,如核纤层蛋白B受体(lamin B receptor,LBR),为核纤层蛋白B提供结合位点,从而把核被膜固定在核纤层(nuclear lamina)上,即核纤层对内核膜有支撑作用。

三、核 周 隙

在内核膜与外核膜之间有宽10~40nm的间隙,称为核周隙(perinuclear space)。核周隙内充满液态不定形物质,含有多种蛋白质和酶,并与内质网腔相通。

四、核 孔

核被膜上沟通核质和细胞质的隧道称为核孔(nuclear pore)。核孔直径大多为40~100 nm,最大可达150 nm。核孔数目随细胞类型和生理状态而异,代谢旺盛、增殖活跃的细胞,核孔相对较多。例如,有核红细胞、淋巴细胞,核孔仅为1~3个/μm^2;唾液腺细胞的核孔多达40个/μm^2。

电镜下,核孔并非简单的孔道,而是由多种核孔蛋白(nucleoporin)构成的复杂而有规律的结构,隧道的内、外口和中央都有控制物质进出的核糖核蛋白颗粒,故核孔也称为核孔复合体(nuclear pore complex)。核孔周围的核被膜化学成分与其他部位不同,含有糖蛋白gp210、核孔膜蛋白Pom121等特有的蛋白质成分,故此处核被膜称为孔膜区(pore membrane domain)。

(一)超微结构

电镜下,核孔呈圆形或八角形。关于核孔的超微结构,目前普遍接受的是捕鱼笼式核孔模型。该模型认为,核孔主要结构包括4部分(图10-3)。

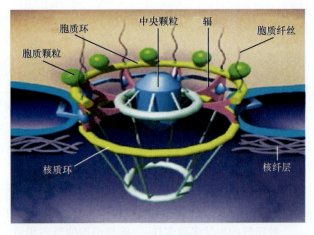

图 10-3　核孔模式图

1. 胞质环　胞质环(cytoplasmic ring)位于核孔边缘的胞质面一侧的孔环状结构,与柱状亚单位相连;环上连有8条对称分布的细长纤维,游离于胞质中。

2. 核质环　核质环(nucleoplasmic ring)位于核孔边缘的核质面一侧的孔环状结构,也与柱状亚单位相连;环上也对称分布有8条纤维,伸向核质。每条纤维的颗粒状末端彼此连接形成直径约60nm的终末环。核质环、8条纤维和终末环构成的"捕鱼笼"(fish-trap)式结构称为核篮(nuclear basket)。

3. 辐　辐(spoke)由核孔边缘伸向核孔中心,呈辐射状八重对称分布,是将胞质环、核质环和中央颗粒连接在一起的结构。

4. 中央颗粒　中央颗粒(central granule)又称中央栓(central plug),位于核孔中央,是棒状或颗粒状的运输蛋白质。

捕鱼笼式核孔结构与核膜垂直,呈辐射状八重对称,核质面与胞质面结构的不对称与核膜两侧功能的不对称性是一致的(图10-4)。

(二)功能

真核细胞中,核与胞质间选择性的双向物质运输通过核孔进行。在功能上,核孔可看作是特殊的穿膜运输蛋白复合体,构成核与胞质间双向运输的亲水性通道,其运输方式可分为被动扩散与主动运输两种。

1. 被动扩散　静止状态下,核孔中央有直径9nm、长15nm的圆筒形亲水通道,水分子和K^+、Ca^{2+}、Mg^{2+}、Cl^-等离子以及分子量小于5 kD的小分子,如单糖、双糖氨基酸、核苷和核苷酸等以被动扩散方式通过;分子量较大的物质,需经耗能的主动运输过程通过。

2. 主动运输　核孔上存在受体蛋白,核孔的主动运输具有双向性和高度特异性,既能把复制、转录、

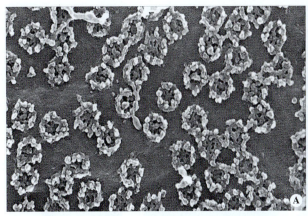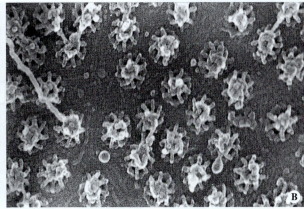

图 10-4 核孔电镜图
A. 胞质面；B. 核质面

染色体构建和核糖体前体组装等所需要 DNA 聚合酶、RNA 聚合酶、组蛋白、核糖体蛋白等亲核蛋白运输到核内，同时又能将翻译所需的 RNA、组装好的核糖体亚基从核内运送到细胞质。

（1）亲核蛋白的核输入：从核内提取的蛋白质注射到细胞质，即使其分子量很大，仍可通过核膜重新聚集在核内。这类在细胞质内合成，通过核孔输送到细胞核内发挥作用的蛋白质称为亲核蛋白（karyophilic protein）。细胞核内能够与 H2A、H2B 结合，协助核小体组装的核质蛋白（nucleoplasmin）就是一种亲核蛋白，可被蛋白水解酶切成头、尾两部分。将核质蛋白头段、尾段及完整核质蛋白分别用放射性元素标记，然后注射到爪蟾卵母细胞的胞质中；结果发现，完整核质蛋白和核质蛋白尾段均可在核内出现，而核质蛋白头段仍留在胞质中。另外，用核质蛋白尾段包裹直径为 20nm 的胶体金颗粒，虽然直径已大大超过核孔允许物质被动扩散的有效直径（9nm），但电镜下却可看到胶体金颗粒通过核孔进入核内（图 10-5）。

以上实验结果表明，核孔中央亲水性通道的大小是可调的，蛋白质的核输入具有选择性，核质蛋白的尾部一定含有特殊的信号序列。正是这些信号序列的"定向"和"定位"作用，使核质蛋白通过核孔输入核内。这一特殊信号序列称为核输入信号（nuclear import signal），又称核定位信号（nuclear localization signal，NLS）。具有核输入信号的亲核蛋白才具备进入核的条件。核输入信号首先在 SV40 病毒的 T 抗原中发现，此后，又采用 DNA 重组技术陆续鉴定出几种其他亲核蛋白的核输入信号。

细胞质中不同亲核蛋白结构不同，在亲核蛋白上核输入信号位置也不同，但亲核蛋白均含有 Pro-Lys-Lys-Lys-Arg-Lys-Val 7 个氨基酸残基组成的保守序列；该序列指导亲核蛋白从胞质经核孔输入到核内，起分拣信号的作用。与指导蛋白质穿膜运输的信号肽不同，核输入信号在指导亲核蛋白完成核输入后不

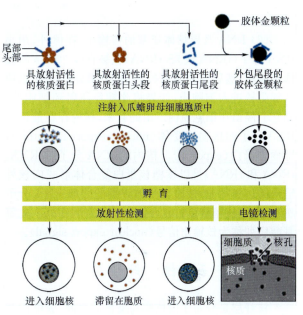

图 10-5 爪蟾卵母细胞核质蛋白注射实验

被切除，这有利于细胞分裂完成后，亲核蛋白能够重新输入细胞核。

研究表明，仅含有核输入信号的蛋白质不能通过核孔，必须和称作输入蛋白（importin）的受体结合才能通过核孔（图 10-6）。目前比较确定的受体有核输入受体 α、核输入受体 β 和 Ran（一种 GTP 结合蛋白）等。亲核蛋白核输入的过程如下：①亲核蛋白通过核输入信号识别胞质中核输入受体 α，与核输入受体 α/β 异二聚体结合形成转运复合物；②在核输入受体 β 介导下，转运复合物与核孔的胞质纤维结合；③转运复合物在核孔中移动，从胞质面移到核质面；④转运复合物在核质面与 Ran-GTP 结合，导致复合物解离，亲核蛋白释放；⑤受体的亚基与结合的 Ran 返回细胞质，在胞质内 Ran-GTP 水解形成 Ran-GDP，并与核输入受体 β 解离，Ran-GDP 返回核内，再转换成 Ran-GTP 状态。

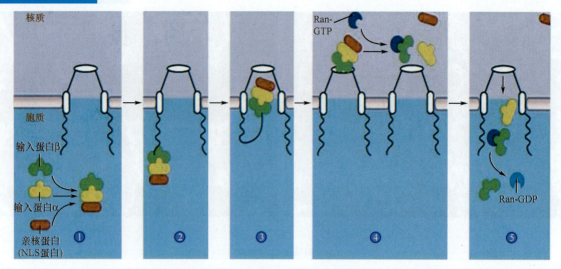

图 10-6　亲核蛋白经核孔运输

（2）RNA 及核糖体亚基的核输出：在体外，用小 RNA 分子（tRNA 或 5S rRNA）包裹直径 20 nm 的胶体金颗粒，然后注射到蛙卵核内，结果发现它们迅速从细胞核进入细胞质；如果将此颗粒注射到细胞质，则它们停留在细胞质内。由此看来，核内存在能识别 RNA 分子的核输出受体（nuclear export receptor），即输出蛋白（exportin）。核内的 RNA 分子（mRNA、tRNA 和 rRNA）是以核糖核蛋白复合体形式向核外输出的。实际上，核输出受体识别的并非 RNA 分子本身，而是核糖核蛋白复合体上的氨基酸序列。此氨基酸序列称为核输出信号（nuclear export signal）。

五、核　纤　层

核纤层是分布于内核膜与染色质之间，紧贴内核膜，由中间丝相互交织形成的一层高密度蛋白网络结构（图 10-2）。严格来讲，核纤层不属于核膜，因其结构和功能与核膜关系密切，故在此一并介绍。核纤层厚度大多为 10～20 nm，但有的细胞，其厚度可达 30～100 nm。核纤层的成分是核纤层蛋白（lamin），哺乳动物细胞的核纤层蛋白有 lamin A、lamin B_1、lamin B_2 和 lamin C 等 4 种，属中间丝蛋白超家族成员。组装好的核纤层直径约为 10 nm，具有较强的刚性。

核纤层是一种高度动态的结构。在间期细胞中，核纤层起维持间期核形态的作用。刚性较强的核纤层蛋白外与内核膜上的镶嵌蛋白相连，内与核骨架相连，共同构成弹性的网架结构，维持细胞核的形态。另外，核纤层蛋白还与染色质的特异部位结合，为其提供附着点。

在细胞分裂期，随细胞周期的进程，核纤层发生去组装和重新组装的周期性变化（图 10-7）。核纤层

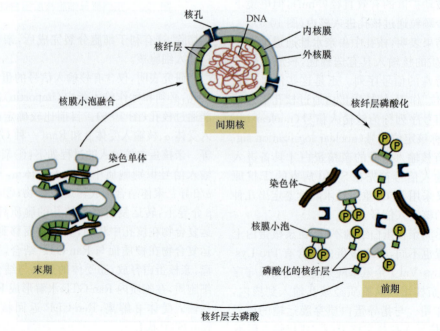

图 10-7　核纤层的周期性变化

的这种周期性变化与核膜重建、染色质凝集等活动密切相关。分裂前期，核纤层蛋白磷酸化、解聚，lamin A和 lamin C 分散到胞质中，lamin B 则与核膜小泡结合，核膜小泡是分裂末期核膜重建的基础。电镜下可见到分裂末期去磷酸化的核纤层蛋白在核周围聚合，核膜再次形成。分裂前期核纤层蛋白的解聚还使染色质与核纤层蛋白的连接丧失，染色质逐渐凝集成染色体，这说明核纤层蛋白对染色质的凝集具有调节作用。应用免疫学方法，选择性除去 lamin A、lamin C 和 lamin B，可广泛抑制核膜和核孔围绕染色质的核组装过程，这说明核纤层对间期核的组装具有决定性作用。

第二节　染色质与染色体

染色质(chromatin)是间期细胞核内能被碱性染料着色的物质，是呈伸展、分散的细丝网状的 DNA 蛋白质纤维，是间期细胞中遗传物质的存在形式。染色体(chromosome)是间期染色质高度凝集、紧密盘绕折叠形成的，在有丝分裂中期光镜下呈现的棒状或杆状结构。因此，染色质和染色体实质上是同一物质在细胞周期的不同阶段，执行不同生理功能时呈现的两种不同形态。随着细胞从有丝分裂中期进入分裂末期，染色体又解螺旋为细丝网状的染色质。

染色质与染色体二者之间的区别并不在于化学组成上的差异，而在于构象的不同。在真核细胞的细胞周期中，间期的时间远长于分裂期，因此，核遗传物质大部分时间以染色质形式存在。

一、染色质的化学组成

染色质的主要成分是 DNA 和组蛋白，二者的比例接近 1:1，含量较为稳定，占染色质总量的 98% 以上。此外，染色质中还有非组蛋白及少量 RNA，其含量随细胞生理状态不同而变化。

（一）DNA

DNA 是染色质的最重要成分，含量恒定。同种生物的不同细胞，DNA 含量一致；而不同生物，细胞内 DNA 含量存在差异。DNA 含量的多少并不意味着生物

遗传复杂性的高低，在某些结构、功能很相似，甚至亲缘关系十分接近的物种之间，DNA 含量可相差数十倍，乃至上百倍。

人的体细胞核内含有 46 个 DNA 分子，总长度约为 6.4×10^9 bp。在细胞周期的间期，46 个 DNA 分子复制，形成 46 对两两相同的 DNA 分子，每条中期染色体上有一对相同的 DNA 分子，即每条染色单体上含 1 个 DNA 分子。

1. DNA 序列类型　遗传信息蕴藏在 DNA 分子的核苷酸序列中，根据基因组 DNA 的核苷酸序列组成差异，将真核细胞 DNA 序列分为 3 类：①单一序列 (unique sequence) 又称单拷贝序列 (single-copy sequence)，其序列在基因组中只含有 1 个。真核生物绝大多数编码蛋白质(酶)的结构基因均属于单一序列。②中度重复序列 (middle repetitive sequence)，其重复次数在 $10 \sim 10^5$ 之间，序列长度从几百到几千碱基对(bp)不等。中度重复序列多数是不编码序列，构成基因内和基因间的间隔序列，参与基因调控；少数是有编码功能的基因，如 rRNA 基因、tRNA 基因、组蛋白基因等。③高度重复序列 (highly repetitive sequence)，其重复次数超过 10^5，分布在染色体的着丝粒区和端粒区，长度为 $2 \sim 300$ bp。高度重复序列不转录，功能有待进一步研究。

2. DNA 稳定遗传的功能序列　通过细胞分裂，遗传物质 DNA 从亲代细胞稳定遗传给子代细胞；细胞分裂前的 DNA 准确复制依赖于每个染色质 DNA 分子上特殊的功能序列，这些特殊的功能序列包括自主复制序列 (autonomously replication sequence, ARS)、着丝粒 DNA 序列 (centromere DNA sequence) 和端粒 DNA 序列 (telomere DNA sequence)(图 10-8)。①自主复制序列又称为复制源序列，是 DNA 复制的起始点。真核细胞中，多个复制源序列可被成串激活，DNA 双链在复制起点处解旋并打开，使整条 DNA 分子在不同区域同时进行复制，直至整个染色体 DNA 分子复制完成。②着丝粒 DNA 序列位于复制完成的两条姐妹染色单体的连接处，其功能是形成着丝粒。有丝分裂时，两条姐妹染色单体从着丝粒处分离，遗传物质均等进入到两个子细胞中，维持了遗传

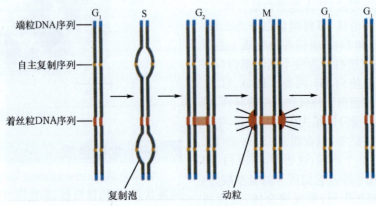

图 10-8　DNA 稳定遗传的功能序列

的稳定性。③端粒DNA序列位于染色体两端,在维持DNA分子末端复制的完整性及染色体独立性和稳定性方面有重要作用。

(二) 组蛋白

组蛋白(histone)是构成染色质特有的蛋白质,富含带正电荷的精氨酸和赖氨酸等碱性氨基酸,属碱性蛋白质,可以和DNA紧密结合,保证DNA结构的稳定性。组蛋白与DNA结合可抑制DNA的复制与转录;组蛋白乙酰化、磷酸化等化学修饰可改变组蛋白的电荷性质,使组蛋白与DNA结合力减弱,有利于复制和转录;甲基化则可增强组蛋白和DNA的相互作用,抑制DNA的复制和转录。在细胞周期的DNA合成期,组蛋白与DNA同步合成,合成后迅速转移到核内,与DNA紧密结合形成DNA-组蛋白复合体。

经聚丙烯酰胺凝胶电泳,可将组蛋白分为5种,即H1、H2A、H2B、H3和H4。根据在染色质上的分布及功能的差异,5种组蛋白分为核小体组蛋白(nucleosomal histone)与组蛋白H1两类。H2A、H2B、H3和H4 4种核小体组蛋白无种属和组织特异性,进化上高度保守,其中H3和H4最为保守。例如,牛和豌豆进化上的分歧有3亿年,但在组蛋白H4的102个氨基酸残基中,仅有2个不同;这表明,组蛋白H3和组蛋白H4的功能几乎涉及它们所有的氨基酸。4种核小体组蛋白间相互作用,形成聚合体,进而将DNA卷曲形成核小体。组蛋白H1分子量较大,由

215个氨基酸残基组成,进化上不如核小体组蛋白保守,有一定的种属和组织特异性。在哺乳动物中,组蛋白H1有不同的亚型,某些种属甚至没有组蛋白H1。组蛋白H1在构成核小体时起连接作用,与染色体高级结构的构建有关。

(三) 非组蛋白

除组蛋白外,与染色质DNA结合的蛋白质统称为非组蛋白(nonhistone protein,NHP)。非组蛋白属酸性蛋白质,含量比组蛋白少得多,但种类却多达500多种,整个细胞周期都能合成。与组蛋白不同,非组蛋白有种属和组织特异性,只与DNA上特异的核苷酸序列结合。

非组蛋白的主要功能包括:帮助DNA分子折叠,构建染色体的高级结构;以复合物的形式与DNA结合,启动并推进DNA的复制;解除组蛋白对DNA的抑制作用,控制基因的转录等。

(四) RNA

染色质中RNA含量很少,这些RNA是染色质的正常组分,还是转录的各种RNA的混杂,尚无定论。

二、染色质的类型

按形态特征、染色性能的差异,核染色质分为常染色质与异染色质;按功能状态,分为活性染色质和非活性染色质(图10-9)。

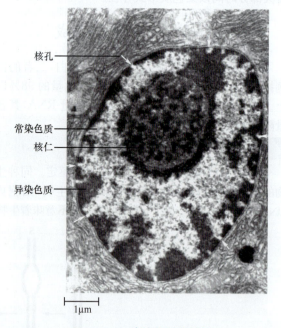

核孔

常染色质

核仁

异染色质

1μm

图 10-9　细胞核的超微结构

(一) 常染色质

常染色质(euchromatin)是指间期细胞核中处于伸展状态,结构较松散、染色质纤维折叠压缩程度低,着色浅的染色质。构成常染色质的DNA主要是单一

序列和少数中度重复序列(如组蛋白基因、tRNA 基因),这些 DNA 序列通常具有转录活性。大部分常染色质位于核的中部,少数位于核的周边。例如,浆细胞核周边的常染色质和异染色质相间排列,形成车轮状。部分常染色质以襻环形式伸入核仁内称为核仁染色质。并非常染色质的所有基因都具有转录活性,处于常染色质状态只是其基因转录的必要条件,而不是充分条件。在分裂期中期染色体上,常染色质位于除次缢痕、随体和端粒外的染色体臂上。

(二)异染色质

异染色质(heterochromatin)是指间期细胞核中,染色质纤维折叠压缩程度高,处于凝集状态,着色深的染色质。异染色质的 DNA 序列通常与组蛋白紧密结合,无转录活性或转录活性低。异染色质大多呈粗大颗粒或块状分位于核的周边或围绕在核仁周围。在分化程度高的细胞,异染色质含量多,如精子细胞异染色质含量可占染色质总量的 90% 以上。异染色质又分为组成性异染色质和兼性异染色质。

1. 组成性异染色质　组成性异染色质(constitutive heterochromatin)是指在所有类型的细胞,除 DNA 合成期外的全部发育阶段都处于聚缩状态的染色质,是异染色质的主要类型。其 DNA 序列相对简单、高度重复,无转录活性,如卫星 DNA(satellite DNA)。中期染色体上,组成性异染色质定位于着丝粒区、端粒、次缢痕及染色体臂的某些节段;在细胞周期 DNA 复制期间,异染色质 DNA 表现为晚复制。

2. 兼性异染色质　兼性异染色质(facultative heterochromatin)是指在某些类型的细胞或在特定的发育阶段,原来的常染色质丧失基因转录活性、凝缩形成的异染色质。兼性异染色质在胚胎细胞中含量很少,而高度特化的细胞中含量很多,说明随着细胞的分化,较多的基因渐次以染色质凝聚的方式而关闭,即染色质的紧密折叠压缩可能是基因失活的一种途径。在一定条件下,兼性异染色质可转变为常染色质,从而恢复其基因转录活性。

例如,在胚胎发育早期,雌性哺乳类体细胞内两条 X 染色体在间期均有活性,表现为常染色质;但在胚胎发育第 16~18 天,二者之一随机失活,凝集为异染色质,表现为光镜下可见的核膜内缘深染斑块,称为 X 小体(X body)或巴氏小体(Barr body);在其后的细胞分裂形成的细胞群中,失活的 X 染色体一直保持失活状态;此胚胎发育形成的个体,在性成熟期,通过减数分裂生成生殖细胞时,生殖细胞内失活的 X 染色体可恢复转录其活性,由异染色质变为常染色质。

(三)活性染色质和非活性染色质

根据染色质上基因的转录活性,可将染色质分为活性染色质(active chromatin)和非活性染色质(inactive chromatin)。对绝大多数细胞而言,在特定阶段具有转录活性的基因只占基因总数的 10% 以下,这不足 10% 具有转录活性的基因所在的常染色质称为活性染色质;90% 以上的基因没有转录活性,其中大部分(80%~90%)所在的染色质仍然是常染色质,只有约 10%~20% 的不转录基因被包装成高度聚缩的异染色质,这些 90% 以上没有转录活性的基因所在的染色质称为非活性染色质,既包括异染色质,也包括大部分常染色质。

三、染色质的结构与组装

人的体细胞核内 46 个 DNA 分子总长度约为 6.4×10^9 bp,约为 174 cm,这样长的 DNA 分子在核内必定经历了高度有序的折叠、包装,这种包装对于基因准确高效复制和表达非常重要。1974 年,Kornberg 等对染色质进行酶切降解研究和电镜观察后,人们对染色质的结构有了进一步的认识。现已知道核小体(nucleosome)是染色质的基本结构单位,许多核小体构成的串珠状纤维经过折叠、压缩,最终包装成染色体。

(一)核小体

每个核小体包括 200 bp 左右的 DNA,组蛋白 H2A、H2B、H3 和 H4 各 2 分子构成的组蛋白八聚体(histone octamer)和 1 分子组蛋白 H1。核小体的结构包括核心颗粒和连接部两部分。146bp 的 DNA 在组蛋白八聚体表面缠绕 1.75 圈,构成核心颗粒;组蛋白 H_1 与长约 60bp 的 DNA 结合,构成连接部。组蛋白 H1 锁住核心颗粒的 DNA 进出口,起稳定核心颗粒的作用。连接 DNA 的长度变异较大,为 0~80bp,随生物种属不同而不同(图 10-10)。200bp 的核小体的 DNA 长度约为 70nm(0.34nm×200),核小体核心颗粒直径为 10nm,这说明 DNA 包装成核小体,长度压缩了 7 倍。

核小体是染色质的基本结构单位,每条染色质纤维所含 DNA 分子的长度不等,因此,每条染色质纤维的核小体的数目也不等。染色质纤维上的许多核小体依次排列,便形成直径 10 nm 的串珠状纤维,此串珠状纤维是染色体的一级结构。

(二)螺线管

在活细胞中,染色质很少以伸展的串珠形式存在。当细胞核经温和处理后,在电镜下往往会看到直径为 30 nm 的染色质纤维(chromatin fiber)。这种纤维实际是直径 10 nm 的核小体串珠纤维螺旋、盘绕形成的中空螺线管(solenoid)。连接 DNA 上的组蛋白 H1 位于中空螺线管内壁,是螺线管形成和稳定的关键因素。

螺线管外径 30nm,内径 10nm,螺距 11nm,每周螺旋含 6 个核小体。因此,在螺线管形成过程中,DNA 分子被压缩了 6 倍。螺线管也称为 30nm 染色质纤维,是染色体的二级结构(图 10-11)。

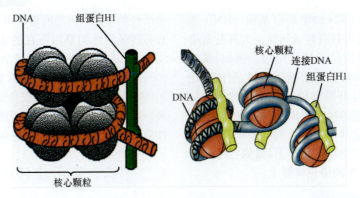

图 10-10　核小体结构模型

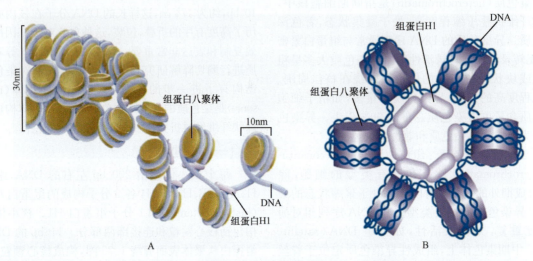

图 10-11　螺线管模型
A. 侧面观；B. 顶面观

（三）染色质的高级结构

从直径 30 nm 的螺线管如何进一步包装成染色体的过程尚不完全清楚。在已提出的多种假说中，以多级螺旋模型和染色体支架-放射环模型的实验证据较多，得到较为广泛的认可。

1. 多级螺旋模型　多级螺旋模型（multiple coiling model）认为，在染色质高级结构形成过程中，30nm 螺线管再螺旋化，形成 $0.2\sim0.4\mu m$ 的圆筒状超螺线管（super solenoid）。Bak 等（1977）从人胎儿离体培养的成纤维细胞中分离出染色体，经温和处理后，在电镜下看到了直径 $0.4\mu m$，长 $11\sim60$ nm 的染色线；进一步观察表明，染色线就是螺线管螺旋化形成的直径 $0.4\mu m$ 的圆筒状超螺线管。从螺线管到超螺线管，DNA 分子的长度被压缩了 40 倍。超螺线管被认为是染色体的三级结构。超螺线管再进一步螺旋、折叠，形成直径 $1\sim2\mu m$、长 $2\sim10\mu m$ 的染色单体（chromatid）。从超螺线管到染色单体，DNA 分子的长度又被压缩了 5 倍。染色单体被认为是染色体的四级结构。

在染色质组装成染色单体过程中，DNA 分子经过核小体、螺线管、超螺线管到染色单体的 4 级连续螺旋、折叠，DNA 分子的长度被压缩了约 8400 倍（图 10-12）。

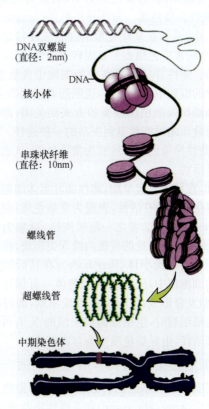

图 10-12　染色体多级螺旋模型

2. 染色体支架-放射环模型 染色体支架-放射环模型(scaffold-radial loop structure model)最早是 Laemmli 等(1977)根据大量的实验结果提出的。他们用 2 mol/L NaCl 加肝素处理 HeLa 细胞的中期染色体,除去组蛋白和大部分非组蛋白后,在电镜下染色体铺展标本上看到了非组蛋白密集的纤维网构成的染色体支架(chromosome scaffold)。两条染色单体的染色体骨架在着丝粒区相连,呈现出中期染色体的形态框架;从骨架的一点伸展出许多直径 30nm 染色质纤维构成的环。

该模型认为:染色单体的核心是非组蛋白形成的纤维网—染色体支架,直径 30nm 螺线管的一端与支架的一端点结合,另一端沿支架纵轴向周围呈环状迂回,即折叠成放射环(或称祥环),最后回到支架的另一端点,并与支架结合;每个放射环长约 21μm,含 315 个核小体;在染色单体的横断面上,每 18 个放射环放射状排列构成微带(图 10-14)。微带是染色体的三级结构。约 10^6 个微带沿纵轴构筑成染色单体,染色单体是染色体的四级结构。

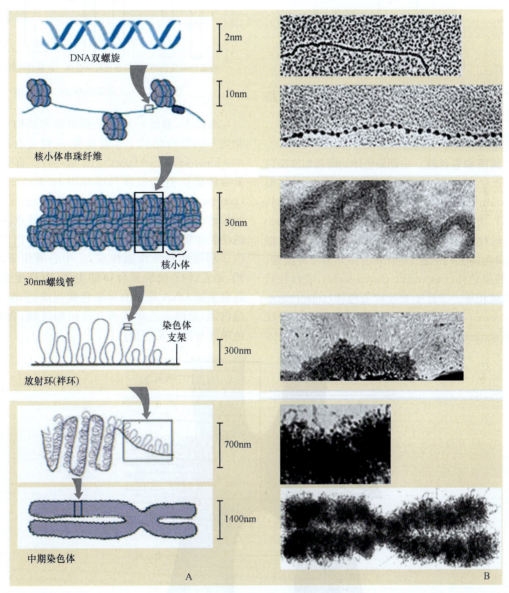

DNA双螺旋 2nm

核小体串珠纤维 10nm

30nm螺线管 核小体 30nm

放射环(祥环) 染色体支架 300nm

700nm

中期染色体 1400nm

A. 模式图；B. 电镜图

图 10-13 染色体支架-放射环模型
A. 模式图；B. 电镜图

四、染 色 体

对于将要进入分裂期的间期细胞而言,细胞核内的每个 DNA 分子都要进行复制,同时组蛋白等也加倍合成,结果,1 条染色质纤维复制形成了 2 条染色质纤维;进入分裂期,此 2 条染色质纤维凝缩为着丝粒区相连的两条姐妹染色单体(sister chromatid)构成的染色体。每条染色单体的 DNA 分子都含有 1 条旧链和 1 条新链。在有丝分裂前期,染色体细而长,不便于观察。到有丝分裂中期,染色体达到最大程度的凝集,染色体粗而短,呈棒状形,态结构特征明显,便于

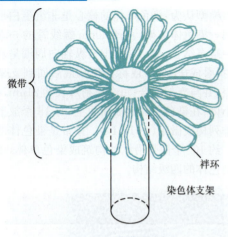

图 10-14 微带模式图

观察研究。如果不特别注明,通常所说的染色体均指中期染色体。

(一)形态结构

1. 主缢痕和着丝粒 中期染色体的两条姐妹染色单体相连处变细,光镜下着色相对较浅,称为主缢痕(primary constriction),此部位是姐妹染色单体分离时,纺锤体微管(纺锤丝)附着处,故通常称为着丝粒(centromere)。着丝粒将染色体区分为短臂(p)和长臂(q),依据着丝粒在染色体上的位置不同,染色体分为 4 种类型:①中着丝粒染色体(metacentric chromosome),着丝粒居中,两臂大致相等。②近中着丝粒染色体(submetacentric chromosome),着丝粒偏离中部(q>p)。③近端着丝粒染色体(acrocentric chromosome),着丝粒靠近染色体

的短臂端,两臂长度差距显著。④端着丝粒染色体(telocentric chromosome),着丝粒位于染色体的端部,仅有长臂。人类染色体仅有前 3 种类型(图 10-15)。

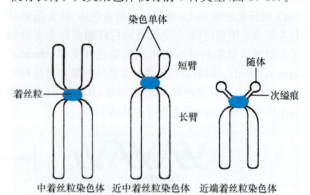

图 10-15 人类染色体的 3 种类型

电镜下,着丝粒处可见到组成和结构高度有序、非均一的复合结构——着丝粒-动粒复合体(centromer-kinetochore complex)(图 10-16)。自外向内,该复合体依次有动粒域(kinetochore domain)、中心域(central domain)和配对域(pairing domain)。①动粒域简称动粒(kinetochore),又称为着丝点,是纺锤体的动粒微管连接的位点,主要成分是蛋白质由外、中内 3 层结构和纤维冠构成;②中心域位于动粒的内侧,是着丝粒-动粒复合体的主体,由高度浓缩、富含高度重复 DNA 序列的异染色质构成;③配对域位于最内侧,是两染色单体相互连接的区域,含有姐妹染色单体分离有关的蛋白质。

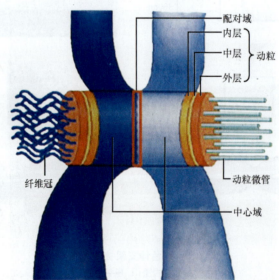

图 10-16 着丝粒-动粒复合体(染色体局部)

2. 次缢痕、随体及核仁组织区 ①次缢痕(secondary constriction)是主缢痕外某些染色体臂上狭窄的浅染部位,其在染色体上的数目、位置及大小通常恒定,可作为染色体的鉴别标志。人类近端着丝粒染色体(13~15 号,21 和 22 号)的短臂,1 号、9 号和 16

号染色体的长臂上均存在次缢痕。②随体(satellite)是人类近端着丝粒染色体(Y 染色体除外)短臂末端与次缢痕相连的球形或圆柱形节段,主要由异染色质组成。因此,这些染色体也称为随体染色体(satellite chromosome)。与次缢痕一样,随体也是识别染色体

的重要标志。③人类随体染色体次缢痕区含有多拷贝的 45S rRNA 基因（rDNA），45SrRNA 基因转录出的 rRNA 参与间期核仁的形成。因此，随体染色体也称为核仁组织染色体（nucleolar- organizing chromosome），核仁组织染色体次缢痕区的染色质称为核仁组织区（nucleolus organizer region，NOR）。

3. 端粒 染色体两臂末端称为端粒（telomere），是端粒 DNA 和端粒结构蛋白组成的染色体端部特化结构。端粒结构蛋白为非组蛋白，保护端粒免受酶的降解。缺失端粒的染色体，易造成染色体末端融合、缺失或重组等。因此，端粒在维持染色体的稳定性和完整性方面起重要作用。人类端粒 DNA 含有（TTAGGG）$_n$ 重复序列，在细胞周期中，随着 DNA 的复制，细胞每分裂一次，端粒 DNA 序列丢失 50～100bp。因此，端粒的长短与细胞周期的次数相关；端粒缩短到一定程度时，细胞启动凋亡程序，预示着细胞衰老。

> **视窗 10-3**
>
> **端 粒 酶**
>
> 端粒酶（telomerase）是一种核糖核蛋白酶，由与端粒 DNA 互补的 RNA 和具有逆转录酶活性的蛋白质组成。端粒酶能以自身 RNA 为模板合成端粒 DNA 序列，以补充丢失的端粒 DNA 序列，使端粒的长度得以维持。人类体细胞端粒酶基因处于完全关闭状态，无端粒酶活性；随着细胞分裂次数的增多，端粒逐渐缩短，细胞趋向衰老。生殖细胞和快速分裂的体细胞（如干细胞）

> 中端粒酶活性高，故其端粒结构相当稳定，不会因年龄增长而缩短。
>
> 大多数肿瘤细胞具有端粒酶活性，具有无限增殖的特性。例如，1950 年，采自子宫颈癌的 Hela 细胞，至今仍在分裂增殖，这表明端粒酶表达对肿瘤细胞的永生性是必需的。目前，人们正尝试研制端粒酶特异性抑制剂治疗恶性肿瘤。

（二）核型

核型（karyotype）又称为染色体组型，是有丝分裂中期，1 个体细胞的全套染色体，按大小、形态成对排列成的系列。核型是体细胞染色体数目、大小及着丝粒、次缢痕、随体等形态特征的总合。借助显微摄影技术，在对特定个体体细胞染色体测量、计算基础上，进行分组、排序、配对并进行形态分析的过程，称为核型分析（karyotype analysis）。

1. 非显带核型 人类染色体标本未经特殊处理，只用常规方法染色获得的核型称为非显带核型。除着丝粒和次缢痕区域浅染外，非显带核型染色体其他部位均匀着色。正常人体细胞有 46 条染色体分为 7 个组；其中，第 1～22 号，共 22 对、44 条，为男女共有，称为常染色体（autochromosome）；另一对为性染色体（sex chromosome），男性为 X 和 Y 染色体，女性为 2 条 X 染色体。非显带核型记录格式为：染色体总数，性染色体组成。正常男性和正常女性的非显带核型分别表示为 46，XY 和 46，XX（图 10-17）。人类各组染色体基本特征见表 10-1。

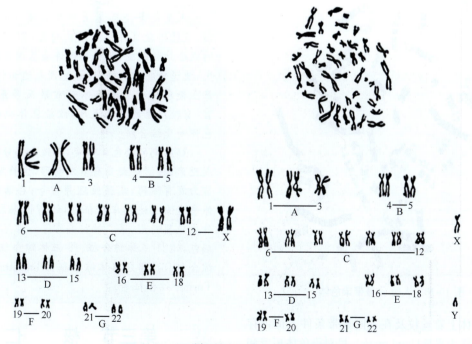

图 10-17 正常男性和正常女性的非显带核型

表 10-1　人类各组染色体基本特征

组别	染色体编号	大小	着丝粒类型	次缢痕	随体
A组	1～3	最大	中着丝粒(1,3)	1号常见	无
			近中着丝粒(2)		
B组	4～5	次大	近中着丝粒		无
C组	6～12,X	中等	近中着丝粒	9号常见	无
D组	13～15	中等	近端着丝粒		有
E组	16～18	小	中着丝粒(16)	16号常见	无
			近中着丝粒(17,18)		无
F组	19～20	次小	中着丝粒		无
G组	21～22	最小	近端着丝粒		21、22有
	Y				无

2. 显带核型　非显带核型只能计数染色体的数目、观察染色体的外形，难以区分每一号染色体及染色体的结构畸变。20 世纪 70 年代后期兴起的染色体显带技术，应用荧光物质或其他化学物质处理染色体并染色，可使染色体长轴上显示出明暗、深浅相间，宽窄不同的带纹。不同染色体含有不同 DNA 序列，故显带处理可使每条染色体显示出独特而恒定的带纹。根据独特、恒定的带纹可鉴别每一号染色体，甚至染色体的细微结构畸变。经显带技术显示的核型称为显带核型。不同的显带技术显示的带纹不同，如 G 带、Q 带、C 带和 R 带等，其中 G 显带方法简便、带纹清晰，染色体标本可长期保存(图 10-18)。因此，G 显带方法应用最普遍。

图 10-18　人类 G 显带染色体

以染色体上着丝粒及在不同显带条件下恒定存在的某些带作为界标(land mark)，可对染色体短臂和长臂进行分区；每一区含有若干条带，区和带都是自

着丝粒侧向臂的远端依次编号。例如，2q22 表示 2 号染色体长臂 2 区 2 带(图 10-19)。显带技术的进步使原先观察到的 1 条带再分为若干条更细微的亚带；可观察到亚带的染色体称为高分辨染色体。例如，利用高分辨显带技术，1q42 可进一步分为 3 条带，自着丝粒侧依次命名为 1q42.1、1q42.2、1q42.3。

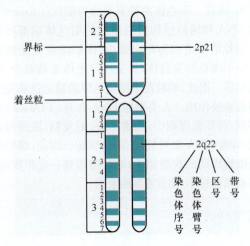

图 10-19　显带染色体的命名

不同物种的染色体形态、大小及数目不同，同种生物染色体的形态、大小及数目则相对稳定，这对维持物种的遗传稳定性有重要意义。任何个体的染色体结构或数目的改变都将影响个体的遗传稳定性，对机体造成严重影响，产生染色体病(chromosome disorder)。

视窗 10-4

染色体病

　　人类每条染色体上平均带有 1000 多个基因，染色体数目异常或结构畸变，即使是染色体的微小结构改变，都将导致许多基因的增加或丢失，使遗传物质失衡，造成基因表达和代谢紊乱，产生染色体病。染色体病常累及多系统、多器官，有较严重的临床表现，故染色体病也称为染色体畸变综合征。

　　胚胎期的染色体畸变，可致大部分胚胎流产或死产；存活者大多有多发畸形，生长发育迟缓，智力发育障碍，皮肤纹理异常等；存活的性染色体患者除上述临床特征外，还有性腺发育异常，外生殖器畸形，第二性征异常等。常见的染色体病包括：21-三体综合征、18-三体综合征、13-三体综合征、5p 部分单体综合征、Klineflter 综合征、Turner 综合征等。

第三节　核　仁

核仁(nucleolus)是真核细胞间期核中最明显

的结构,在普通光镜下的染色细胞和相差显微镜下的活细胞中都容易看到,通常表现为单一或多个均质且无包膜的海绵状球形小体。核仁的大小,形状和数目随生物的种类、细胞类型和细胞代谢状态而变化。蛋白质合成旺盛、生长活跃的细胞,如分泌细胞、卵母细胞及恶性肿瘤细胞的核仁大,可占核体积的25%;蛋白质合成不活跃的细胞,如肌肉细胞、淋巴细胞和精子,其核仁很小,甚至没有核仁。

核仁多为圆球形,数目1~2个,也有3~5个,甚至更多的。核仁的位置不固定,生长旺盛的细胞,核仁常位于细胞核的边缘,这有利于核仁将合成物向核质输送。核仁又是一个高度动态的结构,在细胞周期过程中,核仁周期性消失与重建。

一、化 学 成 分

核仁的主要成分为蛋白质,约占核仁干重的80%,包括核糖体蛋白、核仁染色质的组蛋白和非组蛋白以及多种酶类。核仁中RNA的含量约占10%,DNA含量约占8%,另外,核仁中还存在微量脂类。

二、超 微 结 构

电镜下,核仁是裸露无膜的纤维丝网状结构,由3个不完全分隔的特征性区域组成,即纤维中心(fibrillar center,FC)、致密纤维组分(dense fibrillar component)和颗粒组分(granular component)(图10-20)。

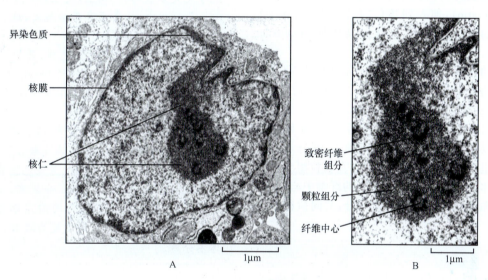

图10-20 核仁的超微结构
A. 细胞核;B. 核仁(A图的局部放大)

(一) 纤维中心

电镜下,纤维中心(FC)表现为低电子密度的斑状浅染区,在颗粒组分中被致密纤维组分包围成近似圆形的小岛。FC是rRNA基因—rDNA的存在部位,在间期,核仁组织染色体次缢痕处NOR伸入核仁内形成的DNA袢环(loop)。袢环上rRNA基因成串排列,高效转录出大量rRNA,组织成核仁。每个rDNA袢环称为1个核仁组织者(nucleolar organizer)。人类体细胞rRNA基因分布在13、14、15、21和22号5对核仁组织染色体的次缢痕部位;理论上,1个正常二倍体细胞完成DNA复制的间期核内,应有20个rDNA袢环,即20个核仁组织者或20个NOR;细胞分裂完成后的子细胞内应有10个rDNA袢环,应形成10个核仁,但实际上,核仁形成过程中,往往相互融合,形成1个较大的核仁(图10-21)。

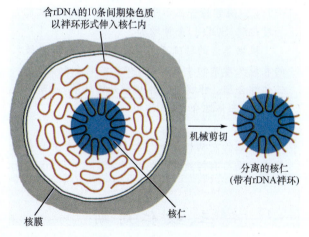

图10-21 核仁示意图

(二) 致密纤维组分

致密纤维组分由原纤维丝构成,是核仁超微结构中电子密度最高的区域,呈环形或半月形包围浅染区的纤维中心。致密纤维组分含正在转录的 rRNA、核糖体蛋白、RNA 结合蛋白及核仁素等。

（三）颗粒组分

颗粒组分位于核仁的外周,为处于不同加工成熟阶段的核糖体亚基前体颗粒,比胞质中的核糖体略小。在代谢活跃细胞的核仁中,颗粒组分是核仁的主要结构。核仁大小主要是颗粒组分数量决定的。

此外,核仁含有的无定形蛋白质性液体物质称为核仁基质(nucleolar matrix)或称核仁骨架,纤维中心、致密纤维组分、颗粒组分都湮没在核仁基质中。核仁基质与核基质相通,故认为二者是同一类物质。

核仁还含有少量染色质,其中,包围在核仁周围的异染色质称为核仁结合染色质(nucleolar asso-ciated chromatin),伸入到核仁内纤维中心、含 rD-NA 祥环的常染色质称为核仁染色质(nucleolar chromatin)。

核仁的结构与其 rRNA 转录与加工、核糖体亚基组装的功能密切相关:纤维中心是 rDNA 的存在部位,rRNA 的转录发生在纤维中心与致密纤维组分交界处,因此,rRNA 前体转录后,首先在致密纤维组分处以核糖核蛋白方式进行加工,部分加工过程在颗粒组分处进行;加工完成后,在颗粒组分处组装成核糖体亚基。由此看来,核仁的纤维中心、致密纤维组分和颗粒组分三者密切配合,共同执行核仁的功能。

> **案例 10-1**
>
> 患者,男,15 岁,发育迟缓,颈短,身材矮小;眼小、外眼角上斜,鼻梁扁平,舌外伸、流涎;通贯掌,智力低下。患者出生时,其母年龄为 39 岁。
>
> 辅助检查:染色体核型分析结果为 47,XY,+21,血液学检查显示中性粒细胞增多,过氧化物歧化酶(SOD-1)含量增加。
>
> 根据患者的特殊面容,智力低下、发育迟缓的表现及母亲的生育年龄,初步诊断本病为 21-三体综合征。根据染色体核型分析结果,诊断本病为 21-三体综合征(三体型)。
>
> **思考题:**
>
> 该病的发病机制如何?该病与母亲生育年龄有关吗?有何关系?

三、核仁周期

在细胞周期进程中,核仁形态与结构的周期性变化称为核仁周期(nuclolar cycle)。核仁周期与核仁组织区的活动密切相关。间期细胞核仁明显,rRNA 合成旺盛;细胞进入分裂期前期,染色质浓缩、rDNA 祥环逐渐从核仁缩回,rRNA 合成停止,核仁缩小;中期细胞中无细胞核,也无核仁,NOR 位于次缢痕处;末期,到达两极的染色单体解螺旋,次缢痕处的 NOR 伸展成 rDNA 祥环并合成 rRNA,核仁的纤维组分及颗粒组分形成,组建新的核仁。

> **案例 10-1 分析**
>
> 21-三体综合征分 3 型,其中 21-三体综合征(三体型)最常见,约占全部病例的 95%。该例患者(三体型)染色体总数为 47,21 号染色体有 3 条,这是由于双亲之一生成配子的减数分裂过程中,染色体不分离,形成含有 2 个 21 号染色体的异常配子($n = 24$)所致。研究表明,这种异常配子绝大多数(95% 以上)发生在卵子形成的减数分裂过程中;母亲生育年龄越大,这种异常配子的形成可能性也越大。
>
> 21 号染色体是随体染色体,其次缢痕区含有多拷贝的 45S rRNA 基因(rDNA),转录出的 rRNA 参与间期核仁的形成。母亲年龄越大,其卵母细胞在体内生存的时间越长,受到体内、外各种不利因素影响的机会较多,减数分裂过程中染色体不分离的机会越多。在减数分裂前间期,含 45S rRNA 基因的一对 21 号染色体的染色质可发生 DNA 断裂、重接;进入分裂期,核仁消失时,若核仁染色质不能正常回缩到各自染色体中,染色体间形成粘连,则表现为减数分裂染色体不分离。

四、功　能

除 5S rRNA 在核仁外核质中合成外,真核细胞中另 3 种 rRNA 都在核仁内合成。核仁合成的 rRNA 与来自胞质的核糖体蛋白质在核仁结合成核糖核蛋白(ribonuleoprotein,RNP)复合体;经加工,分别形成核糖体大、小亚基;最后,核糖体大、小亚基经核孔运输到胞质中,结合成核糖体,参与蛋白质的合成。

（一）45S rRNA 的转录

真核生物位于 NOR 的 rRNA 基因是一种串联重复基因(tandemly repeated gene)。人类细胞(单倍体)核基因组中约含 200 个 45S rRNA 基因,成簇地串联排列在 5 条近端着丝粒染色体短臂(13～15 号、21 号和 22 号)的 DNA 祥环上;每个基因拷贝长度约为 13kb,转录产物为 45S rRNA;相邻基因拷贝间的非编码间隔序列长约 30kb,不具有转录功能(图 10-22)。

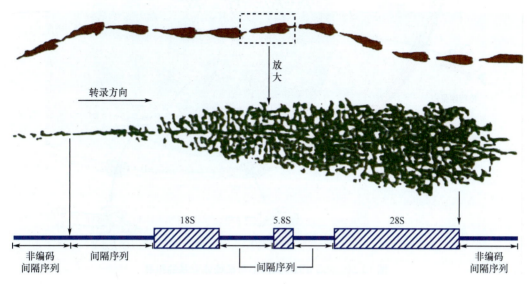

图 10-22　45S rRNA 基因转录示意图

代谢旺盛的细胞,蛋白质合成量大,核糖体数量可达 10^7,与此相适应,rRNA 基因也进行高效转录。电镜下,在铺展的核仁染色质标本中,可间接观察到 rRNA 基因转录过程(图 10-22)。图中 DNA 轴纤维上有一系列重复的箭头状或"圣诞树"样结构单位,每个箭头状结构代表一个 rRNA 基因的转录单位(transcription unit)。箭头的尖端是 rDNA 的 3′ 端,是转录的起点,此处 DNA 轴两侧转录的细丝状 RNA 链较短;在 rDNA 轴与 rRNA 细丝垂直连接处附着的细小颗粒,是促进转录的 RNA 聚合酶 I;随着转录向 5′ 端推进,两侧的 RNA 链细丝逐渐加长;箭头的基部则为转录的终点(图 10-23)。

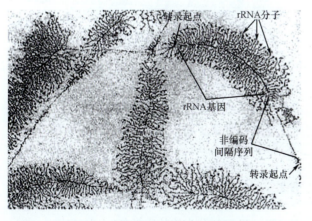

图 10-23　45S rRNA 基因转录电镜图

（二）5S rRNA 的转录

人 5S rRNA 基因长约 120bp,定位于 1 号染色体,与 45S rRNA 基因结构相似,也是串联重复基因。

人类细胞(单倍体)核基因组中约有 2000 个 5S rRNA 基因拷贝,成簇分布在核仁外染色质 DNA 上,重复基因拷贝间也存在不被转录的间隔 DNA 序列。5S rRNA 基因由 RNA 聚合酶 III 在核仁外转录,转录出的 5S rRNA 无需加工,直接运送到核仁中。

（三）45S rRNA 的加工与核糖体亚基的组装

45S rRNA(约 13 kb)以自身剪接的方式进行加工,即 45S rRNA 分子(核酶)有催化活性。经过加工,45S rRNA 最终裂解为 28S rRNA(约 5kb)、18S rRNA(约 2kb)和 5.8S rRNA(0.16kb)。因此,将 45S rRNA 称为这 3 种 rRNA 的前体。

45S rRNA 的加工不是以游离 rRNA 方式进行,而是以核糖核蛋白方式进行的。45S rRNA 从 rDNA 上被转录后,很快与来自胞质的 80 多种核糖体蛋白结合成 80S 核糖核蛋白颗粒。加工过程中,80S 核糖核蛋白颗粒逐渐失去近 6kb 的 RNA 和一些蛋白质后,与来自核质的 5S rRNA 组装成核糖体的 60S 大亚基和 40S 小亚基。60S 大亚基含 28S rRNA、5.8S rRNA、49 种核糖体蛋白,以及来自核仁外的 5S rRNA;40S 小亚基含 18S rRNA、33 种核糖体蛋白(图 10-24)。

组装好的大、小亚基经核孔转运到细胞质中,蛋白质合成时,大、小亚基结合成完整核糖体;这样,避免了核糖体在核内与前信使 RNA(pre-messenger RNA,pre-RNA)结合并在核内翻译,使蛋白质合成只在细胞质中进行。

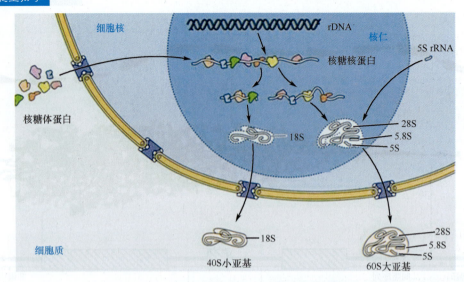

图 10-24　45S rRNA 的加工与核糖体亚基的组装

第四节　核　骨　架

　　核骨架(nuclear skeleton)又称核基质(nuclear matrix)，是真核细胞核内，除去核膜、核纤层、染色质、核仁外，以蛋白纤维为主构成的网架体系。核骨架充满整个核空间，将染色质和核仁网罗其中，并与核纤层和核孔相连接。核骨架基本形态与细胞质骨架相似，功能上也有一定联系，与细胞(质)骨架共同构成细胞骨架系统。

一、形态结构与化学成分

　　细胞核纯化后，经过一系列的抽提过程，将DNA、RNA、组蛋白与脂类等除去，电镜下可见到核骨架呈现复杂而有序的三维网络结构(图 10-25)。核骨架纤维粗细不等，直径 3～30 nm，推测纤维单体的直径为 3 nm，较粗纤维是单体纤维的聚合体，其直径是 3 nm 的倍数。

图 10-25　核骨架

　　核骨架的成分比较复杂，主要成分是非组蛋白性纤维蛋白，其中相当一部分为含硫蛋白质；二硫键对核骨架的完整性极为重要，二硫键的破坏将导致核骨架瓦解。核骨架中尚含少量 RNA，常以核糖核蛋白(RNP)的形式存在；经 RNA 酶(RNase)消化的核骨架，其三维空间结构发生很大变化，说明 RNA 对核骨架空间结构的维持也具有重要作用。

　　核骨架的蛋白质多达 200 多种，相对分子质量为 40 000～60 000，分为核基质蛋白(nuclear matrix protein，NMP)和核基质结合蛋白(nuclear matrix associated protein，NMAP)两大类。核基质蛋白存在于所有类型细胞中，呈纤维颗粒状分布于核骨架的纤维网络上，多数是纤维蛋白和含硫蛋白质。核基质结合蛋白是功能性的，其存在和数量与细胞类型、分化程度、生理及病理状态相关，如与 DNA 和 RNA 代谢密切相关的细胞调控蛋白、同核基质蛋白结合的各种酶等。

二、功　能

除支持作用外,核骨架在 DNA 复制、基因表达、染色体构建及细胞分化等生命活动中起重要作用。

（一）DNA 复制

核骨架与 DNA 复制关系密切。实验证实,核骨架是 DNA 复制的空间支架,复制的起始点和复制形成的 DNA 新链均与核骨架结合。另外,DNA 聚合酶、引物酶及 DNA 拓扑异构酶等与 DNA 复制相关的酶为核基质结合蛋白;通过与核基质蛋白的特定位点结合,这些酶的活性被激活,DNA 复制才得以进行。

（二）基因转录与加工

核骨架上存在 RNA 聚合酶结合位点;许多转录活跃的基因旁存在核骨架结合区,而核骨架存在多种与基因旁侧核骨架结合区特异结合的蛋白,二者的相互结合启动基因的转录。研究显示,3 种 RNA 都在核骨架上转录,不转录的基因不与核骨架结合。核骨架也与 pre-RNA 的加工有密切联系,pre-RNA 剪除内含子的加工过程常以核糖核蛋白(RNP)方式进行;用 RNase 处理 RNP,剩余的蛋白质能组装成核骨架样的纤维网络,这说明参与 pre-RNA 加工的 RNP 中的蛋白质是核骨架蛋白。

（三）细胞的有丝分裂

在有丝分裂前期,如用抗体封闭某些核骨架蛋白,就会抑制核膜的崩解、染色质的凝缩;有丝分裂中期,染色质细丝折叠成袢环,袢环放射状分布形成微带,微带以核骨架为轴心支架纵向排列成染色单体;有丝分裂后期,某些核骨架蛋白间的相互作用为核膜重建所必需;如果阻止其相互结合,核膜的重建将受到抑制。如此看来,核骨架与有丝分裂过程中染色体构建、核形态的消失和重建有密切关系。

（四）细胞分化

核内基因的转录活性与核骨架密切相关,核骨架越发达,核内基因的转录活性越高,细胞的分化程度也越高,即核骨架的发达程度与细胞的分化程度呈正相关。

> **视窗 10-6**
> #### 核骨架异常与肿瘤
> 　　肿瘤细胞核中,核骨架组成异常、结构紊乱。据推测,核骨架组成异常和结构紊乱与细胞癌变有一定关系。核骨架上有许多癌基因结合位点,癌基因与之结合后可被激活;癌基因激活是肿瘤形成的机制之一。另外,核骨架也存在某些致癌物的作用位点,而这些位点也是 DNA 复制、基因转录时 DNA 的结合位点;由于致癌物的结合,影响了 DNA 复制和转录,最终导致细胞癌变。

第五节　核遗传信息的储存和传递

细胞核是真核细胞内遗传物质 DNA 存在的主要部位,是遗传信息复制、转录、核糖体大、小亚基组装的场所,是细胞代谢、生长、分化、增殖等生命活动的控制中心。

一、核遗传信息的储存

遗传物质 DNA 绝大部分存在于细胞核中,只有很少部分存在细胞质的线粒体或叶绿体中。DNA 分子携带的遗传信息控制着细胞的生命活动,决定生物体的遗传性状及生物学行为。遗传信息蕴藏于 DNA 分子的核苷酸序列中,核苷酸数目及排列顺序的变化,使遗传信息呈现出多样性与复杂性。组成 DNA 分子的核苷酸有 4 种,在有 n 个核苷酸组成的 DNA 分子中,其核苷酸的随机排列方式将为 4^n 种(即遗传信息量)。这说明,遗传信息的含量与组成 DNA 的核苷酸数量成正比。核苷酸数量越多,其排列组合的方式就越多越复杂,DNA 所包含的遗传信息也就越丰富。

原核细胞没有完整的细胞核,DNA 含量少,通常只有 1 个 DNA 分子。例如,大肠埃希菌 DNA 含量为 4×10^6 bp,遗传信息少。真核生物单倍体细胞(生殖细胞)核所含的 DNA 称为核基因组(nuclear genome)。真核生物核基因组 DNA 含量比原核生物多很多:酵母为 2×10^7 bp,是大肠埃希菌的 5 倍;果蝇为 1.5×10^8 bp,是大肠埃希菌的 40 倍;人核基因组 DNA 含量约为 3.2×10^9 bp,是大肠埃希菌的 800 倍,所含遗传信息量达到天文数字(4^n, $n = 3.2 \times 10^9$)。

真核细胞核内 DNA 分子与组蛋白结合形成复合体,通过有序包装及高度压缩,遗传信息储存在染色体上;这种储存方式将 DNA 分子稳定在细胞核内,有利于通过细胞分裂将遗传物质平均分配给两个子细胞,同时保证了基因的准确复制及表达。

二、DNA 复 制

DNA 复制是指通过 DNA 合成酶系的作用,亲代 DNA 合成与自身分子结构相同的子代 DNA 的过程。此过程涉及多种酶及蛋白质的参与,这些物质相互配合,保证了 DNA 复制的准确性。

DNA 复制需要 4 种脱氧核苷三磷酸为原料(dATP、dGTP、dCTP、dTTP),亲代 DNA 双链作为模板,高能物质 ATP 供能及多种酶作为催化剂。催化 DNA 合成的主要酶类是 DNA 聚合酶(DNA polymerase,DNA-pol),包括原核细胞中的 DNA 聚合酶 Ⅰ、Ⅱ、Ⅲ 和真核细胞中的 DNA 聚合酶 α、β、γ、δ、ε 5 种。

DNA 复制从特定起点同时向两个方向进行,称为双向复制(图 10-26)。整个复制过程是连续的,为便于理解,通常将复制过程分为起始、延伸和终止 3 个阶段。以下简介原核细胞的 DNA 复制主要过程。

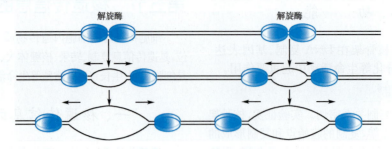

图 10-26   DNA 的双向复制

(一) 起始

首先,多种特定蛋白质因子及酶识别复制起点 (replication origin) 的复制源序列,并与之结合形成起始点识别复合体 (origin recognition complex, ORC);继而,解旋酶及相关的蛋白质结合到复制起点,将复制起点的 DNA 双链解开,局部形成复制泡,复制泡连同两侧的未解链区构成两个复制叉 (replicating fork)。在复制起点处,以 $3'\rightarrow 5'$ DNA 链为模板,在 RNA 聚合酶作用下,按照碱基互补原则,沿 $5'\rightarrow 3'$ 方向合成小段 RNA 引物。

(二) 延伸

DNA 聚合酶Ⅲ的作用具有方向性,只能催化新链沿 $5'\rightarrow 3'$ 方向延伸,这就意味着亲代 DNA 的一条链可以被连续复制,另一条则只能以短片段的方式分段复制,即半不连续复制 (semidiscontinuous replication)。连续复制的 DNA 链只在复制起点处需要引物引导,其延伸方向与解链方向一致,复制速度快,称为前导链 (leading strand);分段复制的 DNA 链每一段都需要一小段 RNA 引物,在引物引导下合成的 DNA 小片段称为冈崎片段 (Okazaki fragment)。不连续复制的 DNA 链延伸方向与解链方向相反,复制速度慢,称其为后随链 (lagging strand) (图 10-27)。

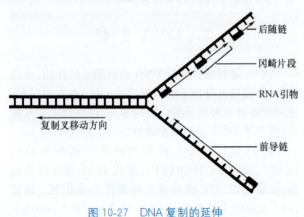

图 10-27   DNA 复制的延伸

(三) 终止

延伸的 DNA 新链接近前方的 RNA 引物时,在酶 DNA 聚合酶Ⅰ的作用下,RNA 引物被水解,同时使 DNA 新链继续延伸填补引物水解留下的空隙。在 DNA 连接酶作用下,后一个冈崎片段的 $3'$ 端与前一个冈崎片段的 $5'$ 端或前导链的 $5'$ 端相连接,最终完成 DNA 复制。复制形成的 2 个 DNA 分子各含 1 条旧链和 1 条新链,故这种复制方式又称为半保留复制 (semiconservative replication)。

与原核细胞相比,真核细胞 DNA 复制有如下特点。

1. 复制起点多   真核细胞的每个 DNA 分子可有 100～1000 个复制起点。包含 1 个复制起点、能够独立进行复制的复制单位称为复制子 (replicon)。随着复制的延伸,相邻复制子汇合相连,最终完成复制。原核细胞只有 1 个复制起点,即只有 1 个复制子。

2. DNA 延伸速度慢   真核细胞具有特殊的核小体结构,不易解链,因此,DNA 复制的速度比原核细胞慢。

3. RNA 引物及冈崎片段小   真核细胞 DNA 复制的 RNA 引物约为 10 bp,冈崎片段为 100～200 bp;而原核细胞内 RNA 引物可达数十 bp,冈崎片段为 1000～2000 bp。

4. 复制不连续   真核细胞 DNA 复制全部完成前,不能开始下一轮的复制,原核细胞复制完成前,可在起点上开始新一轮复制。

视窗 10-7

抗肿瘤药物的作用机理

丝裂霉素、放线菌素、柔红霉素等抗生素是常用的抗肿瘤药物,通过破坏 DNA 分子结构、与 DNA 结合成复合物影响 DNA 的模板功能,抑制肿瘤细胞的 DNA 复制和转录,达到抑制肿瘤细胞增殖的作用。6-巯基嘌呤的结构和次黄嘌呤类似,可阻止次黄嘌呤生成 AMP 和 GMP,从而抑制核酸的合成;5-氟尿嘧啶和胸腺嘧啶结构类似,可阻止 dTMP 的生成,从而抑制 DNA 的复制。这类核酸合成和 DNA 复制的阻断剂可抑制肿瘤细胞的增殖,也是临床常用的抗肿瘤药物。

三、基 因 表 达

遗传信息通过转录(transcription)和翻译(translation),转变为特定蛋白质分子的过程称为基因表达(图 10-28)。通过基因表达,基因的遗传信息表现为细胞和生物体的遗传性状。

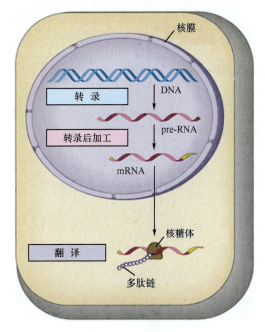

图 10-28　基因表达

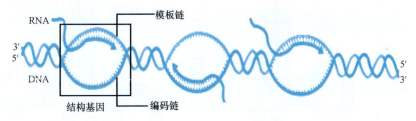

图 10-29　基因的不对称转录

(一) 转录

与 DNA 复制不同,转录是 DNA 分子上部分功能片段(基因)的转录,因此,RNA 转录实际是基因转录。

1. 转录的模板　DNA 分子上被转录的基因包括结构基因和 RNA 基因。结构基因上的碱基排列顺序决定了编码蛋白质的氨基酸序列,是蛋白质合成的原始模板,转录的 mRNA 则是蛋白质合成的直接模板。因此,mRNA 从功能上衔接了 DNA 和蛋白质两种生物大分子。DNA 双链中,用作转录模板的单链称为模板链(template strand)或反义链(antisense strand),另一条链称为编码链(coding strand)或有义链(sense strand)。1 个双链 DNA 分子上有很多基因,并非每个基因的模板链都在同一条 DNA 单链上,也就是说,某个基因的模板链,在同一 DNA 分子的另一基因则可能是编码链。基因这种选择性转录方式称为不对称转录(asymmetric transcription)(图 10-29)。

2. RNA 聚合酶　存在原核细胞胞质和真核细胞核中的转录酶(transcriptase),又称为依赖 DNA 的 RNA 聚合酶(DNA-dependent RNA polymerase),是转录过程的关键酶。原核细胞内只有 1 种类型的 RNA 聚合酶,能催化 mRNA、rRNA 和 tRNA 的合成。真核细胞内有 3 种类型 RNA 聚合酶,功能具有专一性。RNA 聚合酶Ⅰ的初级转录物是 45S rRNA,RNA 聚合酶Ⅱ的初级转录物是 pre-RNA,RNA 聚合酶Ⅲ的初级转录物是 5S rRNA、tRNA 和 snRNA 等。

3. 启动子　DNA 上结合 RNA 聚合酶的部位称为启动子(promoter),是基因上游的调控序列,是控制转录的关键部位。RNA 聚合酶和启动子形成稳定的酶—DNA 启动子复合物方可启动基因的转录。

4. 转录过程　基因转录实际上是以 5'-三磷酸核糖核苷(NTP:ATP、GTP、CTP 和 TTP)为底物的多步酶促反应。在启动子部位,RNA 聚合酶—启动子复合物的形成启动基因转录。随着 RNA 聚合酶在模板链上沿 3'→5'方向移动,在 RNA 聚合酶作用下,转录沿着 5'→3'方向进行;按照碱基互补的原则,1 个 NTP 的 3'-OH 端与下 1 个 NTP 的 5'-P 脱水生成磷酸酯键,即游离的 NTP 只能连接到 RNA 链的 3'-OH 端上,转录合成的 RNA 链与模板链反向平行。

(二) 转录产物的加工

真核细胞转录生成的 RNA 是初级转录物,需经过不同方式的转录后加工(post-transcriptional processing),才具有生物活性。

1. pre-RNA 的加工　结构基因的转录产物称为 pre-RNA,其分子量是细胞质中成熟 mRNA 的 4～5 倍,且不具功能活性,需要经过戴帽、加尾、剪接等加工过程才能成为成熟 mRNA(图 10-30)。

(1)戴帽:在甲基化酶作用下,pre-RNA 在核内转录形成后,其 5'端核苷酸的碱基(m7)、核糖(m2)甲基化过程称为戴帽(capping)。形成的 mRNA 5'端 m7Gpppm2Gpm2N 结构称为帽。“帽”能使 mRNA 进入细胞质后,易被核糖体小亚基识别,并与之结合;帽还起到封闭 mRNA 5'端,使其免受磷酸酶和核酸酶的消化,增加其稳定性的作用。

（2）加尾:在 mRNA 前体 3′端 AAAUAA 序列下游 15～20 bp 处,经加尾酶的作用,水解掉 10～15 个核苷酸,然后接上 100～200 个腺苷酸,形成多聚腺苷酸(poly A)"尾巴"的过程叫加尾(tailing)。Poly A 的功能主要是保持 mRNA3′端稳定,不受酶的破坏,并促使 mRNA 由细胞核转运到细胞质中。

（3）剪接:在酶作用下,按"GT-AG"法则将 pre-RNA 中内含子切掉,把各个外显子按顺序连接起来的过程称为剪接(splicing)。

2. tRNA 前体的加工　tRNA 基因转录产物 tRNA 前体的加工过程包括:3′端 CCA 取代 UU 构成作为氨基酸结合部位的氨基酸结合臂,切除 5′端的 16 个核苷酸前导序列(leader sequence),剪除内含子后将外显子连接,部分碱基被修饰为稀有碱基,使 tRNA 分子单链内部自身回折,最终形成特殊的三叶草构型(图 10-29)。

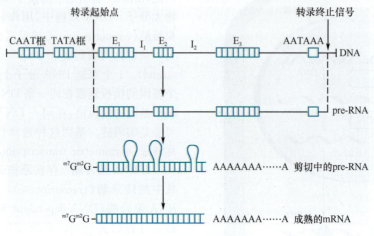

图 10-30　pre-RNA 的加工

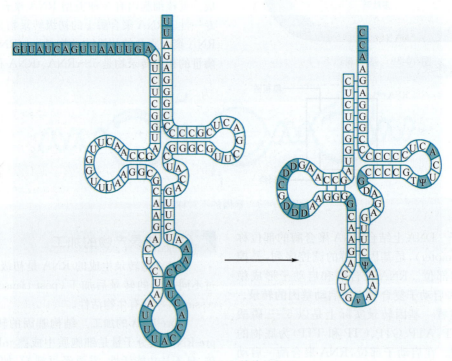

图 10-31　tRNA 前体的加工

3. rRNA 前体的加工　rRNA 基因包括 45S rRNA 基因和 5S rRNA 基因,其转录产物加工后,参与核糖体大、小亚基的组装(详见本章第三节)。

（三）翻译

按照成熟 mRNA 提供的编码信息在细胞质内合成具有特定序列多肽链的过程称为翻译。参与细胞内蛋白质生物合成的物质,除氨基酸外,还需要 mRNA 作为模板、tRNA 作为特异的氨基酸运输工具、rRNA 与一些蛋白质组成核糖体作为蛋白质合成的场所、有关的酶与蛋白质因子、供能物质 ATP 或 GTP 以及必要的无机离子等。蛋白质合成过程详见第七章。

抗生素与细菌的基因表达

以前所说的抗菌素,不仅能杀灭细菌,而且对霉菌、支原体、衣原体等其他致病微生物也有良好的抑制和杀灭作用,因此,近年来将抗菌素改称为抗生素。抗生素可以是某些微生物生长繁殖过程中产生的物质,临床使用的抗生素除由此直接提取外,大多是人工合成或部分人工合成的。通俗地讲,抗生素是用于治疗各种细菌感染或抑制致病微生物感染的药物。

抗生素能在不同环节抑制致病微生物的基因传递,达到治疗作用。例如,临床常用的抗结核病药物利福平,可与结核杆菌细胞内 RNA 聚合酶的 β 亚基结合,使核心酶不能和 σ 因子结合,从而抑制 RNA 聚合酶的活性,阻断结核杆菌内基因转录过程。

许多抗生素还是细菌细胞内蛋白质合成的直接抑制剂或阻断剂,可作用于蛋白质合成的各个环节。例如,链霉素、卡那霉素、新霉素等氨基苷类抗生素,在蛋白质合成起始阶段,与核糖体小亚基结合,改变其构象,抑制起始复合物形成,或使氨酰 tRNA 从起始复合物中脱落;在肽链延伸阶段,使氨酰 tRNA 与 mRNA 错配;在终止阶段,能阻碍终止因子与核糖体结合,使已合成的多肽链无法释放。

四、基因表达的调控

同一机体的所有细胞都具有该物种的整套基因,携带个体生存、发育、代谢和生殖等所需的全部遗传信息。这些遗传信息并非同时全部表达,即使是结构最简单的病毒,其基因组所含的全部基因也不是同时表达的。在结构复杂的高等生物体内,不同组织细胞的基因表达情况不同,有些基因被启动而表达,有些基因受抑制不表达或少表达,即使是同一类型的细胞,不同的发育阶段,基因表达也存在差异。这说明,细胞发挥正常功能要求各种基因产物的量要适宜,既不能多,也不能少。这是通过细胞内精密的基因表达调控体系实现的。

这种基因表达调控的机制是,某一调控体系在机体需要时被打开,不需要时被关闭或抑制。"开"和"关"的控制涉及基因信息传递的多个环节。相对来说,对原核生物基因表达调控的研究较为详细,对真核生物基因表达调控的研究,尚有许多问题需进一步阐明。

(一) 基因表达调控的特性

1. 基因表达的时空性 基因表达具有严格的时间和空间特异性,这是基因的启动子和增强子与调节

蛋白相互作用决定的。某一特定基因表达严格按照一定的时间顺序发生,称为基因表达的时间特异性(temporal specificity)。例如,多细胞生物从受精卵到组织、器官形成的不同发育阶段,不同的基因严格按照特定时间顺序依次开启或关闭。在个体某一生长发育阶段,不同组织器官的同一基因表达与否及表达量的差异,称为基因表达的空间特异性(spatial specificity);在不同组织细胞,表达的基因数量、种类、强度各不相同,称为基因表达的组织特异性(tissue specificity)。例如,肝细胞中鸟氨酸循环酶类的基因表达水平高于其他组织细胞,而精氨酸酶为肝细胞所特有。

2. 环境因素的影响 根据环境因素对基因表达的影响程度,基因表达分为组成性表达和适应性表达两类。

(1) 组成性表达:组成性表达(constitutive expression)是指不太受环境改变影响的一类基因表达。这类基因称为持家基因(house-keeping gene),其表达产物是细胞或生物体整个生命过程中都持续需要而必不可少的,因此,这类基因几乎在生物体的任何细胞、任何生长发育阶段都持续表达。

(2) 适应性表达:适应性表达(adaptive expression)是指容易受到环境变化的影响,导致表达水平改变的一类基因表达。环境变化使基因表达水平增高的现象称为诱导(induction),相应的基因称为可诱导基因(inducible gene);相反,环境变化使基因表达水平降低的现象称为阻遏(repression),相应的基因称为可阻遏基因(repressible gene)。

单细胞原核生物的生存环境经常会有剧烈变化,这些生物通过改变基因的表达来适应环境。例如,在环境中葡萄糖充足时,细胞利用葡萄糖作为能源和碳源;而当环境中缺少葡萄糖时,细胞则通过基因表达调控机制合成利用其他糖类的酶,以满足生长的需要。

3. 基因表达调控的环节 改变遗传信息传递过程的任何环节均会影响基因的表达。遗传信息以基因形式储存于 DNA 分子中,基因拷贝越多,表达产物也越多。某一特定细胞基因组 DNA 的选择性扩增,可使某种或某些蛋白质分子高水平表达。转录过程的许多环节均可作为调控点,是基因表达调控最重要、最复杂的一个层次。真核细胞的转录后加工过程也是基因表达的重要调节方式。在翻译过程中,影响蛋白质合成的因素,同样也是调节基因表达的因素。翻译后的加工可直接、快速地改变蛋白质的结构和功能,是细胞对外环境变化或者某些特异刺激应答的快速反应机制。总之,在遗传信息传递过程中的各个环节,各个水平均存在基因表达的调控机制。

(二) 原核生物基因表达的调控

原核生物是单细胞生物,基因组由一条环状双链

DNA 组成,转录和翻译相偶联,在同一时间和空间进行。原核生物的生命活动与周围环境的关系非常密切,在长期进化进程中产生了对环境的高度适应性和高度应变能力,能够不断调节各种不同基因的表达,迅速合成自身需要的物质,同时又迅速停止合成并降解不再需要的物质,以适应周围环境、营养条件的变化,使自身的生长、繁殖达到最优化。原核生物基因表达的调控主要在转录水平,其次是翻译水平。

(三)真核细胞基因表达的调控

真核生物的不同组织器官的细胞虽然含有相同的基因组,但在个体发育的不同阶段,细胞内的基因表达是不同的。例如胚胎期表达的许多基因,出生后则不表达;不同的珠蛋白基因,在胚胎发育的不同阶段表达。此外,同一个体不同组织器官的细胞,基因表达的种类和数量也存在明显的差异,例如,大鼠肝细胞基因转录的量是肾细胞和脾细胞的2倍多。真核细胞遗传信息量大,合成的蛋白质种类多,其基因表达的调控在多层次、多水平上进行,并且具有复杂的时空性。因此,真核细胞基因表达调控比原核生物复杂得多。

1. 转录前调控 真核细胞基因组 DNA 与组蛋白、非组蛋白及少量 RNA 组成染色质,且染色质有一定程度的盘绕折叠。组蛋白与 DNA 结合,既可保护 DNA 免受损伤,维持基因组的稳定性,也可抑制基因的表达,是基因表达的重要调控因素。

2. 转录调控 真核细胞基因转录调控是通过顺式作用元件和反式作用因子相互作用实现的。顺式作用元件(cisacting element)是指那些与结构基因表达调控相关的、能够被基因调控蛋白特异性识别并与之结合的 DNA 序列,包括启动子、增强子及反应元件等。反应元件存在启动子附近或增强子内,能介导基因对细胞外的某些信息分子产生反应。反式作用因子(transacting factor)是指与顺式作用元件特异结合的转录因子。只有当各类转录因子与启动子或增强子、转录因子之间以及转录因子与 RNA 聚合酶之间相互作用,才能启动基因的转录。大多数转录因子是正性调节因子,起激活转录的作用;少数是负性调节因子,起抑制转录作用。另外,转录因子受激素、病毒、金属离子、光、热、射线及化学物质的影响将改变其作用,转录因子与特异调控序列结合能力的改变也

将改变其作用。因此,转录水平的调控是复杂而关键的调控环节,受多种因素的影响。

3. 转录后调控 转录形成的 pre-RNA 长度比成熟 mRNA 长得多,既有编码序列,又包括内含子,需加工为成熟的 mRNA,并需要由细胞核运至细胞质,才能作为模板参与蛋白质的合成。加工过程中的选择性剪接(alternative splicing)的效率以及戴帽、加尾等过程都受到调控并决定转录后 mRNA 的特征。

4. 翻译调控 翻译水平的调控因素主要包括 mRNA 的稳定性、翻译的准确性、翻译效率等。翻译过程受 mRNA 的成熟度、核糖体的数量、起始因子(IF)、延长因子(EF)、释放因子(RF)以及各种酶的影响。例如,IF 的活性是通过其磷酸化调节的,一些致癌剂如佛波酯(phorbol ester)或癌基因产物等,通过信号传递途径或作为这一途径成分,调节 IF 的磷酸化;而一些病毒(如脊髓灰质炎病毒)也可以使某些 IF 降解而失去活性。

5. 翻译后调控 翻译后形成的初级产物需要在细胞质中加工、修饰才能成为有活性、成熟的蛋白质。有的初级产物是一条多肽链,经剪接加工、组装后形成由几条肽链构成的蛋白质,胰岛素的加工过程便是如此;有的初级产物加工后,又可形成多种具有不同功能的蛋白质,如促黑色素激素和 β-内啡肽等是由一条多肽链的初级产物经剪接加工后形成的;还有的初级产物需要化学基团的修饰。

综上所述,真核细胞基因表达受到多层次、多水平、多因素、网络性的调控,很多调控环节的调控机制还不完全清楚,有待进一步深入研究。

思 考 题

1. 细胞核是由哪几部分组成?
2. 核孔的结构和功能是什么?
3. 常染色质和异染色质在形态结构、分布和功能等方面各有何特点?
4. 试述核小体的结构要点。
5. 试述染色质包装成染色体的多级螺旋模型。
6. 概述核仁的结构与功能。

(聂晨霞 陈小义 徐忠伟)

第十一章 细胞增殖和细胞周期

细胞增殖是细胞生命活动的重要特征之一,是个体生长与繁衍的基础。一个人从受精卵发育为新生婴儿,细胞数目由 1 个增至 2×10^{12} 个,至成人可达 10^{14} 个。成年个体仍然需要细胞增殖,以弥补机体衰老和死亡的细胞,维持细胞数量平衡和机体正常功能。细胞通过无丝分裂(amitosis)、有丝分裂(mitosis)和减数分裂(meiosis)3 种方式增殖。无丝分裂是低等生物细胞增殖的主要方式,有丝分裂是真核细胞的主要分裂形式,减数分裂是高等生物生殖细胞形成的特殊有丝分裂过程。

细胞周期(cell cycle)中,细胞内发生一系列生化反应,细胞及结构也经历复杂变化,这一切是在机体内外多种因素的共同调控下,有规律协调进行的。机体内由多种蛋白质构成的"细胞周期调控体系"控制着细胞周期的进程。如果因细胞自身或环境因素的影响,细胞周期和正常调控体系受阻,细胞周期进程将出现异常,细胞增殖失调,将导致肿瘤发生。

第一节 细胞分裂

一、无丝分裂

无丝分裂又称为直接分裂(direct division)。1841 年,R. Remark 首次发现鸡胚红细胞的无丝分裂。无丝分裂过程中,先是细胞核延长;继而核中部向内凹进,缢裂形成 2 个细胞核;最后,整个细胞从中部缢裂,形成 2 个子细胞。在整个无丝分裂过程中,

没有染色体与纺锤体出现,故称无丝分裂(图 11-1)。在低等生物,无丝分裂比较普遍;某些高等生物高度分化的细胞,如蛙红细胞,植物胚乳细胞,动物肝细胞、肾小管上皮细胞、肾上腺皮质细胞以及肌肉细胞等,也存在无丝分裂。无丝分裂能量消耗少,分裂迅速,分裂过程中细胞仍执行功能,有利于细胞适应外界环境的变化。

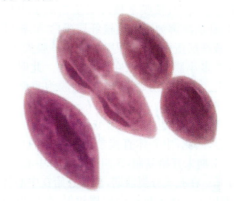

图 11-1　草履虫的无丝分裂

二、有丝分裂

有丝分裂又称为间接分裂(indirect division),是真核细胞增殖的主要方式。1880 年,E. Strasburger 在植物细胞中首次发现植物细胞有丝分裂;1882 年,W. Fleming 发现动物细胞有丝分裂。根据有丝分裂过程中细胞形态结构的变化,有丝分裂过程划分为前期、中期、后期、末期 4 个时期(图 11-2)。

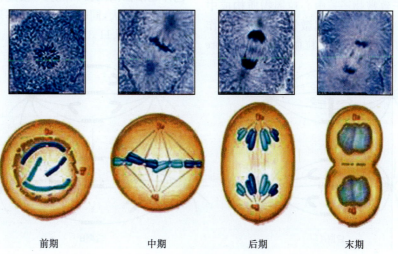

| 前期 | 中期 | 后期 | 末期 |

图 11-2　有丝分裂过程

（一）前期

前期（prophase）主要特征是染色质凝集，分裂极确定，核膜、核仁消失。

前期开始时，间期呈松散状的线形染色质螺旋化、折叠包装，逐渐浓缩而变短变粗。随着前期的进展，染色质逐渐形成早期染色体结构。每条染色体包含2条相同的姐妹染色单体，两条姐妹染色单体在着丝粒处相连。此时染色体的着丝粒处有两个动粒（kinetochore），每条姐妹染色单体上各一个。动粒的一侧与着丝粒紧密相连，另一侧与动粒微管相连。动粒与姐妹染色单体分离、染色单体进入子细胞有关。

随着染色质凝集，染色质上构成核仁关键部位的核仁组织区被组装到染色体上；核仁中的RNA和质分散在核质中；核膜下核纤层蛋白的多个位点磷酸化，核纤层降解为可溶性核纤层蛋白A、核纤层蛋白B和核纤层蛋白C，核纤层解聚使核膜失去支持，裂解成许多小膜泡，分散在细胞质中。此时，核仁、核膜消失。在有丝分裂末期，这些膜泡重新参与核膜的重建。

此期，中心体也发生显著变化。中心体内含微管组织中心，因此，中心体直接参与纺锤体的形成。中心体在G_1期末开始复制，S期形成一对中心体，但二者未分开。在有丝分裂前期，微管开始在中心体周围聚集，并以中心体为核心向四周辐射，分别以两个中心体为核心形成两个星体（aster），两个星体开始向细胞的两极运动，由此确定了细胞的分裂极。

（二）中期

中期（metaphase）最主要的特征是纺锤体（spindle）形成，染色体排列在细胞中部的赤道面（equatorial plane）上。

纺锤体是与细胞分裂和染色体运动直接相关的一种临时性细胞器，主要由微管及微管相关蛋白质组成。当核膜解体时，中心粒已到达两极，中心粒与其周围的无定形电子致密物——中心粒周物质构成中心体。中心体的中心粒周物质起微管组织中心的作用，中心体发出的微管，包括动粒微管（kinetochore microtubule）、极微管（polar microtubule）和星体微管（astral microtubule），与微管相关蛋白质共同构成丝状纤维，称纺锤丝（spindle fiber）。纺锤丝交错排列，构成中间宽、两端尖，形如纺锤的纺锤体。动粒微管与染色体动粒相连，也称染色体微管，与姐妹染色单体分离有关；极微管自纺锤体两极发出，游离端在赤道面相互交叉，重叠部位通过微管相关蛋白质相连；星体微管排列于中心体周围，在中心粒向细胞两极移动过程中起作用（图9-13）。

核膜破裂后，纺锤体动粒微管捕捉染色体两侧的动粒并与之相连。此时，细胞内染色体剧烈运动，在动粒微管的牵拉或推动下，染色体逐渐向细胞的赤道面靠拢；纺锤体两极间距离变长，赤道面直径收缩。

在中期，染色体达到最大程度的凝集，变得更短更粗，结构最典型，是观察和辨认染色体的最佳时期。染色体位于赤道面上，着丝粒外侧的动粒朝向纺锤体的两极，与动粒相连的动粒微管长度相等，每个动粒上连接的动粒微管可达几十根。

中期染色体向赤道面移动的过程称为染色体列队（chromosome alignment）。染色体列队是有丝分裂过程的重要事件之一，是启动染色体分离和平均分配到两个子细胞的必要条件。如果染色体不能整齐地排列在赤道面上，细胞就不能完成从中期向后期的转变，两条姐妹染色单体就不能相互分离。干扰染色体列队，可使细胞停留在有丝分裂中期。例如，秋水仙素能够破坏微管的结构，使微管解聚，导致细胞停留在分裂中期。

（三）后期

姐妹染色单体相互分离标志着后期（anaphase）的开始，分离后的子染色体向两极移动的速度相等。分离的染色单体极向运动需依靠纺锤体微管的牵引完成，包括两个独立但又重叠的过程，即后期A和后期B。后期A，动粒微管在动粒处解聚而变短，将染色体逐渐拉向两极；后期B，极微管长度增加，推动两极间距离加大，同时，星体微管解聚缩短，牵引两极间距离加大（图11-3）。

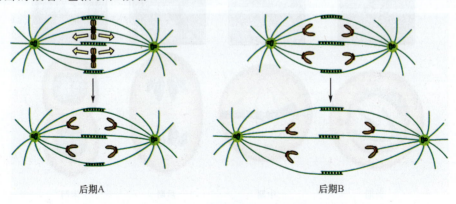

后期A　　　　　　　　　后期B

图11-3　有丝分裂后期染色体的运动

（四）末期

末期（telophase）的主要特征是两个子细胞核形成和胞质分裂（cytokinesis）。

染色体到达两极即进入末期。到达两极的染色单体上组蛋白 H1 去磷酸化，高度凝集的染色单体解旋，染色质重新出现。RNA 合成恢复、核仁重新合成，前期核膜破裂形成的小膜泡结合到染色质表面，小膜泡相互融合，逐渐形成较大的双层核膜片段，然后再相互融合形成完整的核膜。在核膜重新形成的过程中，核孔也在核膜上重新组装形成。一旦核膜重建，两个子细胞核形成，核分裂即完成。

胞质分裂是有丝分裂的一个环节，胞质分裂与核分裂是两个相对独立的过程，例如，大多数昆虫卵，其核可进行多次核分裂而无胞质分裂。但大多数细胞的核分裂和胞质分裂不是截然分开的，胞质分裂通常起始于后期，完成于末期。

动物细胞胞质分裂开始时，赤道面处细胞质膜下陷，呈环形缢缩，形成分裂沟（furrow）。大量肌动蛋白和肌球蛋白在分裂沟下方组装成微丝束，微丝束沿分裂沟形成环状结构，称为收缩环（contractile ring）。收缩环的肌动蛋白纤维和肌球蛋白纤维相互滑动，使收缩环不断向内收缩，分裂沟不断加深，直到两个子细胞完全分开（图 11-4）。

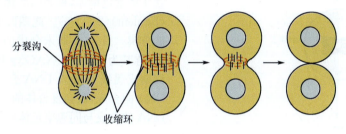

分裂沟 收缩环

图 11-4 胞质分裂的过程

分裂沟的定位与纺锤体位置密切相关，分裂沟的分裂面与纺锤体的赤道面一致，改变纺锤体位置可使分裂沟位置改变。钙离子浓度的变化也会影响分裂沟的形成。收缩环的收缩机制与肌肉中粗肌丝和细肌丝的滑动机制相似。用微丝特异性药物细胞松弛素 B 处理分裂期细胞，可见收缩环的收缩活动停止，分裂沟逐渐消失。

三、减 数 分 裂

减数分裂仅发生于有性生殖生物配子成熟过程中，故也称其为成熟分裂。减数分裂包括连续两次细胞分裂，分别称为减数分裂 I（meiosis I）和减数分裂 II（meiosis II）（图 11-5）。

（一）减数分裂前间期

与有丝分裂的间期相似，减数分裂前期（pre-meiotic interphase）也分为 G_1 期、S 期和 G_2 期 3 个时期。与有丝分裂不同之处在于：减数分裂 S 期明显长于有丝分裂的 S 期；S 期只复制全部 DNA 的 99.7%～99.9%，另外 0.1%～0.3% 的 DNA 在减数分裂 I 的前期复制，这些 DNA 被认为与减数分裂前期染色体配对和基因重组有关；在不同物种，G_2 期时间变化较大。

（二）减数分裂 I

减数分裂 I 分为前期 I、中期 I、后期 I 和末期 I。

1. 前期 I 前期 I 持续时间较长，细胞变化复杂。在高等动物，前期 I 可长达数周、数月、数年，甚至数十年。根据细胞形态变化的特点，前期 I 分为细线期（leptotene）、偶线期（zygotene）、粗线期（pachytene）、双线期（diplotene）和终变期（diakinesis）5 个阶段。

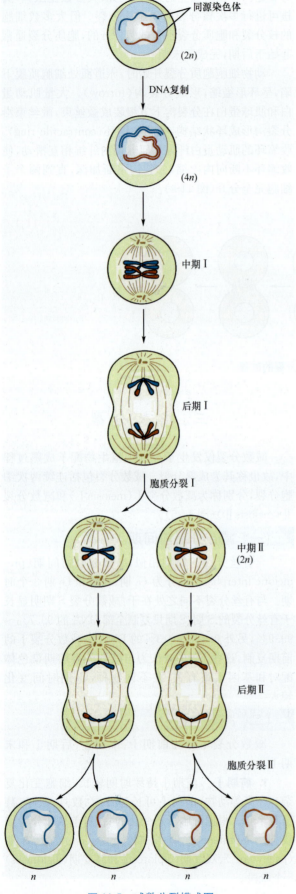

图 11-5　减数分裂模式图

（1）细线期：间期完成复制的染色质开始凝集成染色体。虽然每条染色体具有两条染色单体，但光镜下分辨不出，仍呈单条细线状。在细线状的染色体局部，存在一系列大小不同的颗粒状结构，称为染色粒。细线期染色体通过端粒附着于核膜上。有些物种，细线状染色体的一端在核膜的一侧集中，另一端呈放射状伸出，形似花束，故细线期又称为花束期（bouquet stage）。

（2）偶线期：此期染细线状的染色体色质进一步凝集，同时，来自父母双方、形态及大小相同的同源染色体两两配对，逐渐靠近，沿其长轴结合在一起，此过程称为联会（synapsis）。联会的一对同源染色体，包含 4 条染色单体，称为四联体（tetrad），又称为二价体（bivalent）（图 11-6）。此期四联体的 4 条染色单体不能分辨。另外，S 期未合成的少部分 DNA 在此期合成，称其为偶线期 DNA（Zyg-DNA，Z-DNA）。若在细线期或偶线期加入 DNA 合成抑制剂，能够抑制 Z-DNA 的合成，联会复合体的形成也受到抑制，说明 Z-DNA 的合成与同源染色体的配对有关。

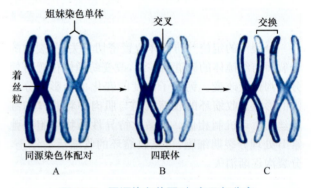

图 11-6　同源染色体配对、交叉与分离
A. 配对；B. 交叉；C. 分离

联会的两条同源染色体之间，沿纵轴方向形成的、进化上高度保守的复合结构，称为联会复合体（synaptonemal complex，SC）（图 11-7），由碱性蛋白、RNA 及微量 DNA 组成。电镜下，SC 两侧是 20～40nm 的侧成分（lateral element），电子密度很高；侧成分之间为宽约 100nm 的低密度中间区（intermediate space），中间区中央为中央成分（central element），宽约 30nm。侧成分与中央成分之间有粗 7～10nm、间距 20～30nm 横向排列的纤维。SC 是同源染色体配对过程中产生的临时结构，偶线期开始形成，粗线期完成，双线期解聚。

（3）粗线期：此期同源染色体配对完成，并进一步凝集而变短、变粗，同源染色体的非姐妹染色单体间形成染色体片段的交换和重组。联会复合体的中部新出现一些球形或椭圆形的结构，称为重组结（recombination nodule）；重组结直径约 90nm，内含蛋白质等，与染色体片段交叉、交换有关（图 11-7B）。粗线

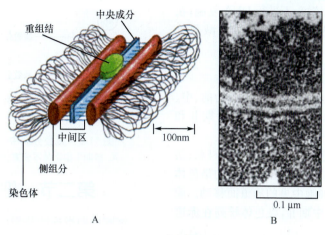

图 11-7　联会复合体

A. 模式图;B. 电镜图

期也合成少量 DNA,称为 P-DNA。P-DNA 与染色体片段交换过程中 DNA 链的修复有关。

(4)双线期:此期联会复合体逐渐去组装而解聚,紧密结合的同源染色体彼此分离,但并没有完全分开,在非姐妹染色单体间的某些部位还连在一起,称为交叉(chiasma)(图 11-6B)。交叉被认为是粗线期同源染色体交换的形态学证据。交叉的数目与物种、细胞类型和染色体长度有关,每对染色体至少有 1 个交叉;较长的染色体,交叉也较多。人类平均每对染色体有 2.36 个交叉。交叉与重组结的数量及分布存在一致性,进一步说明重组结与染色体片段交换有关。

此期,一对同源染色体的 4 条染色单体结构非常清晰,易于观察。随着双线期的进行,交叉逐渐远离着丝粒,向染色体臂的末端推移,交叉的数目也由此减少,此现象称为端化(terminalization)。随着端化的进行,二价体可呈现"V"、"8"、"X"、"O"等形状,这一特征可作为此期的判断标志。

双线期持续时间长是该期的另一特点。两栖类卵母细胞的双线期可持续近 1 年;在人类,5 月龄的女性胎儿卵巢卵母细胞的减数分裂已达双线期,但一直持续到青春发育期卵泡发育时才继续进行;最晚者,双线期可持续达 50 年之久,直至绝经期前。

(5)终变期:同源染色体凝集变粗,呈短棒状,在核内均匀分布。交叉端化继续进行,交叉数目减少,通常每个四联体上只有 1~2 个。核仁消失,核膜逐渐解体。中心体完成复制,移向两极后形成纺锤体;纺锤体伸入核区,在其作用下,染色体开始向细胞中部赤道面移动。

2. 中期Ⅰ　以端化的交叉连接在一起的一对同源染色体向细胞中部汇集,最终排列在细胞的赤道面上。与有丝分裂不同之处在于,一对同源染色体含有 4 个动粒,每条染色体的 2 个动粒,均与同侧纺锤体一极发出的动粒微管相连(图 11-8)。

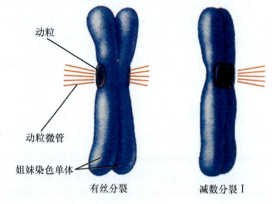

图 11-8　有丝分裂中期与减数分裂中期Ⅰ动粒的比较

3. 后期Ⅰ　在纺锤体微管作用下,同源染色体彼此分离并开始向两极移动(图 11-6C)。此时,移向每极的染色体数是细胞原有染色体数的一半,但每条染色体包含 2 条染色单体。另外,一对同源染色体移向两极是随机的,因此,移向同一极的非同源染色体间自由组合方式可有很多种,例如,人类染色体是 23 对,非同源染色体自由组合的方式有 2^{23} 种。

同源染色体的非姐妹染色单体间的交叉对于其分离可能有重要作用,如某些联会的同源染色体在彼此间缺乏交叉的情况下,正常分离受阻,产生染色体数目增多或减少的子细胞。人类常见的染色体病,如 Down 综合征即与同源染色体不分离有关。

4. 末期Ⅰ　与后期Ⅰ相比,末期Ⅰ的主要特征是:移向两极的同源染色体到达两极后,解聚为细丝状的染色质纤维;核膜重建、核仁形成,同时进行胞质分裂,形成两个子细胞。子细胞的染色体数(n)比亲代细胞(2n)减少一半;与有丝分裂形成的含染色体单体的子细胞不同,末期Ⅰ形成的子细胞中染色体由两条染色单体构成。某些生物的末期Ⅰ,细胞中染色体无明显的去凝集,依然保持凝集状态。

末期Ⅰ形成两个子细胞,减数分裂Ⅰ即完成。接下来的减数分裂间期时间较短,不进行 DNA 复制;在某些生物,不存在间期,从末期Ⅰ直接进入减数分裂Ⅱ。

（三）减数分裂Ⅱ

减数分裂Ⅱ过程与有丝分裂类似,也分为前、中、后、末 4 个时期,分别称为前期Ⅱ、中期Ⅱ、后期Ⅱ和末期Ⅱ。

前期Ⅱ,去凝集的染色体再凝集成棒状或杆状;纺锤体逐渐形成,两极的动粒微管分别与同侧的染色体动粒相连,并使其逐渐向细胞中央的赤道面移动。前期Ⅱ末,核仁、核膜消失。中期Ⅱ,染色体排列在赤道面上。后期Ⅱ,由姐妹染色单体构成的染色体在着丝粒处彼此分离,在纺锤体动粒微管牵引下向两极移动。末期Ⅱ,到达两极的染色单体,去凝集成为染色质纤维;核仁、核膜重新出现;胞质分裂完成后,新的子细胞形成。与减数分裂Ⅰ形成的子细胞相比,减数分裂Ⅱ形成的子细胞遗传物质减半,但染色体单体数则没变(n)。

整个减数分裂过程,DNA 复制 1 次,细胞连续分裂 2 次,产生 4 个子细胞,子细胞染色体数比分裂前亲代细胞减半。在哺乳动物,1 个初级精母细胞通过减数分裂形成 4 个精子,一个初级卵母细胞形成 1 个卵子和 3 个极体。减数分裂过程中同源染色体间的交换、重组和非同源染色体间的随机组合,构成了配子(子细胞)遗传组成的多样性;通过受精,雌、雄配子结合成受精卵,恢复亲代染色体数,保证了物种遗传物质的稳定。因此,减数分裂是有性生殖的基础,是遗传、进化和生物多样性的重要保证。

案例 11-1 分析

从核型可知:患儿是三体型 21-三体综合征患者,即机体所有细胞均多一条 21 号染色体。这是由于其父亲或母亲生成配子过程中,减数分裂后期Ⅰ或后期Ⅱ21 号染色体没能正常分离,形成 24 条(2 条 21 号)和 22 条(无 21 号)染色体的配子;前者与正常配子结合发育为三体型 21-三体综合征患者,后者与正常配子结合形成的受精卵不能存活。研究表明,减数分裂后期Ⅰ的染色体不分离比后期Ⅱ更常见(图 11-9)。

受精卵形成后的卵裂过程中,部分细胞有丝分裂后期也可发生某条染色体的姐妹染色单体不分离,产生三体型(47 条染色体)和单体型(45 条染色体)两种细胞,除 X 染色体单体型细胞外,常染色体单体型细胞大多不能存活而淘汰。因此,三体型细胞和正常胚胎细胞发育形成嵌合型染色体病患者。

除 21-三体综合征患者外,临床较常见的染色体数目异常疾病,还有 13-三体综合征、18-三体综合征、Klinefelter 综合征、Turner 综合征等。

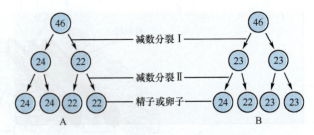

图 11-9　减数分裂中染色体不分离示意图
A. 后期Ⅰ染色体不分离;B. 后期Ⅱ染色体不分离

第二节　细胞周期

细胞周期指连续分裂的细胞从上次细胞分裂结束开始到下一次细胞分裂结束为止所经历的过程。100 多年前,人们在光学显微镜下观察到细胞有丝分裂时有显著的形态变化,故将此阶段命名为分裂期,而把两次有丝分裂之间的阶段称为分裂间期,并认为细胞在间期是静止的。20 世纪 50 年代以后,随着新技术的应用,人们对细胞生命活动研究日益深入,发现间期细胞虽然没有显著的形态变化,但并不是静止的,而是进行极为复杂的生化活动。

案例 11-2

患者,男,65 岁。搬重物后出现剧烈持久的胸骨后压榨性疼痛,烦躁不安、皮肤湿冷,遂送入院。

既往有心绞痛病史。半年前,吵架后突感心前区疼痛,伴左上臂、左肩疼痛;气急、肢体冷、面色苍白,出冷汗。诊断为左室前壁心肌梗死。经治疗后缓解,但出现呼吸困难等慢性心功能不全症状。

体格检查:血压,9.31/7.33kPa,心电图示病理性 Q 波,血清心肌酶增高。

诊断:心肌梗死、休克。

治疗:经抗休克等各种抢救,血压短暂回升后又继续下降,1 小时后突然心跳停止,心肺复苏等急救措施无效,病人死亡。

尸检:左冠状动脉前降支管壁有黄白色斑块、管腔内有血栓栓塞,心室左前壁心肌处见凹陷灰白色组织,为陈旧性梗死灶。室间隔处可见一中心苍白、周围暗红的新鲜梗死灶。

思考题:

1. 患者初次发生心梗后为什么会出现慢性心功能不全症状?

2. 左室前壁心肌处的灰白色陈旧性梗死灶为何种组织?

一、细胞周期的分期

20 世纪 50 年代初,Howard 和 Pele 用 ^{32}P 标记蚕

豆根尖细胞并进行放射性自显影实验,发现 DNA 是在分裂间期的一段特定时期内合成的,并将该时期命名为 DNA 合成期(DNA synthesis phase,S 期);将上一次分裂结束到 DNA 合成开始之间的间隔(gap),称为第一间隔期(first gap,G₁ 期),也叫 DNA 合成前期;将 DNA 合成结束到有丝分裂开始之间的间隔,称为第二间隔期(second gap,G₂ 期),也叫 DNA 合成后期。因此,细胞周期可划分为 G₁ 期、S 期、G₂ 期和 M 期 4 个时期(图 11-10),其中 G₁ 期,S 期和 G₂ 期组成间期。

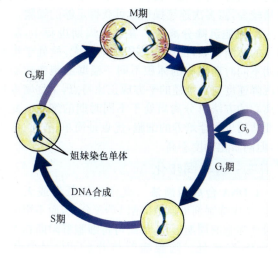

图 11-10　细胞周期

胚胎早期的细胞快速增殖和分化,产生大量不同种类的细胞;随着细胞的分化,其增殖能力逐渐下降。在成体内,不同细胞的增殖能力存在差异,据此,可将机体细胞分为 3 类:连续增殖细胞、暂不增殖细胞和不增殖细胞。①连续增殖细胞始终保持旺盛增殖活性,在机体内分化程度低,对外界信号敏感。这类细胞通过增殖,不断补充机体衰老、死亡的细胞,维持组织的更新,如上皮基底细胞、骨髓造血干细胞等。②暂不增殖细胞处于静止状态,平时保持分化状态,执行各自功能,但在适当刺激下可重新进入细胞周期,进行细胞分裂,也称为 G₀ 期细胞,如肝、肾的实质细胞、成纤维细胞、内皮细胞等。此类细胞对生物组织的再生、创伤的愈合和免疫反应等起重要作用。③不增殖细胞丧失分裂能力,结构和功能高度特化,又称终端分化细胞,如神经元、心肌细胞、骨骼肌细胞等。

案例 11-2 分析

心肌细胞属于不增殖细胞、丧失分裂能力,心肌梗死后坏死处心肌由于不能由周围心肌细胞分裂增殖修复,故梗死区心肌收缩力丧失,导致心脏的血液输出量减少,引起心功能不全。因此,该患者初次发生心梗后出现呼吸困难等慢性心功能不全症状。

由于心肌细胞属终端分化细胞,丧失分裂能力,心肌细胞坏死后,刺激周围静止状态的暂不分裂细胞(成纤维细胞、内皮细胞等)重新进入细胞周期,分裂增殖填补于心肌细胞坏死后的缺损处,最终形成瘢痕替代坏死心肌,即患者左室前壁心肌处的灰白色组织陈旧性梗死灶。

二、细胞周期时间

整个细胞周期所经历的时间称为细胞周期时间(cell cycle time,T_C),各阶段的时间分别表示为 T_{G_1}、T_S、T_{G_2} 和 T_M。不同物种、不同组织以及机体发育的不同阶段,T_C 差异很大,从几分钟到几小时,甚至几十年。大多数细胞的 T_C 为 12～32h,例如,小鼠十二指肠上皮细胞 T_C 为 10h,人胃上皮细胞 T_C 为 24h,培养的人成纤维细胞 T_C 为 18h,HeLa 细胞 T_C 为 21h。细胞周期中 T_M 较短,常为 30～60min,故间期,尤其是 T_{G_1} 长短是决定细胞周期时间的关键。T_{G_1} 与 G₁ 期细胞中某些特殊 mRNA 及蛋白质的积累相关,另外,T_C 也受激素、生长因子等环境因素的影响,如果环境温度高于 39℃ 或低于 36℃,T_C 各时相时间将按比例变化。

在两栖类和海洋无脊椎类动物,卵细胞受精后的几次细胞分裂的 T_{G_1} 和 T_{G_2} 极短,以至有人认为其细胞周期仅含有 S 期和 M 期。

三、细胞周期各期的动态变化

1. G₁ 期　G₁ 期主要为 S 期做物质储备,表现为生长代谢旺盛,质膜对物质的转运作用加强,细胞大量摄取氨基酸、核苷酸、葡萄糖等小分子营养物质,RNA、蛋白质大量合成,细胞质量及体积都比细胞分裂刚结束时增加 1 倍。S 期所需的与 DNA 复制相关的各种酶如 DNA 解旋酶、DNA 聚合酶等,以及与 G₁ 期向 S 期转变相关的蛋白质如触发蛋白、周期蛋白、钙调蛋白等均在 G₁ 期合成。触发蛋白是细胞通过位于 G₁ 期末的 G₁ 期检查点所必需的专一蛋白,是一种不稳定蛋白(unstable protein),简称 U 蛋白,其含量积累到一定程度时,细胞周期才能通过 G₁ 期检查点朝 DNA 合成方向进行。当 DNA 复制启动的准备完成后,细胞才可以进入 S 期。如果细胞中缺乏 U 蛋白,细胞则处于暂不增殖状态,即前述的 G₀ 期细胞。

G₁ 期另一特点是组蛋白、非组蛋白及某些蛋白激酶等多种蛋白质磷酸化,磷酸化的组蛋白 H1 分子逐渐增多,可促进晚期染色体结构成分重排。

2. S 期　S 期是细胞周期进程中最重要的阶段,此期特征是 DNA 大量复制,组蛋白及非组蛋白合成,最后完成染色体的复制。

进入 S 期,G_1 期合成的 DNA 复制所需的酶和蛋白质活性显著增高,在多种酶的参与下完成 DNA 的复制。DNA 复制具有严格的时顺性,一般 CG 含量高的 DNA 序列的 DNA 先复制,AT 含量高的 DNA 序列后复制;就染色质而言,常染色质的 DNA 先复制,异染色质的 DNA 后复制,而女性细胞中失活的 X 染色质的 DNA 复制最晚。

组蛋白的合成与 DNA 的复制同步进行,既相互配合,又相互制约,以保证新合成的组蛋白在数量上与复制的 DNA 相适应。组蛋白合成后,迅速通过核孔进入细胞核,与复制后的 DNA 组装成核小体,进而形成在着丝粒处相连的两条完全相同的染色质丝,即中期时的染色单体。除组蛋白外,S 期仍继续合成与 DNA 复制有关的酶,如 DNA 聚合酶、DNA 连接酶等。

中心粒的复制也在 S 期完成。原本相互垂直的一对中心粒在 S 期分开,各自在其垂直方向形成一个子中心粒,由此形成的两对中心粒及其周围的中心粒周物质在随后的细胞周期进程中,将发挥微管组织中心的作用。

3. G_2 期　细胞进入 G_2 期,DNA 含量比 G_1 期增加 1 倍。G_2 期主要进行 DNA 损伤和突变的修复,合成与细胞分裂相关的 RNA 和蛋白质。例如,与核膜崩解、染色质凝集密切相关的促成熟因子(maturation promoting factor,MPF)在 G_2 期合成;微管蛋白的合成此期达到高峰,为 M 期组装纺锤体准备丰富的材料。

4. M 期　经过间期充分的物质准备,细胞进入 M 期。M 期的变化已在细胞分裂一节中详述。在生化合成方面,由于染色质已凝集成染色体,M 期 DNA 模板活性大大降低,除与细胞周期调控密切相关的蛋白质外,细胞中蛋白质合成显著降低,RNA 的合成则完全被抑制。

M 期结束,细胞分裂产生两个子细胞,子细胞含有完全等量的遗传物质及大致等量的细胞质成分。如果条件适宜,子细胞进入下一个细胞周期。

四、细胞周期同步化

自然条件下,细胞群体中的细胞处于细胞周期的不同阶段,具有不同的形态特点及生化特性,对辐射、药物、病毒感染及酶诱导等外界因素的敏感性和反应性也不同。因此,要深入了解某个特定阶段细胞的形态学和生理、生化活动特性,只靠少数细胞难以完成,必须获得大量处于细胞周期同一阶段的细胞,细胞周期同步化就可达到这一目的。同步化(synchronization)是指借助某种实验手段,使细胞群体中处于细胞周期不同时相的细胞停留在同一时相的过程,是细胞周期的一种研究方法。根据实验手段的不同,同步化分为选择同步化和诱导同步化两类。

(一) 选择同步化

1. 有丝分裂选择法　处于对数生长期的单层培养细胞,分裂活跃,细胞变圆、隆起,与培养皿的附着性降低;此时轻轻振荡,M 期细胞即脱离器皿壁,悬浮于培养液中,而其他时期的细胞则不会脱落。倾倒出培养液,收集细胞;重复以上的操作过程,通过离心可以获得一定数量的 M 期细胞。此法的优点是细胞未受药物伤害,同步化程度高;不足之处是获得的细胞数量较少,需多次连续操作才可获得足够的细胞。

2. 细胞沉降分离法　在细胞周期进程中,随着物质的不断积累,细胞的体积逐渐增大,故处于细胞周期不同时期细胞的体积不同。根据细胞在离心场中沉降速度与其半径的平方成正比特点,采用密度梯度离心的方法可分离出处于不同时期的细胞。此法主要适用于悬浮培养的细胞,优点是简单、省时、成本低,但同步化程度不高。

(二) 诱导同步化

1. DNA 合成阻断法　此法选用低毒或无毒的 DNA 合成抑制剂可逆地抑制 DNA 合成,而不影响其他时期细胞的周期运转,最终可将细胞群阻断在 S 期或 G_1/S 交界处。胸腺嘧啶核苷(TdR)是常用的 DNA 合成抑制剂,向处于对数生长期的培养细胞的培养液中加入过量 TdR,此时 DNA 合成被抑制,S 期细胞停滞,而其他时期细胞继续运转,最后停在 G_1/S 交界处,此为第一次阻断。移去培养液中的 TdR,加入新鲜培养液,阻断于 S 期的细胞开始复制 DNA 并沿细胞周期运转,再次加入过量 TdR,所有细胞运转至 G_1/S 交界处被阻断。通过 2 次阻断,所有细胞均被阻断在 G_1/S 交界处的狭窄区间。此法称为 TdR 双阻断法,优点是细胞同步化程度高,适用于任何培养体系;缺点是仅影响 DNA 合成,不影响 RNA 和蛋白质的合成,细胞体积大,非均衡生长。另外,同步化的细胞与该时相下正常细胞有一定差异。

2. 中期阻断法　某些药物可抑制微管聚合,能有效抑制有丝分裂器的形成,将细胞阻断在有丝分裂中期。常用的药物有秋水仙素和秋水仙胺等。此法的优点是操作简单,效率高;缺点是可逆性较差,阻断时间较长,阻断解除后,有些细胞不能完成正常的有丝分裂而出现异常分裂。

第三节　细胞周期的调控

案例 11-3

患儿,女,4 岁,因右眼珠呈红色、畏光,继而失明 2 个月余入院。

其母述,患儿 2 岁时,夜间右眼有黄色反光,未介意。无外伤史,父母非近亲结婚,头胎足月顺产。

体格检查：右眼无光感，眼位正，睫状体充血（+），角膜上皮水肿（+），前房积血（+++），眼底结构窥视不清；指测眼压高（T_{n+2}）。左眼屈光间质透明，散瞳查眼底未见异常。身体其他部位未见异常。

辅助检查：B超示右眼球内 14mm×16mm 不均匀回声团块，提示右眼视网膜母细胞瘤（内生型）。磁共振示右眼球内后壁占位，大小约 10mm×20mm×20mm。

诊断：视网膜母细胞瘤（右），右眼继发性前房积血。

治疗：全麻下行右眼球摘除术（术后病理报告：视网膜母细胞瘤）。

思考题：
1. 视网膜母细胞瘤的发病机制如何？
2. 视网膜母细胞瘤会遗传吗？

细胞周期中细胞生化、形态及结构等方面的变化及时相的转换，均是在细胞本身及环境因素的严格控制下完成的。细胞中多种蛋白质构成的复杂网络，通过一系列有规律的生化反应对细胞周期主要事件加以控制，确保细胞周期精确有序进行。

一、周期蛋白与周期蛋白依赖性激酶

周期蛋白（cyclin）和周期蛋白依赖性激酶（cyclin-dependent kinase，CDK）组成的 cyclin-CDK 复合物是细胞周期控制系统的核心，在细胞周期调控中起关键作用（图 11-11），是细胞周期运转的"引擎"。

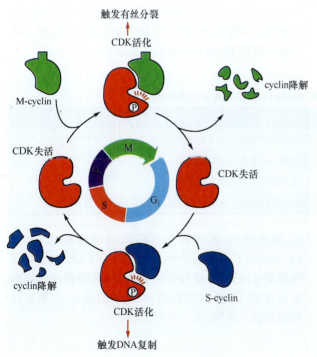

图 11-11　cyclin-CDK 在细胞周期中的作用

（一）周期蛋白

1983 年，T Hunt 和 T Evans 等利用[35]S-蛋氨酸对海胆受精卵蛋白质合成情况进行检测，发现受精卵早期卵裂过程中，有一类蛋白质含量随细胞周期进程逐渐积累，有丝分裂前期达到高峰，有丝分裂结束迅速消失，下一细胞周期中重复这一现象。因此，这类蛋白质被命名为周期蛋白。进一步研究证实，周期蛋白是一类普遍存在于真核细胞中，在细胞周期进程中规律性消长的蛋白质。

各种周期蛋白是由同一基因家族编码，具有相似功能的同源蛋白。哺乳动物的周期蛋白包括 cyclin A—H 几大类。在细胞周期的不同阶段，表达不同的周期蛋白；周期蛋白与细胞中其他蛋白结合，对细胞周期的相关活动进行调节。例如，cyclin C、D、E 仅在 G_1 期表达，进入 S 期即开始降解，在 G_1 期向 S 期转变过程中起调节作用，称为周期蛋白；cyclin A 在 G_1 期向 S 期转变过程中合成，中期消失，属 S 期周期蛋白；cyclin B S 期开始合成，G_2/M 期达高峰，随 M 期结束而降解、消失，属 M 期周期蛋白。

不同周期蛋白均含有一段约 100 个氨基酸残基组成的保守序列，称为周期蛋白框（cyclin box），介导周期蛋白与周期蛋白依赖性激酶结合成复合物。不同周期蛋白框识别不同的 CDK，组成不同的 cyclin-CDK 复合物，在细胞周期中发挥不同的作用。S 期和 M 期周期蛋白 N 端 9 个氨基酸残基组成的一段特殊序列，称为破坏框（destruction box）；破坏框在泛素介导的 cyclin A 和 cyclin B 的快速降解中发挥作用。G_1 期周期蛋白不含破坏框，通过其 C 端的一段富含脯氨酸（P）、谷氨酸（E）、丝氨酸（S）和苏氨酸（T）的 PEST 序列介导而降解。

（二）周期蛋白依赖性激酶

周期蛋白依赖性激酶（CDK）是一类必须与周期蛋白结合才具有激酶活性的蛋白激酶。目前在脊椎动物中已经发现并命名的 CDK 有 CDK1～8，各种 CDK 分子均含有一段类似的 CDK 激酶结构域（CDK kinase domain），其中有一小段高度保守序列，是介导激酶与周期蛋白结合的区域。CDK 是细胞周期调控系统的核心，影响其活性的因素包括周期蛋白、CDK 磷酸化状态及 CDK 抑制因子等。

1. 周期蛋白　与 cyclin 结合是 CDK 活化的首要因素。cyclin-CDK 复合物的形成使 CDK 暴露出活性位点；细胞中 cyclin 浓度达到一定水平时才能与 CDK 组装成 cyclin-CDK 复合物并使之活化，cyclin 降解后 CDK 随之失活。因此，cyclin 表达水平的周期性波动决定了 CDK 活性的周期性变化。Cyclin 不仅能促进 CDK 活化，还能将其引导到特定靶蛋白处因此，每一种 cyclin-CDK 复合物磷酸化不同的底物蛋白，进而启动或调节细胞周期中 DNA 复制、染色质凝集、核膜破裂、纺锤体组装等主要事件。

2. CDK 磷酸化状态　与 cyclin 结合是 CDK 活化的必要条件,但不是充分条件。CDK 的完全活化还需经历一系列磷酸化和去磷酸化过程。CDK 第 161 位苏氨酸(T161)被激酶磷酸化能促进 CDK 活化;第 15 位酪氨酸(Y15),脊椎动物还包括第 14 位苏氨酸(T14)磷酸化则抑制其活性,需要磷酸酶使其去磷酸

化;最终,当作用于 CDK 的激酶磷酸化和磷酸酶去磷酸化作用平衡时 CDK 得以活化,即 cyclin-CDK 复合物上底物附着部位形态改变,与底物结合能力增强。与未磷酸化时相比,磷酸化的 CDK 催化活性可提高 300 倍(图 11-12)。调节 CDK 磷酸化和去磷酸化的酶主要是激酶 weel、CAK 和 cdc25 磷酸酶。

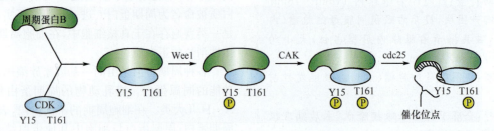

图 11-12　磷酸化状态对 CDK 活性的影响

3. CDK 抑制因子　细胞内某些蛋白质与 CDK 单独或与 cyclin-CDK 复合物结合后,能抑制 CDK 的活性,称其为周期蛋白依赖性激酶抑制因子(CDK inhibitor,CKI)。哺乳动物细胞中的 CKI 有 p16,p21 和 p27 等,它们通过抑制 CDK 的功能,阻断细胞周期的进程(图 11-13),这些抑制因子同时也是重要的抗癌基因产物。

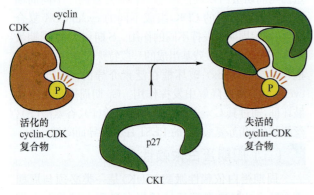

图 11-13　p27 对细胞周期的调控

(三) cyclin-CDK 复合物对细胞周期的调控

cyclin-CDK 复合物的周期性形成及降解,引发了细胞周期进程中特定事件的出现,并促进 G_1 期向 S 期、G_2 期向 M 期、中期向后期等关键过程不可逆的转换。因此,cyclin-CDK 复合物在细胞周期的调控中起着非常重要的作用,可比作推动细胞周期运行的"引擎"或"驱动力"。细胞周期的不同阶段,cyclin-CDK 复合物不同,对细胞周期的调控作用也不同(表 11-1)。现将 cyclin-CDK 复合物对细胞周期各时相的调控作用简述如下:

1. G_1 期　接受细胞外信号分子,如促有丝分裂剂、生长因子等的刺激,触发细胞内一系列信号转导反应,使转录因子 E2F、G_1-CDK、G_1/S-CDK 等基因表达。E2F 是一种独特的转录因子,除能促进 G_1/S-CDK、S-CDK 及与 DNA 复制有关的蛋白质表达外,还能促进自身基因表达,即具有正反馈作用,但 E2F 合成后即被 Rb 蛋白结合而失去活性。

表 11-1　脊椎动物细胞周期主要 cyclin-CDK 复合物及作用特点

cyclin	CDK	cyclin-CDK	作用时相	作用特点
cyclin D	CDK4,6	G_1-CDK	G_1 中、晚期	G_1 晚期跨过检查点向 S 期转换
cyclin E	CDK 2	G_1/S-CDK	G_1 中、晚期	G_1 晚期跨过检查点向 S 期转换
cyclin A	CDK 2	S-CDK	G_1 晚期	G_1 晚期跨过检查点向 S 期转换
cyclin B	CDK 1	M-CDK	G_2 期、M 期	磷酸化多种与有丝分裂相关的蛋白,促进 G_2 期向 M 期转换

在 G_1 期的中间阶段,G_1 期周期蛋白 cyclin D、E 与 CDK4、CDK6 结合构成的 G_1-CDK 含量增加并磷酸化而活化,作用于底物 Rb 蛋白,使其磷酸化而失活,E2F 得以与 Rb 蛋白分开而激活。激活的 E2F 一方面通过正反馈作用使其本身量增加;另一方面,增多的 E2F 促进 G_1/S 周期蛋白、S 期周期蛋白表达,继

而,活化的 G_1/S-CDK 和 S-CDK 也能磷酸化 Rb 蛋白,从而使 E2F 大量产生;由此,G_1/S-CDK 含量和活性短期迅速升高,使与 DNA 复制相关的蛋白质和酶大量合成,DNA 复制启动,推动细胞通过 G_1 期末的检查点进入 S 期(图 11-14)。

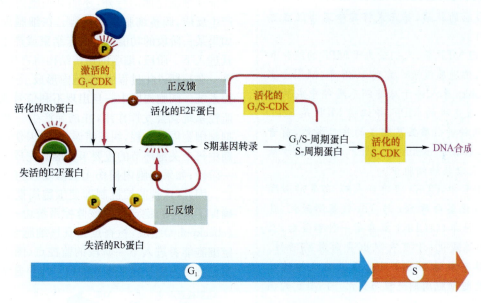

图 11-14 cyclin-CDK 在 G_1 期的调控作用

2. S 期　细胞进入 S 期后,G_1-CDK 复合物中的 cyclin D、E 发生不可逆地降解,使已进入 S 期的细胞无法向 G_1 期逆转。G_1 期末,在 E2F 诱导下,cyclin A 与 CDK 结合成 S-CDK 复合物,但被 CKI 分子结合而失活。当细胞周期跨过 G_1 期检查点向 S 期过渡时,G_1/S-CDK 将 CKI 磷酸化使其通过泛素化途径降解,于是,S-CDK 迅速活化,启动 DNA 复制,并阻止已复制的 DNA 再复制。

3. G_2/M 期　在 G_2 期末,cyclin B 与 CDK1 结合组装成复合物 M-CDK,在促进 G_2 期向 M 期转换过程中起关键作用。该复合物又称为促成熟因子(MPF)。

期,发育成熟的物质,并正式将其命名为促成熟因子(MPF)。

在发现 MPF 后,人们致力于 MPF 的纯化和鉴定工作,但进展缓慢。直到 1988 年,Maller 实验室的 Lohka 等人终于从非洲爪蟾卵中成功分离纯化了微克级的 MPF,并证明 MPF 是 32kD 和 45kD 两种蛋白质亚基组成的异二聚体,前者是 CDK1,后者是 cyclin B。MPF 广泛存在于从酵母到哺乳动物的细胞中。

在 MPF 中,CDK1 具有丝氨酸/苏氨酸激酶活性,可催化蛋白质 Ser 与 Thr 残基磷酸化,是 MPF 的活性单位;CDK1 本身是一种磷蛋白,只有其本身磷酸化,才可表现出蛋白激酶活性。cyclin B 具有激活 CDK1 及选择激酶底物的功能,其表达随细胞周期进程而变化,为 MPF 的调节单位。

在 G_2 期末,CDK1 中原磷酸化的 T15 和 Y14 位点,经 cdc25 磷酸酶作用去磷酸化,T161 位点保持磷酸化状态,CDK1 因此而被激活(图 11-12)。此时,cyclin B 达到峰值,故 MPF 活性显著增高,促进 G_2 期向 M 期转换。

4. M 期 M 期细胞形态结构的改变,中期向后期的转换均与 MPF 有关。MPF 使组蛋白 H_1 上与有丝分裂有关的特殊位点磷酸化,使染色质凝集、有丝分裂启动。

M 期细胞染色体的姐妹染色单体间黏连蛋白(cohesin)复合体受控于与分离酶(separase)结合的分离酶抑制蛋白(securin)。MPF 促进细胞从中期向后期转变,是通过后期促进复合物(anaphase-promoting complex,APC)、分离酶作用于黏连蛋白复合体实现的。在 MPF 作用下,APC(本质为泛素连接酶 E3)磷酸化,进而与 cdc20 结合而被激活;激活的 APC 使分离酶抑制蛋白通过多聚泛素化途径降解,释放并活化分离酶;在分离酶作用下,黏连蛋白复合体分解,着丝粒分离,姐妹染色单体在纺锤体微管牵引下移向两极,细胞进入后期。

后期末,在激活的 APC 作用下,cyclin B 经多聚泛素化途径降解,MPF 解聚、失活,此时,细胞失去 MPF 的活性作用,原先磷酸化的组蛋白及核纤层蛋白等,在磷酸酶作用下去磷酸化,使细胞内的形态结构变化逆转到细胞分裂早期,即染色体去凝集,核膜再次组装,子细胞核形成等;MPF 的失活也促进胞质分裂,进而形成两个子细胞。

二、细胞周期检查点

细胞周期的运行高度有序,细胞周期的调控系统

除推动细胞周期运行外,还能对细胞内、外各种信号产生反应,调整细胞周期进程。在细胞周期进程中,如果某一阶段的功能活动尚未结束或产生错误,细胞就进入下一阶段,细胞的遗传结构将产生灾难性的损害。在长期进化过程中,细胞内形成了一套完善的监控系统。细胞周期中一旦出现不利信号或产生错误,监控系统就会发挥作用,并诱导产生一些抑制因子,抑制细胞周期进程,纠正错误、修复损伤,保证细胞周期中每个关键环节的重要事件准确完成后,再进入下一阶段;如果细胞内损伤无法修复,则会诱导细胞凋亡。因此,这种监控机制即使细胞周期有序进行,又确保了遗传的稳定性。该监控系统由一系列检查点(checkpoint)组成,检查点是真核细胞细胞周期中决定细胞能否进入下一阶段的监控点(图 11-15),其实质是细胞内感受异常事件的信号传导通路。

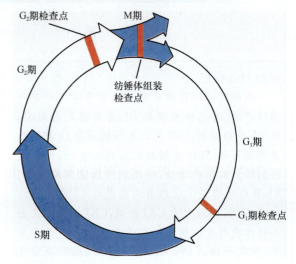

图 11-15 细胞周期检查点
DNA 损伤检查点:可位于 G_1 期,S 期和 G_2 期图中没有标出

1. G_1 期检查点 G_1 期检查点(G_1 phase checkpoint)位于 G_1 期末,是决定细胞能否进入 S 期的检查点。在芽殖酵母中,此检查点称为起始检查点(START)。G_1 期检查点主要监控细胞大小、环境条件(如生长因子等)是否适合。如果条件合适,细胞就会通过此检查点进入 S 期,启动 DNA 复制。如果条件不合适,细胞将被阻止在 G_1 期:要么细胞暂停生长,G_1 期延长,待条件合适时再进入 S 期;要么 细胞进入 G_0 期,处于休眠状态,成为 G_0 期细胞。

2. DNA 损伤检查点 细胞周期中,当外界条件(如离子射线、紫外线或药物等)引起 DNA 损伤时,DNA 损伤检查点(DNA damage checkpoint)迅速做出反应,阻止细胞周期继续进行,引发一系列生化事件,同时诱导修复基因表达,直到 DNA 损伤被修复。如果细胞被阻止在 G_1 期、S 期,受损的碱基将不能被复制,由此可避免基因组产生突变及染色体结构重排;如果细胞周期被阻止在 G_2 期,可使 DNA 双链断片得

以在细胞有丝分裂前得到修复。

3. G₂期检查点 G₂期检查点（G₂ phase checkpoint）主要监控已复制好的 DNA 是否有损伤，细胞的体积是否足够大等。如果条件适合，细胞则进入 M 期。

4. 纺锤体组装检查点 纺锤体组装检查点（spindle assembly checkpoint）主要监控纺锤体是否完成组装，确保排列在赤道面上的染色体与纺锤体微管相连后，才启动染色单体的分离。这一环节如有错误，将导致两个子细胞中染色体数目不均衡。未与纺锤体微管相连的染色体动粒将发出信号，抑制 APC 的功能，防止后期过早启动。因此，纺锤体组装检查点在有丝分裂中期向后期转变过程中起把关作用。

三、细胞周期调控的其他因素

（一）生长因子

生长因子（growth factor）是一类由细胞自分泌产生的多肽类物质，与质膜表面的特异性受体结合后，经信号传递，激活细胞内多种蛋白激酶，促进或抑制细胞周期进程相关蛋白的表达，参与细胞周期的调节。生长因子的作用为细胞周期正常进程所必需。例如，G₁期早期如果缺乏生长因子的刺激，细胞将不能向 S 期转换，成为 G₀ 期细胞。调控细胞周期的生长因子有多种，如表皮生长因子、神经生长因子、血小板衍生生长因子、白介素等。

（二）抑素

抑素（chalone）是一种由细胞自分泌产生的、能抑制细胞进程的糖蛋白，主要在 G₁ 期末及 G₂ 期对细胞周期产生调节作用。抑素可通过与质膜表面的特异性受体结合，引起信号转换，并向胞内传递，进而对细胞周期相关蛋白的表达产生影响，其调节方式与生长因子的作用相似。

（三）cAMP 与 cGMP

cAMP 与 cGMP 均为细胞内信号转导过程中重要的胞内信使，广泛参与细胞内各种功能活动，对细胞周期也有调控作用。cGMP 能促进细胞分裂中 DNA 及组蛋白的合成，cAMP 对细胞分裂有负调控作用，其含量降低时，细胞 DNA 合成及细胞分裂将加速。细胞中 cAMP 与 cGMP 量的平衡是维持正常细胞周期的重要因素。

第四节 细胞周期调控的遗传基础

细胞周期进程中，多种蛋白质和酶直接或间接参与了细胞周期事件的调控，编码这些蛋白质和酶的基因有规律、特异性表达构成了细胞周期调控的遗传基础。

一、细胞分裂周期基因

细胞分裂周期基因（cell division cycle gene, cdc gene），简称 cdc 基因，是一类产物表达具有细胞周期依赖性或直接参与细胞周期调控的基因，主要包括前述的处于细胞周期调控中心地位的 cyclin、CDK、CKI 的基因，与 DNA 复制密切相关的 DNA 聚合酶基因、DNA 连接酶基因等。

> **视窗 11-2**
> ### cdc2 基因的发现
> cdc 基因的存在及对细胞周期的作用，是在研究酵母温度敏感突变株细胞周期变化过程中发现的。20 世纪 70 年代，Paul Nurse 等研究裂殖酵母（S. pombe）的细胞周期调控，分离了几十个温度敏感突变株。温度敏感突变株在低温情况下，可以进行正常细胞分裂，处于细胞周期各阶段的细胞均存在；随着温度的升高，温度敏感突变株被阻断在细胞周期的某个特定时期，细胞周期不能继续进行，细胞则继续生长，细胞体积异常增大。
>
> 进一步研究发现，上述酵母温度敏感突变株细胞周期异常是高温引起基因突变所致，所以，该基因的产物为细胞周期进程所必需，故将此基因称为细胞分裂周期基因（cdc 基因）。之后，Paul Nurse 等成功分离了该基因。目前已鉴定的酵母 cdc 基因有 40 多个，根据突变株发现的先后顺序等原则，对这些基因进行了命名，如 cdc2、cdc25、cdc28 等。cdc 基因产物的生化功能涉及细胞周期的启动、DNA 合成、中心粒复制等过程。
>
> Paul Nurse 等所发现的 cdc 基因命名为 cdc2 基因，其产物分子量为 34kD，也称为 P34^{cdc2}，具有蛋白激酶活性，能使多种蛋白磷酸化。P34^{cdc2} 的激酶活性受周期蛋白的调控，其本质为 CDK1，与 MPF 的 P32 同源。cdc2 基因是第一个被克隆的 cdc 基因，是裂殖酵母中最重要基因之一。

二、癌 基 因

癌基因（oncogene）是一类在正常情况下为细胞生长、增殖所必需，突变或过度表达将导致细胞增殖异常，引起癌变的基因。癌基因包括 src、ras、sis、myc、myb 等基因家族，癌基因产物主要包括生长因子类蛋白、生长因子受体类蛋白、转录因子类蛋白及与细胞内信号转导相关蛋白等。例如，sis 基因产物结构上能模拟生长因子,可同相应的生长因子受体结合,以自分泌的方式对细胞周期进行调节。raf、mos 等基因的产物为细胞内信号转导相关蛋白,具有丝氨酸/苏氨酸激酶活性,分布于胞质中,通过丝氨酸/苏氨酸激酶级联反应,参与信号转导,调节细胞周期进程。

三、抗癌基因

抗癌基因(antioncogene)是正常细胞所具有的一类能抑制细胞恶性增殖的基因。这类基因编码的蛋白质通常能与转录因子结合或本身即为转录因子(transcription,TF),作为负调控因子,从多种途径影响细胞周期相关蛋白质的合成及 DNA 复制,调节细胞周期进程。现已有十几种抗癌基因被分离、鉴定,常见的有 p53、rb、DCC、WT1 等,其中 p53 的作用机制研究较为深入。P53 蛋白可作为转录因子与其他转录因子结合,在细胞周期进程中,直接或间接影响细胞周期相关基因的转录,使细胞滞留于 G_1 期。另外,细胞中 P 16、P 21 和 P 27 等蛋白质,作为 CKI,通过抑制 CDK 的作用来阻断细胞周期的进程,这些抑制因子本身就是重要的抗癌基因产物。

思 考 题

1. 试比较有丝分裂和减数分裂过程的特点及生物学意义。
2. 何谓细胞周期? 各时期的主要变化是什么?
3. 细胞周期同步化的方法有哪些? 各有何优缺点?
4. 说明细胞分裂后期染色体向两极移动的机制。
5. 细胞周期中有哪些检查点? 分别有什么作用?
6. 细胞周期受哪些主要因素调控?

(沈 滟 沈国民)

第十二章 细胞分化

多细胞生物不但细胞数目众多,而且分化出了多种类型的细胞,例如,组成人体的细胞就有 200 多种。这些细胞形态结构、生理功能各不相同,但它们都来自同一细胞——受精卵。这些形态结构各异、生理功能不同细胞的产生是细胞分化的结果。

第一节　细胞分化的概念

细胞分化(cell differentiation)是指细胞在结构、功能上发生差异的过程。已分化细胞获得并保持分化特征,合成特异性蛋白质。因此,常将细胞的形态结构、生理功能和生化特征作为判断细胞分化的指标。在个体发育过程中,通过细胞分裂使细胞数量增加;在分裂基础上细胞逐渐分化,形成形态结构各异、生理功能各不相同的细胞。例如,神经元突起具有传导神经冲动的功能;肌肉细胞呈纤维状或梭形,具有收缩功能;红细胞呈双凹圆盘状,具有携带氧气和二氧化碳、进行气体交换的功能等。各种分化细胞能够合成各自特有的蛋白质,例如,肌肉细胞合成肌动蛋白和肌球蛋白、红细胞合成血红蛋白、表皮细胞合成角蛋白等。因此,细胞分化的关键在于特异蛋白质的合成。

> **视窗 12-1**
>
> ### 诱导多能干细胞
>
> 　　2006 年,日本科学家 Takahashi 等把 Oct3/4、Sox2、c-Myc 和 Klf4 4 种转录因子导入已分化的小鼠皮肤成纤维细胞,进而获得了类似胚胎干细胞,人们称其为"诱导多能干细胞"(induced pluripotent stem cell,iPS cell);把 iPS cell 注入小鼠囊胚内,然后再将囊胚植入小鼠体内,可孕育出遗传混杂型(Chimera)仔鼠,甚至产出完全由 iPS cell 发育而成的仔鼠。
>
> 　　建立 iPS cell 大致过程如下:通过逆转录病毒转染的方法,将几个重要得多能性相关基因导入小鼠或人类成纤维细胞内;一段时间后,通过药物或形态学特征对转染的细胞进行选择;筛选出的细胞经过一系列严格检验,并与胚胎干细胞(embryonic stem cell,ES cell)比较,证明其多能性。

一、细胞分化的特性

(一) 普遍性

细胞分化是一种普遍的生命现象。整个个体发育过程中均有细胞分化活动,胚胎期是重要的细胞分化时期,出生后,机体内仍能产生新的分化细胞,如骨髓造血干细胞通过分裂、分化产生各种血细胞。

(二) 稳定性

在生理条件下,已分化为某种特定类型的细胞一般不会逆转到未分化状态或者成为其他类型的分化细胞,这说明细胞分化具有稳定性(stability)。例如,神经元、骨骼肌细胞在整个生命过程中始终保持稳定的分化状态,不再分裂;离体培养的表皮细胞,始终保持上皮细胞的特性,不会再转变为其他类型的细胞。

在特定条件下,已分化细胞也可逆转到未分化状态。这种分化细胞失去特有的结构和功能,变为具有未分化细胞特性的过程,称为去分化(dedifferentiation)或脱分化。例如,高度分化的植物细胞,在实验室培养条件下,可失去分化特性,重新进入未分化状态,成为能够发育为一株完整植物的全能性细胞。

目前尚未见到高等动物细胞完全去分化而成为全能性细胞的现象,但部分去分化的例子较多。例如,将人皮肤基底层细胞置于缺乏维生素 A 的培养液中培养,可分化为角质细胞;若置于富含维生素 A 的培养液中培养,则分化为黏膜细胞;另外,细胞癌变也与细胞去分化有关。

在特定条件下,已分化细胞经去分化(dedifferentiation),可再分化(redifferentiation)为另一种细胞;一种组织的干细胞也能够分化成其他组织细胞,这种现象称为转分化(transdifferentiation)。例如,色素细胞去分化后,可再分化为成晶状体;神经干细胞可转分化形成骨髓细胞、淋巴细胞;间充质干细胞除能被诱导分化为结缔组织细胞外,也能分化为心肌细胞、神经元等。

(三) 时空性

从基因表达角度看,细胞分化是基因选择性表达的结果,这种表达具有时空特征,即各种不同类型细胞的其特异性基因在机体的一定部位和一定时间表达。

细胞在不同发育阶段有不同的形态结构和功能，这是时间上的分化；在多细胞生物，同一细胞的后代，由于所处位置不同，微环境也有一定差异，表现出不同的形态和功能，这是空间上的分化。

案例 12-1

1996 年 7 月，世界上第一只克隆羊——"多利"在英国罗斯林研究所诞生；1997 年 2 月 23 日，这一研究成果正式公布。研究者们首先从一只苏格兰黑面母绵羊(B 羊)的卵巢中取出未受精的卵母细胞，并将细胞核除去，成为无核卵细胞，即"受体细胞"；然后，从另一只 6 岁芬兰多塞特白面母绵羊(A 羊)乳腺上皮分离得到乳腺细胞(体细胞)，低血清培养使其逐渐停止分裂，将其细胞核取出，作为"供体"；最后，经核移植(nuclear transfer)技术，将供体细胞核与受体细胞融合，产生含新遗传物质的重组卵细胞，经电流刺激启动胚胎发育；当在体外发育到囊胚期时，将囊胚植入第 3 只苏格兰黑面母绵羊(C 羊)子宫发育，"多利"由 C 羊产出。

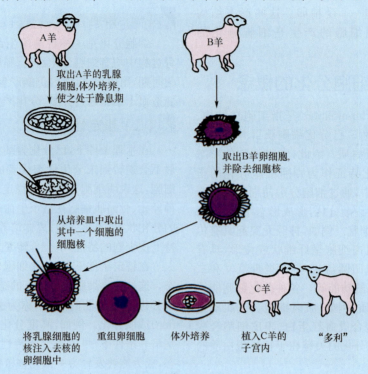

图 12-1　多利的诞生

思考题：

1. 如何理解该实验验证了细胞核的全能性？
2. 多利具有哪只羊的遗传特征？
3. 细胞质在细胞分化中起什么作用？

二、细胞分化的潜能

细胞分化的潜能(potency)是指细胞产生的后代细胞能分化成各种细胞的能力，细胞的全能性(totipotency)是指细胞具有重复个体的全部发育阶段和产生所有细胞类型的能力，即单个细胞在一定条件下增殖、分化发育成为完整个体的能力。具有这种能力的细胞称为全能性细胞(totipotent cell)。大多数植物和少数低等动物(如水螅)的体细胞是全能性细胞，哺乳动物受精卵至 8 细胞期的胚胎细胞也都是全能性细胞。

高等动物细胞在整个发育过程中，细胞分化潜能逐渐变窄。在三胚层形成后，由于细胞所处的空间位置和微环境的差异，细胞的分化潜能受到限制，成为多能干细胞；经过器官发生，各种组织细胞的发育命运最终确定，多能干细胞演变为单能干细胞；在成体内，除一些组织器官保留部分未分化细胞(干细胞)外，机体的绝大多数细胞最终特化为终末分化(terminal differentiation)细胞。

虽然在胚胎发育过程中，细胞的全能性逐渐受到限制，但细胞核的情况则完全不同。终末分化细胞的细胞核保留着全部的核基因组，具有个体生长、发育所需的全部遗传信息，具有发育为完整个体的潜能，谓之全能性细胞核(totipotent nucleus)。早期研究发现，将蛙的囊胚期细胞，甚至蝌蚪已分化为肠上皮细胞的细胞核,植入去核的卵细胞中,该卵细胞最终发育成蛙。这表明,在分化过程中,绝大多数细胞均保持其完整的基因组或染色体组,其细胞核具有全能性(图 12-2)。

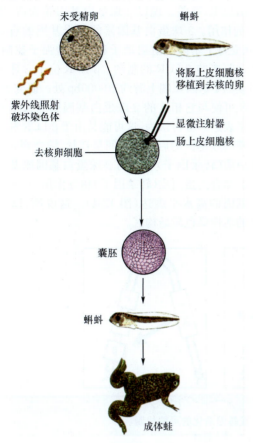

未受精卵　　　蝌蚪

紫外线照射破坏染色体

将肠上皮细胞核移植到去核的卵

显微注射器

肠上皮细胞核

去核卵细胞

囊胚

蝌蚪

成体蛙

图 12-2　爪蟾细胞核移植实验

第二节　细胞分化的机制

一、细胞分化与基因选择性表达

在个体发育过程中,具有相同遗传信息的不同类型细胞,由于基因表达的差异,其结构与功能也不同。如红细胞合成血红蛋白、胰岛细胞合成胰岛素等。这说明不同细胞的差别在于细胞合成蛋白质的不同,因此,细胞分化的关键是特异性蛋白质的合成,而特异性蛋白质的合成是基因选择性表达的结果。

基因选择性表达体现为细胞分化的时空性:在个体发育不同的阶段,表达的基因不同,产生不同的奢侈蛋白,即时间上的分化;在个体发育的某一时期,机体不同部位的组织细胞表达不同的基因,导致不同组织器官的细胞表现出不同的形态结构和功能,即空间上的分化。

事实上,细胞的基因并非都同细胞分化有直接关系,在人类基因组 2.5 万~3 万个基因中,只有少部分在分化中起作用。根据与细胞分化的关系,基因分为持家基因和奢侈基因(luxury gene)或称组织特异性基因(tissue-specific gene)两类。

持家基因是生物体各类细胞中都表达的基因,是维持细胞最低限度功能必需的基因,其编码的蛋白质是维持细胞存活和生长所必需,如组蛋白基因、核糖体蛋白基因、微管蛋白基因、糖酵解酶系基因等。

奢侈基因是特定类型细胞中,执行特定功能所需蛋白质的基因,即各种组织中选择性表达的基因。丧失这类基因对细胞的生存并无直接影响。奢侈基因产物称为奢侈蛋白(luxury protein),即组织特异性蛋白;奢侈蛋白赋予各类细胞特异的形态结构与生理功能。例如,角蛋白基因、白蛋白基因、血红蛋白基因分别在表皮细胞、肝细胞和红细胞中表达相应的蛋白质,维持这些细胞的正常功能。

特定组织中表达的奢侈基因约占基因总数的 5%~10%,也就是说,某些奢侈基因表达形成一种类型的分化细胞,另一些奢侈基因表达形成另一类型的分化细胞,这称为差异基因表达(differential gene express),差异基因表达是细胞分化的关键。

二、细胞分化的基因调控

细胞分化过程中基因的差异表达是基因表达调控的结果。真核细胞基因表达的调控是多级调控,包括转录、翻译及蛋白质形成后活性修饰等不同水平,其中最重要的是转录因子介导的转录水平调控。

在细胞分化期间,被激活的基因通常具有复杂的调控区,包括启动子区和其他能调节基因表达的 DNA 位点,这些区域也称为活性染色质结构区。在活性染色质结构区,不同转录因子相互作用决定基因是否被激活,进而决定细胞分化。

(一) 转录因子

与基因表达调控区相互作用的转录因子(transcription factor)有通用转录因子和组织细胞特异性转录因子两大类,前者是大量基因转录所需要,并在许多细胞类型中都存在的转录因子;后者是特定基因或一系列组织特异性基因表达所需要,只在 1 个或很少几种细胞类型中存在的转录因子。例如,红细胞表达血红蛋白所需的 EFI 因子、胰岛 β 细胞表达胰岛素所需的 Isl-I 因子等均为组织细胞特异性转录因子。通常情况下,分化细胞中细胞特异性基因表达是仅存于那种类型细胞中的组织细胞特异性转录因子与基因的调控区相互作用的结果。

(二) 活性染色质结构区

分化细胞中活性染色质结构区的作用,在血红蛋白基因表达方面研究得较深入。人的血红蛋白由 2 条类 α 链和 2 条类 β 链组成,其中,类 α 链基因包括 α 基因和 ζ 基因,构成 α-珠蛋白基因簇,位于 16 号染色体短臂末端;类 β 链基因包括 ε、Gγ、Aγ、δ 和 β 5 种,构成 β-珠蛋白基因簇,位于 11 号染色体短臂末端(图 12-3)。

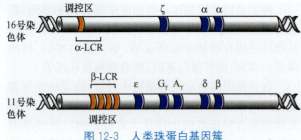

图 12-3　人类珠蛋白基因簇

这些基因在人体发育的不同阶段依次表达：ζ 基因在胚胎期卵黄囊中表达，α 基因先后在胎儿期肝脏和成体骨髓表达；ε 基因在胚胎卵黄囊中表达，Gγ 和 Aγ 基因在胎儿肝脏中表达，δ 和 β 基因在成人骨髓网织红细胞中表达。类 α 链基因和类 β 链基因产物的不同组合，形成了人体发育不同阶段的 8 种血红蛋白。

人体胚胎发育过程中，α-珠蛋白基因簇、β-珠蛋白基因簇基因的依次打开和关闭，与 α-珠蛋白基因簇和 β-珠蛋白基因簇上游的基因座控制区（locus control region, LCR）有关。现以 β-珠蛋白基因簇为例，说明 LCR 的作用。β-珠蛋白基因簇的每个基因的有效表达，除受每个基因上游启动子和下游增强子控制外，还受远距离的 β-LCR 的制约。β-LCR 位于 β-珠蛋白基因簇的 ε 基因 5′端上游约 10 000bp 处。研究表明，β-LCR 可使与它相连的 β-珠蛋白基因簇的每个基因高水平表达。分析认为，这可能是由于 β-LCR 和 β-珠蛋白基因簇基因的启动子之间呈袢状，结合到 β-LCR 的蛋白质（转录因子）容易与 β-珠蛋白基因簇基因启动子上结合的蛋白质（转录因子）相互作用，从而促进相关基因的高水平表达（图 12-4）。这说明，LCR 是重要的活性染色质结构区。

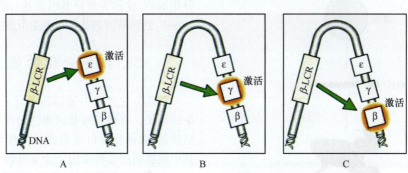

图 12-4　β-LCR 控制的 β-珠蛋白基因簇基因活化的可能机制
A. 胚胎卵黄囊；B. 胎儿肝脏；C. 成人骨髓

（三）转录因子组合

在细胞分裂、分化过程中，1 个祖细胞与其先后分裂、分化形成的子代细胞构成细胞谱系（cell lineage）。在细胞谱系形成过程中，调控细胞分化的基因调节蛋白（转录因子）往往以组合方式影响基因的转录，不同细胞的分化过程通过基因调节蛋白的不同组合来完成。通过这种方式，能以相对较少的基因调节蛋白产生较多的细胞类型（图 12-5）。

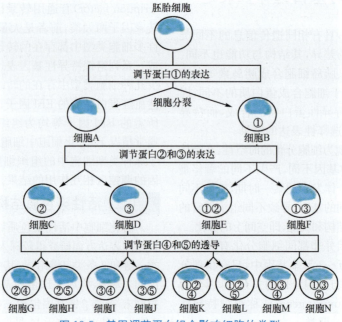

图 12-5　基因调节蛋白组合影响细胞的类型

此外,DNA甲基化、组蛋白的乙酰化和甲基化等染色质成分的共价修饰都会引起染色质结构和基因转录活性的变化,都是转录水平细胞分化的调控因素。

第三节　细胞分化的影响因素

> **案例12-2**
>
> 　　取蝾螈胚体尚未迁移到内部的背唇细胞部分(脊索原基),移植到另一个正处于原肠胚期的蝾螈胚体腹部,以后,移植物发育成第二条脊索;受脊索诱导,移植上方的受体细胞发育成第二个神经板并进一步发育成神经管;神经管的前端膨大形成原脑,原脑两侧突出的视杯诱导其上方外胚层表皮细胞内陷,形成晶状体;晶状体诱导其表面的外胚层表皮细胞凋亡,留下一层坚韧而透明的角膜。最终,植入的外源背唇细胞团,使原来预定发育成腹部的区域长出头部,导致蝾螈发育成双头畸胎(图12-6)。
>
> **思考题:**
>
> 　　如何理解胚胎诱导及诱导的多级性?
>
>
>
> **图12-6　蝾螈早期原肠胚背唇移植至受体腹部形成双头幼体**

一、细　胞　决　定

在个体发育过程中,胚胎细胞在发生可识别的分化特征之前就已确定了未来的发育命运,只能向特定方向分化,这种细胞未来发育命运的确定称为细胞决定(cell determination)。

细胞决定可通过胚胎移植实验(grafting experiment)证明。例如,在两栖类胚胎,如果将原肠胚早期预定发育为表皮的细胞(供体),移植到另一胚胎(受体)预定发育为脑组织的区域,供体表皮细胞在受体胚胎中将发育成脑组织;当供体发育到原肠胚晚期阶段,重复此移植实验,则在受体胚胎中发育成表皮。这表明,在两栖类的早期原肠胚和晚期原肠胚之间的某个时期便开始了细胞决定;一旦决定之后,即使外界因素不复存在,细胞仍然按照已决定的命运分化。

细胞的分化方向源于细胞决定,是什么因素决定了"细胞决定"?迄今尚未完全明了。有研究资料提示,两种因素在细胞决定中起重要作用:一是卵细胞的极性和早期胚胎细胞的不对称分裂,二是胚胎发育早期胚胎细胞的位置及胚胎细胞间的相互作用。这些因素构成了细胞决定信号,并左右了细胞中某些基因的永久性关闭和某些基因的开放。

二、细胞质的影响

细胞质对细胞分化的影响可以追溯到单细胞受精卵中细胞质。胚胎发育过程中细胞分化是细胞核和细胞质之间相互作用的结果。如果将爪蟾的肠上皮细胞核植入去核卵细胞中,该卵细胞开始卵裂并发育;如植入其他去核体细胞中则不能进行胚胎发育。这说明卵细胞质中存在使已分化细胞重新启动分裂、分化的物质。受精卵形成后的早期卵裂过程中,卵裂形成的裂球(blastomere)的核遗传物质是相同的,但是,裂球的胞质各区域组分并不相同,卵裂使不同细胞质组分进入不同的裂球。这种裂球中胞质组分分布的不均质性对胚胎早期发育有很大影响,一定程度上决定细胞的早期分化。这些胞质组分实际上是存在于受精卵和胚胎细胞中决定细胞定向分化的细胞质因子,称为决定子(determinant)。决定子既包括控制细胞核基因开、关的各种调节因子,也包括许多隐蔽的mRNA。决定子在卵母细胞中已然形成,受精卵形成后的数次卵裂过程中,决定子一次次改组,并分配到不同细胞中,影响不同细胞的分化。不同细胞的决定子又通过信号分子影响其他细胞,产生级联效应。这样,最初储存的信息不断被修饰并逐渐形成更精细、更复杂的指令,最终产生分化各异的细胞类型。

> **案例12-1 分析**
>
> 　　许多研究表明,高等动物已分化的细胞仍然保持着全套基因组,在特定条件下,可表现出全能性——细胞核的全能性,克隆羊——多利的诞生就是明证,即白面母羊乳腺上皮细胞(已分化的体细胞)的细胞核的遗传信息,在多利身上得到了完全体现。多利出生后,研究者们用分子生物学技术测定了多利和"供核"羊—白面母羊的遗传组成,结果显示,二者有相同的核遗传物质。
>
> 　　多利继承了白面母羊体细胞遗传物质,是在其遗传信息指导下发育的,理应具有白面母羊的遗传特征,事实也的确如此:多利是一只白面羊,而不是黑面羊。
>
> 　　个体的遗传特征主要是核遗传物质决定的,但在发育过程中,细胞质也起作用。正如研究者们的实验所揭示的那样,将爪蟾的肠上皮细胞核植入去核卵细胞中,卵细胞能够发育;但将其植入爪蟾其他去核体细胞中则不能生长发育。这表明,卵细胞胞质中存在使已分化细胞重新启动分裂、分化的物质,这些物质调节细胞核的基因开与关,间接作用于细胞的生长发育。

三、细胞间相互作用

多细胞生物的个体发育过程中,随着胚胎细胞数目的不断增加,细胞间的相互作用对细胞分化的影响越来越大、越来越重要。

(一) 胚胎诱导

胚胎诱导(embryonic induction)是在一定的胚胎发育时期,一部分细胞影响邻近另一部分细胞,使其向一定方向分化的现象。诱导分化现象在动物胚胎发育过程中普遍存在,特别在原肠胚期,中胚层首先独立分化;这一启动对邻近胚层有很强的诱导分化作用,能促进内胚层、外胚层朝相应的组织器官分化。诱导作用呈梯级扩散,最早的器官原基诱导相邻细胞向某一方向分化,这是初级诱导;被诱导分化的细胞再诱导附近细胞,此为次级诱导;次级诱导之后还有三级诱导等。细胞间诱导分化机制涉及细胞与细胞接触、细胞与细胞基质接触、信号分子扩散等。

> **案例 12-2 分析**
>
> 一部分细胞影响邻近细胞,并决定其分化方向的诱导分化现象在动物胚胎发育过程中普遍存在。蝾螈胚体的背唇细胞团(脊索原基),移植到另一个正处于原肠胚期的蝾螈胚体腹部,这块移植物发育成了脊索,该脊索诱导原本应形成腹部的部位形成了神经板,此为胚胎诱导。
>
> 蝾螈胚体移植物发育成的第 2 条脊索诱导其上方的外胚层细胞分化,形成神经板,这是初级诱导,随后次级诱导形成晶状体,三级诱导形成角膜,这说明胚胎诱导具有多级性。

(二) 抑制

抑制(inhibition)是指在胚胎发育中,已分化的细胞抑制邻近细胞进行相同分化而产生的负反馈调节作用。例如,把发育中的蛙胚置于含成体蛙心组织碎片的培养液中,蛙胚不能产生正常的心脏。这说明,已分化的细胞可产生并释放具有组织特异性的细胞增殖抑制剂,抑制邻近细胞向相同方向分化,对细胞群体的大小具有调节作用,这种物质称为抑素(chalone)。正是由于诱导和抑制的协同作用,才使胚胎发育有序进行,使发育的器官间相互区别,避免重复。

(三) 细胞识别与黏合

从受精卵形成开始到组织器官形成的各个环节,都与细胞识别和黏合息息相关。例如,将蝾螈原肠胚 3 个胚层的游离细胞置于体外混合培养,结果发现,同一胚层的细胞相互黏着,依然形成外胚层在外,内胚层在内,中胚层介于二者之间的胚盘。这说明同类细胞具有相互识别和黏合的能力。细胞识别是指胞间通过表面黏附分子形成专一性黏附的相互作用。这种细胞间识别与结合具有特异性,细胞一旦相互识别并黏合,其质膜就紧密结合成细胞间传递离子及分子的通道。

四、环境因素

环境中各种因素,包括物理、化学及生物因素等,可干扰人类正常胚胎发育。例如,胚胎发育早期,母体感染风疹病毒易引起胎儿先天性白内障和心脏发育畸形;母体碘缺乏,可致新生儿甲状腺肿、智力低下和生长发育迟缓。

第四节 干 细 胞

> **案例 12-3**
>
> 将人骨髓间充质干细胞(bone mesenchymal stem cell,BMSC)种植在包被有纤维连接蛋白的羟磷灰石三维生物材料上,植入到裸鼠皮下,可观察到生物材料中有骨、软骨和脂肪细胞的形成。将 BMSC 注射到成体小鼠心脏,在小鼠体内,BMSC 可以分化为心肌细胞、内皮细胞、外膜细胞(毛细血管)和平滑肌细胞等。在 N5 神经生长培养液中,使用脑源性营养因子(brain-derived neurotrophic factor,BDNF)和视黄酸(retinoic acid,RA)诱导 BMSC 1~2 周后,培养的细胞中出现多角形、有次级树突样突起的神经元样细胞,并表达神经元特异标记物。对 BMSC 分化潜能的进一步研究发现,BMSC 在体内还可以向内胚层细胞和外胚层细胞分化。
>
> **思考题:**
>
> 上述实验体现了成体干细胞的哪些分化特性?

一、干细胞的类型

干细胞(stem cell)是指动物胚胎和成体组织中一直能自我更新,保持未分化状态,具有分裂能力的未分化细胞。具有多分化潜能的干细胞能够产生表现型和基因型与自身完全相同的子代细胞,也能产生组成机体组织、器官的特化细胞。根据来源,干细胞分为胚胎干细胞和成体干细胞(adult stem cell);根据分化潜能,干细胞分为全能干细胞(totipotent stem cell,TSC)、多能干细胞(multipotential stem cell)和单能干细胞(unipotent stem cell)(图 12-7)。

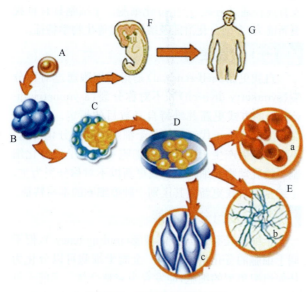

图 12-7　干细胞的分化过程

A. 受精卵(全能干细胞);B. 桑葚胚;C. 内细胞团(多能干细胞);
D. 培养的多能干细胞;E. 分化细胞(a. 血细胞、b. 神经元、c. 肌
肉细胞);F. 胚胎;G. 成人

（一）全能干细胞

　　人和动物的所有细胞都来自 1 个细胞,即受精卵。受精卵细胞分裂形成的胚胎细胞称为裂球。受精卵细胞及其分裂形成的 2～8 个裂球都具有全能性,也就是说,将处于这种状态的任何一个细胞移入子宫,该细胞都具有发育成为一个完整个体的可能性。这种具有发育全能性的早期胚胎细胞称为全能干细胞。

（二）多能干细胞

　　随着发育的进行,由裂球构成的桑葚胚(morula)逐渐形成中空的球形结构,称为囊胚(blastula),囊胚内侧的细胞团称为内细胞团(inner cell mass),内细胞团细胞具有分化为成熟个体中所有细胞类型细胞的潜能,但不能分化为胎盘和其他一些发育生长必需的胚外组织,故没有形成一个完整个体的能力。这种早期胚胎细胞称为多能干细胞,习惯上也称胚胎干细胞(ES cell)。

　　ES cell 可被定向诱导分化为各种高度分化的功能性体细胞,应用于细胞替代疗法和组织器官移植。细胞因子诱导分化的方法操作简便,但其诱导产生的定向分化细胞数量少,纯度低,不利于细胞移植治疗。利用转基因技术(如基因打靶技术),可使某个促分化基因在 ES cell 中过表达,调节 ES cell 分化;因此,ES cell 经过基因改造,有可能在体外诱导产生具有特异功能的单一类型细胞,在临床医学应用方面有巨大潜力。

　　由于人 ES cell 来源于人工体外受精产生的囊胚内细胞团,故围绕该研究的伦理道德问题也随之出现。此外,由于 ES cell 的生长和分化很难控制,又增加了致癌和致畸风险,因此,只有解决了这些问题,才能使 ES cell 的研究造福于人类。

（三）单能干细胞

　　随着胚胎的继续发育,囊胚内细胞团的多能干细胞进一步分化,其后代细胞的分化潜能逐渐"变窄";三胚层形成后,各组织器官原基出现,那些存在于胚胎各个组织器官原基的干细胞,通常只向单一方向分化为该组织器官的细胞,故称为单能干细胞,也称为专能干细胞或组织特异性干细胞。例如,肝脏原基组织中的肝干细胞只具有分化为成熟肝细胞和胆管细胞的潜能,神经干细胞只具有分化为神经元和神经胶质细胞的潜能。

（四）成体干细胞

　　许多证据表明,出生后个体的组织仍有干细胞存在,这些干细胞通过有序的增殖与分化,实现其所在组织中细胞的新旧交替,维持组织器官结构和功能的动态平衡。这类干细胞是存在于一种组织或器官中的未分化细胞,具有自我更新能力,能分化为来源组织的主要类型分化细胞,故称其为成体干细胞,也称为专能性成体干细胞。专能性成体干细胞只能向一种类型或密切相关的两种类型的细胞分化。

　　成体干细胞在正常情况下处于休眠状态,即保持不分裂状态;在病理状态或在外因诱导下被激活,表现出不同程度的再生和更新能力,代替由于损伤或疾病而死亡的细胞。成年动物的组织或器官之所以具有修复和再生能力,成体干细胞的自我更新和分化潜能起关键作用。近年来,已成功分离鉴定了多种成体干细胞,如造血干细胞、神经干细胞、骨髓间充质干细胞、皮肤干细胞、肠干细胞、肝干细胞、生殖干细胞等。少数成体干细胞可跨谱系分化,除分化为所在组织的细胞外,还能分化为其他组织的细胞;分化方向已定的干细胞,在一定条件下依然具有分化方向的可塑性。

> **案例 12-3 分析**
>
> 　　从本案例了解到,自然和诱导分化条件下,BMSC 的分化潜能体现在如下几方面:
>
> 　　(1) 跨胚层分化:又称作横向分化,在相应诱导因素的作用下,BMSC 可向不同谱系分化,如成骨细胞、心肌细胞、肝细胞、脂肪细胞、血管内皮细胞、神经元等。目前认为,BMSC 这种跨胚层或跨系分化的基础最有可能是转分化现象。在体外一些因素诱导下,BMSC 可能改变自身的基因表达,从而转分化为其他谱系细胞。
>
> 　　(2) 定向诱导分化:定向诱导分化是指给予适当的相关条件,对 BMSC 的分化进行诱导和调节控制,使之向特定方向分化成特定功能的细胞。如 BDNF 和 RA 可诱导 BMSC 向神经元分化,地塞米松、维生素 D_3、维生素 C 和转化生长因

子-β(TGF-β)等可诱导BMSC向成骨细胞分化。

将体外5溴-脱氧尿苷(Brdu)标记的BMSC移植到不同组织,主要分化为其所在组织的特定细胞,这表明BMSC自我更新与分化命运是细胞内在"程序"与外部环境信号共同决定的,即细胞内在遗传因素的作用离不开外部环境信号的参与。自我更新及跨胚层分化的特性,使BMSC在再生医学及临床细胞治疗中显示出诱人的应用前景。

二、干细胞的生物学特征

在成体动物,大部分组织的细胞寿命很短,如表皮细胞、血细胞和肠上皮细胞等,需要不断更新。成体产生新细胞的途径通过已存在细胞的分裂实现。在细胞分化过程中,细胞的分化程度越高,分裂能力越低,高度分化的细胞则完全失去分裂能力,最终衰老死亡。机体细胞分化过程中保留了部分未分化的原始细胞——干细胞,一旦生理需要,这些干细胞可按照发育途径通过分裂,产生分化细胞。干细胞具有自我更新能力、多向分化潜能及缓慢增殖等生物学特征。

(一) 自我更新

自我更新(self-renewal)是指干细胞通过对称分裂(symmetry division)和不对称分裂(asymmetry division)的方式更新并维持自身数目的恒定。对称分裂产生的2个子代细胞都是干细胞或都是分化细胞,不对称分裂产生1个子代干细胞和1个子代分化细胞。哺乳动物干细胞的自我更新以不对称分裂为主,干细胞的自我更新是其区别于肿瘤细胞的本质特征。

(二) 多向分化潜能

干细胞具有多向分化潜能(multipotency),但不同干细胞的分化潜能不同。全能干细胞可以分化为任何组织类型的细胞,能发育为完整个体。多能干细胞(胚胎干细胞)分化为成体干细胞的过程中,各种细胞都是处于不同分化等级的干细胞,随着分化(即个体发育)的进行,分化方向趋于增多,多向分化潜能也趋于变小。成体干细胞只能分化为其相应或相近的组织细胞(图12-8)。

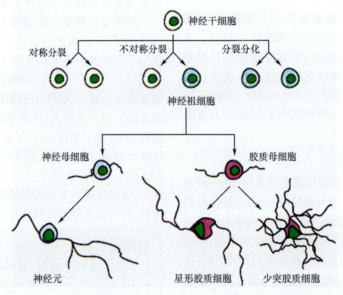

图12-8　神经干细胞的分化潜能

(三) 缓慢增殖

通常情况下,干细胞处于休眠状态;当接受刺激分化时,干细胞首先进入增殖期进行增殖。干细胞具有独特的不对称分裂的增殖方式,通过不对称分裂,产生一个与母代细胞完全相同的子代细胞,以保持干细胞稳定;同时还产生过渡放大细胞(transit amplifying cell)。过渡放大细胞经若干次分裂后,便可产生分化细胞(图12-9)。

干细胞的缓慢增殖有利于干细胞对特定的外界信号做出反应,以决定细胞是进入增殖状态、还是进入特定的分化程序;同时也能使干细胞有更多时间发现和校正复制错误,减少细胞内基因突变的危险。过渡放大细胞分裂速度快,基因突变频率高,但细胞的寿命相对较短,不会形成突变的积累。因此,有人认为,干细胞的作用不仅在于补充组织细胞,而且还可能具有防止体细胞基因突变的作用。

干细胞增殖缓慢,但组织中的过渡放大细胞的分裂速度则相对较快。过渡放大细胞的生物学意义在于,通过过渡放大细胞分裂,可在短时间产生较多的分化细胞。

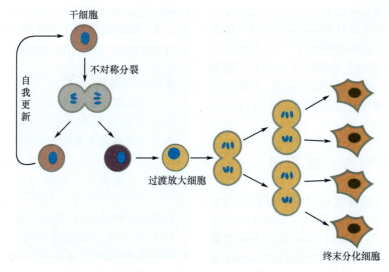

干细胞

不对称分裂

自我更新

过渡放大细胞

终末分化细胞

图 12-9 干细胞的增殖方式

案例 12-4

患者，女，6个月，因对光反应差、左侧眼球轻度突出而就诊。

辅助检查：

B超：左眼轴径增大，右眼轴径正常，轮廓清晰。左眼见 20mm×18mm，右眼见 10mm×4mm 强回声区，边界尚清。

CT：双侧眼球内均见高密度灶，左侧眼球内见一个形状不规则的钙化灶，CT值为 154Hu，体积约 14mm×10mm×15mm。右侧眼球内后壁见一个半圆形边界清楚软组织肿块，CT值为 83Hu，体积约 8mm×5mm×4mm。双侧视神经增粗。

诊断：视网膜母细胞瘤（双侧，双侧视神经转移）

思考题：

1. 什么是视网膜母细胞瘤？

2. 视网膜母细胞瘤的病因是什么？

3. 患者双侧视神经为何会增粗？

第五节 细胞分化与肿瘤

肿瘤细胞（tumor cell）从正常细胞转化而来，是分化不成熟且具有恶性增殖特性的细胞，是机体细胞增殖和分化调控紊乱的结果。肿瘤分为良性肿瘤和恶性肿瘤，通常所说的癌或肿瘤实际是恶性肿瘤的统称。根据组织来源，恶性肿瘤分为来源于外胚层和内胚层、发生于上皮细胞的上皮癌，源于中胚层的肉瘤、淋巴瘤及白血病等。

一、肿瘤细胞的生物学特性

肿瘤细胞的生物学性状与正常细胞显著不同，主要表现在以下几个方面。

（一）增殖和分化失控

在正常人体，任何细胞的增殖、分化、衰老和死亡都是一系列基因控制并受复杂信号调节的过程；肿瘤细胞的增殖和分化则失去控制，具有无限增殖能力，丧失了正常细胞具有的接触抑制作用。

（二）生存独立性

肿瘤细胞具有很强的独立性，单个肿瘤细胞有发展成整个瘤体的能力；肿瘤细胞间相互依赖性小，每个细胞都有独立的生存能力。

（三）浸润性和转移性

人体内良性肿瘤位于特定的组织部位，周围通常有完整的结缔组织膜包裹，生长缓慢，不发生转移。恶性肿瘤细胞在早期或生长到一定程度和阶段时，即向周围正常组织浸润，破坏正常组织，压迫血管或腺体导管，使正常组织丧失功能；部分肿瘤细胞可脱离瘤体，通过淋巴管或血液迁移至身体其他部位，形成继发灶；继发灶的肿瘤细胞在新部位可再增殖、侵袭生长并形成新的肿瘤，此过程称为肿瘤转移。浸润性和转移性是恶性肿瘤的重要标志，是导致患者死亡的主要原因，但其发生机制至今尚未阐明。

（四）表型不稳定性

肿瘤细胞的表型极易改变，尤其是高转移潜能肿瘤细胞的表型更不稳定。表型改变的原因是多方面的：基因突变是主要原因之一，肿瘤细胞的形成是多基因连续突变所致，已演变为肿瘤的细胞仍可继续发生基因突变；非突变性的基因修饰（如甲基化及去甲基化）或基因扩增也是引起表型不稳定性的因素。

（五）异质性

同一肿瘤内可含有许多细胞表型不尽相同的细胞亚群，其细胞的增殖率、形态结构、核型、细胞表面标记、生化特点、浸润能力及对化疗、放疗的反应等均不一致，这就是肿瘤的异质性（heterogenety）。这些细胞亚群虽然是同一转化细胞的后代，但在不断增殖形成肿瘤过程中，因细胞遗传物质的不稳定而不断变异，导致肿瘤组织内肿瘤细胞表型不一致，表现出不同特征。肿瘤细胞的异质性正是用单一手段难以治愈肿瘤的原因所在。

二、癌基因与抗癌基因

癌基因（oncogene）是细胞基因组中存在的与细胞恶变有关的基因。癌基因最早发现于诱导鸡肉瘤的劳氏肉瘤病毒，该病毒携带的 v-src 基因对病毒繁殖不是必要的，但当该病毒感染鸡胚细胞后，v-src 基因可引起鸡细胞癌变，形成肉瘤。这种病毒体内存在的可以使宿主细胞癌变的基因，称为病毒癌基因（viral oncogene，v-oncogene），简称 v 癌基因。后来发现，在鸡正常细胞基因组中也有一个与 v-src 基因同源性很高的基因片段 c-src，鸡体内的 c-src 编码一种与细胞分化调控相关的蛋白激酶。因此，将正常细胞中含有的与病毒癌基因同源的基因称为细胞癌基因（cellular oncogene，c-oncogene），简称 c 癌基因，又称原癌基因（proto-oncogene）。c 癌基因参与机体的发育过程，对细胞生长、增殖、分化和细胞内信息传递等均有重要作用。c 癌基因通过病毒诱导、点突变、基因扩增和基因重排等 4 种方式激活。

研究表明，某些肿瘤，如视网膜母细胞瘤（retinoblastoma，rb）的发生，是由于某些基因缺失或失活导致的，因此，将这类基因称为抗癌基因（antioncogene）。抗癌基因实际上是正常细胞增殖过程中的负调控因子，它编码的蛋白往往在细胞周期的检查点上起阻止周期进程的作用。如果抗癌基因突变，丧失其细胞增殖的负调控作用，则导致细胞周期失控而过度增殖。目前发现的抗癌基因，除 rb 基因外，还有 BRCA-1、DDC、N F1、WT-1 和 p53 等。

大量的病例分析表明，癌症的发生一般不是单一基因突变导致的，1 个细胞中至少发生 5～6 个基因突变，才能赋予癌细胞所有特征。1971 年，Kundson 以视网膜母细胞瘤的遗传分析为基础，提出了"二次突变"学说，认为遗传性肿瘤和散发性肿瘤的发生，均需要在同一位点发生二次或二次以上的突变才能使细胞癌变。遗传性肿瘤的第一次突变发生在生殖细胞，体细胞只要再有一次突变，即可转变为恶性肿瘤细胞，因此，这类肿瘤具有遗传性，常有家族史，发病早，呈多发性或双侧性。大多数肿瘤是散发性肿瘤，二次突变均在出生后同一体细胞内发生，因而发病率低，常单侧发病，发病较晚。

人二倍体细胞中抗癌基因有两个拷贝，只要其中 1 个基因正常，便可发挥正常的负调控作用，两个基因都丢失或由于突变而失活时，才引起细胞增殖失控。而 c 癌基因的两个拷贝中只要有 1 个突变，c 癌基因就被激活，便可引起细胞癌变。

> ### 案例 12-4 分析
>
> 视网膜母细胞瘤是起源于视网膜的胚胎性恶性肿瘤，发生于视网膜核层，具有遗传倾向，为婴幼儿眼部最常见的恶性肿瘤；发病大多在婴幼儿，3 岁以下多见。本病多为单侧发病，双眼同时或先后发病约占 1/4。本例为双侧发病。
>
> 分子遗传学研究表明，rb 与位于人 13 号染色体 q14 的 rb 基因有关。rb 基因是一种肿瘤抑制基因，具有广谱抗癌作用。正常情况下，视网膜细胞含活性 rb 基因（非磷酸化形式），控制成视网膜细胞的生长发育以及视杆细胞、视锥细胞的分化。成对 rb 基因中的一个缺失或突变而失去功能时，另一个 rb 基因仍能控制成视网膜细胞的生长发育而不发病；如果 rb 基因突变或缺失，2 个 rb 基因均丧失功能，成视网膜细胞则异常增殖，并演变为视网膜母细胞瘤。
>
> 本例患者 6 个月就发病，且双侧发病；病情重且已转移；根据本病的"二次突变"发病机理，可考虑为遗传遗传型视网膜母细胞瘤。推测该患者出生前遗传因素导致身体中每一个细胞都已带有 1 个异常 rb 基因，出生后该患者的双眼成视网膜细胞相继发生了第 2 次 rb 基因突变，从而形成了视网膜母细胞瘤。
>
> 此外，该患者有双侧视神经增粗的形态学表现。视神经增粗可分为原发性和继发性。原发性视神经增粗见于视神经自身的肿瘤，如视神经胶质瘤和神经鞘脑膜瘤；肿瘤沿视神经纵形生长或向周围扩张，引起视神经增粗肿大。原发性视神经增粗，眼球内常见钙斑和高密度区。继发性视神经增粗多由占位性病变压迫视神经所致，有浸润性压迫和局限性压迫之分。
>
> 本例患者双侧眼球内均见高密度灶，左侧眼球内均见钙化灶，故分析该患者视神经增粗是原发性的。视网膜母细胞瘤转移时，肿瘤框内延伸表现为软组织肿块自眼眶后部突入球后低密度脂肪间隙，累及视神经使其增粗，沿视神经蔓延是最常见的转移途径。本例患者 CT 检测示右侧眼球内后壁见软组织肿块，双侧视神经增粗，分析为视网膜母细胞瘤延视神经转移所致。

三、肿瘤干细胞

一般认为，肿瘤发生是机体内在遗传物质与外在环境相互作用的结果。细胞生长过程中，基因突变，包括 c 癌基因激活、抗癌基因失活、与凋亡相关基因异常表达或沉默均导致细胞增殖或凋亡失去调控,从而形成肿瘤。因此,传统观念认为,肿瘤是体细胞基因突变所致。

以上肿瘤发生的基因突变,并不能圆满解释肿瘤发生机制。首先,基因突变假说认为突变发生在体细胞,就肿瘤形成所需要的突变几率而言,体细胞自发突变形成肿瘤的可能性较小。其次,正常人除少数增殖组织的细胞(如表皮细胞、肠上皮细胞)外,大多数体细胞处于相对静止状态,因此,肿瘤发生还必须突破静止状态的限制,比如,逃逸一些调控细胞周期关键分子的作用等。相反,干细胞具有自我更新和多分化潜能,其强大的增殖能力可作为肿瘤细胞的主要来源;同时,干细胞长期存在也为基因突变积累提供了基础。因此,干细胞是比体细胞更适合的肿瘤起源细胞。

近年来,陆续有许多学者提出了肿瘤干细胞(cancer stem cell,CSC)的概念,并建立了肿瘤干细胞假说。该假说认为肿瘤组织中的大部分细胞不能维系肿瘤的生物学特性,也不能在机体其他部位形成转移瘤,而在肿瘤组织中只占有很小比例的干细胞才是肿瘤发生的起源细胞,具有无限的自我更新和诱发瘤形成的能力。目前已在白血病、乳腺癌、脑癌等肿瘤组织中成功分离出了肿瘤干细胞,肿瘤干细胞假说得到了证实。

肿瘤干细胞与正常干细胞具有很多相似特点,包括都具有自我更新能力、可以产生大量分化细胞以及拥有共同的细胞表面抗原标记,使用共同的信号转导通路及相关信号分子等。然而,在细胞增殖、分化潜能及细胞迁移等方面二者又有明显差异。生理条件下,造血干细胞受到细胞周期调控因子的调节,大部分时间都处于静止状态,受到外界信号刺激才进入自我更新或分化进程,维持组织的更新与修复,整个过程处于平衡状态。肿瘤干细胞则增殖和分化失控,产生大量肿瘤细胞,并转移到多种组织,形成异质性肿瘤,破坏正常组织和器官的功能。

肿瘤干细胞的起源尚无定论,有学者认为,肿瘤干细胞可能是造血祖细胞突变后形成。造血祖细胞(hematopoietic progenitor cell)由造血干细胞增殖分化而来。造血干细胞在特定微环境和某些因素调节下,增殖分化为髓系干细胞和淋巴系干细胞,髓系干细胞增殖分化为造血祖细胞。造血祖细胞已失去多向分化能力,只能向一个或几个血细胞系定向增殖分化,故也称定向干细胞(committed stem cell)。目前已确认的造血祖细胞包括红细胞系造血祖细胞、中性粒细胞-巨噬细胞系造血祖细胞和巨核细胞系造血祖细胞。

也有研究人员认为,肿瘤干细胞可能是干细胞同其他细胞融合的结果,正常干细胞与突变细胞融合可使融合细胞获得自我更新能力,从而积累更多的突变,最终发生癌变。

肿瘤干细胞不仅和肿瘤的生成密切相关,而且在肿瘤的整个发展进程,特别是在肿瘤转移中可能发挥着重要作用。肿瘤转移是多步骤的复杂过程,也是临床上多数癌症患者死亡的主要原因。研究肿瘤干细胞存在的普遍性及探索其在肿瘤形成中的作用,为认识肿瘤的起源、本质和肿瘤治疗提供了新的方向。

思 考 题

1. 何谓细胞的全能性?
2. 简述细胞分化过程中基因表达的调节。
3. 简要说明影响细胞分化的因素。
4. 什么是干细胞? 可以分为哪几种类型?
5. 什么是肿瘤干细胞? 癌症的发生和癌基因与抗癌基因的关系如何?

(高殿帅 姚瑞芹 陈 彦)

第十三章　细胞衰老与细胞凋亡

案例 13-1

传说公元前 219 年,秦始皇坐船环绕山东半岛,流连 3 个月。在那里,徐福告诉他,渤海湾的蓬莱、方丈、瀛洲三座仙山上居住着三个仙人,手中有长生不老药。秦始皇听后非常高兴,于是派徐福带领千名童男童女入海寻找长生不老药。徐福带领的浩大船队在海上漂流了好长时间,也没有找到他所说的仙山,更不用说是长生不老药了。最终,秦始皇没能吃到长生不老药,不但没有长命百岁,就连秦王朝也早早灭亡了。

思考题:

人类为什么不能长生不老、长命百岁?

衰老是生命的基本特征之一,是生物体在其生命过程中,生长发育达到成熟之后,随着年龄的增长,各种器官、组织和细胞在形态结构、化学组成和生理功能方面出现的一系列慢性、进行性、退化性变化,并逐渐趋向死亡的现象。衰老生物学(biology of senescence)或称老年学(gerontology)是研究生物衰老的原因、过程和规律的学科,目的是揭示生物(人类)衰老的特征,探索衰老的机理,寻找延缓衰老的方法,从而延长生物(人类)的寿命。

第一节　细胞衰老

细胞也像生物体一样,要经历自身的新生、生长、分化、成熟、衰老、死亡的变化过程。细胞衰老和机体的衰老密切相关,细胞衰老是机体衰老的基础和直接原因,机体衰老是细胞衰老的反映。当然,二者也存在区别,不同物种有不同的寿命,机体衰老并不等于体内所有细胞都衰老,例如,衰老机体的骨髓仍具有造血功能,新生成的血细胞并未衰老。

一、Hayflick 界限

大约 100 年前,Weismann 观察到原生动物的某些无性系可以长期保持很高的分裂速度,认为原生动物是不死的,据此,提出种质不死而体质会衰老和死亡的观点;之后,Carrel 和 Ebeling 认为细胞本身不会衰老,衰老是环境影响所致。这一观点是基于鸡心脏细胞连续培养了 34 年的事实,他们认为细胞可以无限制地在离体培养条件下生长和分裂。

在后来的研究中,他们发现,在离体培养条件下,鸡胚成纤维细胞的生长速度与培养液中加入的鸡血浆供体年龄呈负相关,这似乎表明年老动物的血浆中存在有衰老因子。到了 20 世纪中期,随着 L 系小鼠细胞和 Hela 细胞系的建立,细胞"不死"的观点又占据了统治地位。1961 年,Hayflick 和 Moorhead 报告,培养的人二倍体细胞表现出明显的衰老、退化、死亡的过程,若以 1:2 的比率连续传代(群体倍增),则细胞平均只能传代 40～60 次,此后,细胞就逐渐解体并死亡。许多研究表明,细胞不是不死的,而是有一定寿命;细胞增殖能力不是无限的,而是有一定界限,此界限称为 Hayflick 界限(Hayflick Limitation)。

取老年男性个体的细胞(间期无巴氏小体)和年轻女性个体的细胞(间期有巴氏小体)进行单独或混合培养,并统计其倍增次数。结果发现,混合培养中的两类细胞的倍增次数与各自单独培养时相同,即在同一培养液,当年轻细胞旺盛增殖的同时,年老细胞就停止生长了;这一结果有力地说明,决定细胞衰老因素在细胞内部,而不在外部环境。用年轻细胞的胞质体与年老的完整细胞融合时,得到的杂种细胞不能分裂;年老细胞的胞质体与年轻的完整细胞融合时,杂种细胞的分裂能力几乎与年轻细胞相同。充分说明决定细胞的衰老是细胞核,而不是细胞质。

二、细胞衰老的现象

细胞衰老(cellular aging, cell senescence)是指随着时间的推移,细胞增殖能力和生理功能逐渐下降的变化过程。细胞衰老有两层含义,一是指其增殖分化的停止,二是指其同时能够维持细胞基本的代谢活动。在有机体内,细胞的衰老和死亡是常见的现象,甚至在个体发育的早期也会发生。例如,蝌蚪发育过程中,尾巴和腮的消失就是通过细胞凋亡实现的。体内不同类型细胞的增殖状况各异:神经元及心肌细胞在发育的早期即停止分裂,成为固定的有丝分裂后细胞,而后逐渐衰老和死亡。人衰老时大脑神经元不断丧失即是明证;肝细胞、软骨细胞属暂不增殖细胞,即 G_0 期细胞,通常不分裂,但终身保持分裂能力,例如,手术切除部分病损肝脏后,保留的肝细胞即能进行旺盛的同步分裂;骨髓细胞、上皮细胞等在正常情况下终生保持分裂能力。曾有人研究过不同月龄 BCF1

小鼠(两种品系杂交的 F1 代)小肠腺上皮细胞的细胞周期时间,发现随着月龄的增加,其细胞周期时间明显延长。2 月龄小鼠的细胞周期时间为 10.1h,而 27 个月龄者竟长达 15.2h,延长 50％。这说明衰老动物的细胞分裂速度显著减慢,其原因主要是 G_1 期明显延长,而 S 期变化不大。Krohn 用近交小鼠进行皮肤移植实验时,将小鼠皮肤移植到 F1 代,当 F1 代变老时,再将其移植到 F2 代,以此类推。移植的皮肤细胞可存活 7～8 年,远远超过供体的寿命,这表明体内环境是小鼠皮肤细胞衰老的主要因素。

三、细胞衰老的特征

细胞衰老过程中,细胞内发生复杂的生理、生化改变,如细胞呼吸减慢、酶活性下降等,最终表现在形态结构的改变、对环境变化的适应能力下降及维持细胞内环境稳定的能力减弱等细胞功能的改变。归纳起来,衰老细胞有如下变化。

(一)细胞含水量减少

衰老细胞内水分减少,致细胞萎缩、体积变小,细胞原生质硬度增加,失去正常形态。一般认为,细胞内水分减少,是由于构成蛋白质亲水胶体系统的胶粒失去电荷而相互聚集,胶体失水、胶粒的分散度降低,不溶性蛋白质增多,导致细胞硬度增加所致。

(二)质膜及内膜系统变化

1. 质膜　细胞衰老过程中,质膜磷脂的脂肪酸链饱和程度增加,膜脂分子运动减慢,膜蛋白质不再运动,膜的选择通透性受到损害;间隙连接减少;膜渗透增强引起细胞外钙大量进入细胞基质中,引起磷脂降解,质膜崩解。

2. 内质网　衰老细胞的糙面内质网数量减少、排列无序、膜膨胀扩大甚至崩解,糙面内质网膜表面核糖体减少;光面内质网呈空泡状。

3. 高尔基体　高尔基体囊泡肿胀,扁平囊泡断裂崩解,囊泡运输功能减退,高尔基体的分泌功能下降。

4. 溶酶体　衰老细胞内溶酶体功能下降,不能将摄入的大分子物质分解而滞留在细胞内,形成残余体。例如,随年龄增长,细胞质内脂褐质(lipofuscin)蓄积增多,因此,脂褐质也称为老人斑(age spot),是衰老细胞内沉积的、由单位膜包裹不溶性脂蛋白形成的棕黄色蜡样小体,神经元、心肌细胞较多。

(三)线粒体改变

线粒体变化是细胞衰老的重要的指标之一。细胞中线粒体数量随年龄增大而减少,体积随年龄增大而增大;体积增大是对数量减少的一种代偿性改变,线粒体数量和结构的改变导致细胞产能能力下降。

(四)细胞骨架改变

细胞衰老过程中,细胞骨架系统的微丝结构和成分发生变化,球状肌动蛋白含量下降,微丝数量减少,受体介导的与微丝相关信号转导系统改变,造成从质膜向细胞核的信号传送功能下降。

(五)细胞核改变

1. 核膜及染色质　细胞衰老过程中,细胞核结构最明显的改变是核膜内褶,神经元尤为明显。核膜内褶随年龄增加愈加明显,最终导致核膜崩解。细胞核另一个变化是核固缩,即染色质固缩,常染色质减少。

2. 核基因转录活性　细胞衰老过程中,细胞核的基因表达也发生改变。细胞中有抑制基因表达的机制,基因表达程度与 DNA 甲基化成反比。DNA 甲基化可以关闭基因表达。

染色质结构随年龄发生改变,其蛋白质与 DNA 结合得更牢固,蛋白质的共价修饰作用下降,各种效应物对修饰作用的调节效力也降低。例如,随年龄增加,大鼠脑细胞中组蛋白的乙酰化作用下降,细胞内染色质 DNA 的转录活性也随之下降。

3. 染色体端粒　染色体端粒和端粒酶与细胞的衰老有关。体外培养的人成纤维细胞衰老过程中有端粒损失;在细胞衰老过程中,染色体端粒序列 $(TTAGGG)_n$ 随 DNA 复制次数增多而减少。有人发现,人体内成纤维细胞端粒 DNA 衰减速度是每年 $14 \pm 6bp$,人的外周血白细胞端粒 DNA 衰减速度是每年 33bp。精子细胞的端粒比体细胞长,这可能由于体细胞中端粒酶活性被抑制,导致端粒 DNA 丢失和染色体末端降解所致;而精子细胞端粒酶保持活性,端粒能保持一定的长度。

(六)蛋白质合成及酶活性改变

衰老细胞内蛋白质合成速度下降,酶含量减少、功能降低。例如,老年人头发变白可能与毛根基底细胞中产生黑色素的酪氨酸酶活性降低有关。又如,衰老神经元中硫胺素焦磷酸酶的活性减弱,使高尔基体的分泌功能和囊泡的运输功能下降。再如,老年鼠肝脏超氧化物歧化酶(superoxide dismutase,SOD)的活性仅为成年鼠的 30％～70％。这些改变可能与衰老细胞内核糖体功能下降及与蛋白质合成有关成分(如肽链延伸因子)数量减少有关。

衰老细胞中酶分子对热的稳定性下降,70℃时,酶 50％失活所需时间,老年人为 8 小时,青年人则需 16 小时。老年期酶分子的活性及热稳定性的变化可能与翻译后修饰作用改变有关。

四、细胞衰老的机制

细胞衰老是复杂的生理过程,受到体内和体外多种因素的影响。迄今为止,人们提出的关于细胞衰老机制的假说或理论有300多种。这些学说或理论从不同角度反映了细胞衰老过程,但尚无一个学说能合理、全面解释细胞衰老的本质。以下是近年来有代表性的几种学说。

> **案例 13-2**
>
> 　　帕金森病(Parkinson's disease,PD)又称"震颤麻痹",是中老年较常见的神经系统变性疾病;本病多在60岁后发病,但也可在儿童期或青春期发病,>40岁发病率为0.4%,≥65岁发病率为1%。本病主要表现为动作缓慢,手脚或身体的其他部分震颤,身体失去柔软性,僵硬。英国内科医生 Parkinson 最早系统描述此病,因当时尚不清楚将此病归入哪一类,故称其为"震颤麻痹"。
>
> **思考题:**
>
> 　　帕金森病的发病机制如何?与自由基有何关系?

■ (一) 自由基学说

20世纪50年代中期,英国学者 Denham Harman 首先提出了衰老的自由基学说,认为衰老是自由基(free radical)对细胞成分伤害所致。该学说已获得大量支持证据,因此,受到人们的广泛重视。

1. 自由基的来源 自由基是指在原子核外层轨道上有不成对电子的分子或原子基团。例如,A、B两个原子各提供1个电子通过共价键形成分子 A：B,这两个电子是配对的;如果化学反应中发生了断裂,A和B各带走1个电子,均有不成对电子,这样,"·A"和"·B"就称为自由基。

$$A：B \longrightarrow ·A + ·B$$

自由基主要包括氧自由基、氢自由基、碳自由基、脂自由基等,其中,氧自由基的性质最活泼,是机体代谢过程中产生的活性氧基团(reactive oxygen species,ROS)。ROS包括超氧阴离子($·O_2$)、羟自由基($·OH$)和 H_2O_2,是代谢过程的副产品。人体自由基包括外源性和内源性两方面,外源性自由基由高温、光解、辐射及化学物质等引起,内源性自由基是人体自由基的主要来源。内源性自由基产生途径,一是线粒体电子传递链电子泄漏产生,二是过氧化物酶体的多功能氧化酶等催化底物羟化产生。此外,机体血红蛋白、肌红蛋白还可通过非酶促反应产生自由基。

细胞内有氧氧化过程中,电子沿线粒体电子传递链传递时,大部分电子最终传递至电子传递链末端与分子氧结合,分子氧完全氧化生成水;少部分电子可由电子传递链漏出,与分子氧结合,分子氧未能完全氧化生成水,而是单电子还原、生成超氧阴离子($·O_2$),进一步生成羟自由基($·OH$)。

2. 自由基对细胞的损伤作用 自由基是一类高度活化的分子,易与细胞内核酸、蛋白质、脂质等生物大分子反应,力图夺取电子,导致这些生物大分子失活,细胞及组织氧化性损伤。

(1) 自由基使 DNA 发生氧化破坏或交联、DNA链断裂、碱基羟基化、碱基切除等,使核酸变性,扰乱 DNA 的正常复制与转录。

(2) 自由基可结合到脂类不饱和脂肪酸的双链中,引起脂质过氧化。脂质过氧化可使生物膜流动性降低,脆性增加,脂双层断裂,导致各种膜性细胞器受损:线粒体损伤致能量代谢障碍;内质网多核糖体解聚,抑制蛋白质合成;溶酶体膜损伤,改变膜的通透性致细胞解体。过氧化脂质还可与蛋白质结合成脂褐素,沉积在神经元和心肌细胞等处,影响细胞正常功能。

(3) 自由基使蛋白质中的巯基氧化造成蛋白质交联变性,形成无定性沉淀物,降低各种酶活性,并导致某些异性蛋白质出现而引起机体自身免疫现象。

(4) 自由基的氧化性损伤涉及细胞骨架蛋白,如肌动蛋白上的4个 SH 是自由基氧化的靶子,肌动蛋白与氧化型谷胱甘肽(GSSG)之间形成二硫键,可导致分子表面电荷改变,引起大分子聚集。细胞在自由基攻击下造成损伤,最终导致细胞衰老死亡。

> **案例 13-2 分析**
>
> 　　关于帕金森病的发病机制,目前较公认的是"多巴胺学说"和"氧化应激说"。前者指出多巴胺(DA)合成减少使纹状体 DA 含量降低,黑质-纹状体通路的多巴胺能与胆碱能神经功能平衡失调,胆碱能神经元活性相对增高,使锥体外系功能亢进,发生震颤性麻痹;后者解释了黑质多巴胺能神经元变性的原因,即在氧化应激时,患者 DA 氧化代谢过程中产生大量 H_2O_2 和超氧阴离子($·O_2$),在黑质部位 Fe^{2+} 催化下,进一步生成毒性更强的羟自由基($·OH$);此时,黑质线粒体呼吸链复合物Ⅰ活性下降,抗氧化物(特别是谷胱甘肽)消失,无法清除自由基。自由基氧化神经元质膜的类脂,影响 DA 神经元质膜功能或直接破坏细胞 DNA,最终导致神经元变性,进而导致帕金森病。

> **案例 13-3**
>
> 　　随着生活水平的提高,美容业不断发展,每个人都想青春永驻。大多数爱美的女性都注重美容护肤,然而从衰老生物学角度看,青春永驻只是美好的愿望,使用美容护肤品只能延缓衰老。某化妆品是20世纪八九十年代国内流行的化妆品,是以植物中提取的 SOD 为原料生产的护

肤品,具有养颜、防晒、增白等功效。SOD是一种源于生命体的活性物质,能消除生物体在新陈代谢过程中产生的有害物质。人体补充SOD具有抗衰老的作用。

思考题:
　　该SOD蜜的化学成分是什么?SOD抗衰老的机制是什么?

3. 自由基的清除　正常细胞内存在清除自由基的防御系统,可最大限度防御自由基对细胞的损伤。该防御系统包括酶系统(抗氧化酶)和非酶系统(抗氧化剂),其中抗氧化酶在清除自由基方面起主要作用。抗氧化酶包括谷胱甘肽过氧化物酶(GSH-PX)、超氧化物歧化酶(SOD)、过氧化物酶(GSH)和过氧化氢酶(CAT)等;抗氧化剂主要是一些低分子化合物,如谷胱甘肽、维生素E、维生素C、β-胡萝卜素、半胱氨酸、硒化物、巯基乙醇等。

案例13-3分析
　　该SOD蜜内含SOD(超氧化物歧化酶)、人参、黄芪提取液和保湿、润肤成分。SOD能催化超氧阴离子自由基歧化,清除对机体细胞有破坏作用的自由基,从而达到抗衰老的目的。

近年来,有学者提出了胁迫诱导的早熟型衰老的概念。细胞受过量氧、乙醇、电离辐射和丝裂霉素C等因素的作用,可致细胞的复制寿命缩短,促进细胞衰老指征显现,这些因素所致的细胞衰老称为胁迫诱导的早熟型衰老(stress-induced premature senescence)。因此,自由基所致的细胞衰老属胁迫诱导的早熟型衰老。

(二)端粒-端粒酶学说

端粒(telomere)是真核细胞染色体两臂末端由5'-TTAGGG-3'重复序列构成的结构,具有保护染色体末端,维持染色体结构的稳定与完整、避免其发生融合、降解、重组等功能。在染色体DNA复制过程中,由于DNA聚合酶不能从头合成子链,在以3'→5'DNA链为模板复制时,子链5'端RNA引物被切除后会产生末端缺失,导致子链5'端随复制次数的增加而逐渐缩短。因此,DNA每复制一次,端粒末端DNA就缩短一段,端粒缩短到一定程度就不能再复制,细胞便衰老死亡。

体外连续培养的细胞,在有限次数的细胞分裂后,丧失合成DNA及分裂能力,但细胞的基本代谢仍能维持的现象称为复制衰老(replicative senescence)。

端粒酶(telomerase)是一种能够延长端粒末端的核糖核蛋白酶,可以利用自身RNA为模板合成端粒DNA,加到染色体3'端,以补偿末端丢失的序列,从

而延长细胞的寿命。由于人类生殖细胞内端粒酶表达,故其端粒结构相当稳定,不会因年龄的增长而缩短;而人类正常组织的体细胞均无端粒酶活性,所以,随着细胞分裂次数的增加,端粒不断缩短,靠近染色体两端的基因就有可能随端粒的缩短而缺失,引发染色体畸变。大多数恶性肿瘤细胞具有明显的端粒酶活性,可使肿瘤细胞具有永生性。

端粒缩短引起细胞衰老的机理可用细胞周期的调控理论说明。在正常细胞的G_1期早期,细胞表达转录因子E2F,但合成后即被Rb蛋白结合而失去活性;到G_1期的中间阶段,G_1期Cyclin D、E与CDK4、6结合构成G_1-CDK,并经磷酸化而活化;活化的G_1-CDK作用于Rb蛋白,使其磷酸化而失活,E2F得以与失活的Rb蛋白分离而激活;激活的E2F能促进G_1/S-CDK、S-CDK及与DNA复制有关的蛋白质和酶的大量合成,推动细胞进入S期,细胞周期正常运行(图11-14)。

在分裂次数多、端粒显著缩短的细胞,机体将缩短的端粒识别为DNA损伤;DNA损伤诱导细胞内P53蛋白合成增加,并磷酸化而激活,激活的P53蛋白可诱导p21基因表达。p21基因产物是周期依赖性激酶抑制因子(CKI)家族成员,可抑制Cyclin D、E与CDK4、6结合构成的G_1-CDK活性,进而阻止Rb蛋白磷酸化,使Rb蛋白与E2F无法分离,E2F处于持续失活状态,G_1/S-CDK、S-CDK及与DNA复制有关的蛋白质和酶等无法合成;细胞停滞在G_1期,细胞周期不能继续进行,细胞停止分裂。处于分裂状态的细胞,一旦失去分裂能力,其功能则逐渐减退,进而衰老、死亡。

视窗13-1
Werner综合征

Werner综合征(Werner's syndrome, WS)又称成人型早老症,是以衰老加速为特征的罕见的常染色体隐性遗传病。WS的主要临床表现包括:①典型的鸟样面容和体型:身材矮小、躯干粗短、肢体细长、体重轻;②过早出现的衰老征象:头发变白、骨质疏松、白内障、动脉硬化等;③皮肤硬化样改变和Ⅱ型糖尿病等。该病是由于位于染色体8p11-12上的WRN(也称RecQ3)基因突变所致。WRN基因编码DNA解旋酶和外切核酸酶,该基因突变导致酶活性丧失,WS患者成纤维细胞表型改变,复制又消失,端粒丢失加快即复制衰老加快,呈现出一系列衰老的表现。

WS患者拥有与年龄极不相称的衰老表型,出现衰老表现的平均年龄为39岁,大多数在40~50岁时死于癌症等疾病。2004年,Karlseder等报道,应用FISH技术对WS患者染色体DNA

和端粒进行荧光原位杂交,发现患者染色体缺失一些起保护作用的端粒。Karlseder指出,癌症大多与染色体不稳定有关,如果染色体丢失端粒,染色体失去保护作用,就会与其他未受保护的染色体融合。当细胞分裂时,染色体随机断裂,导致基因组不稳定。WS患者的染色体端粒缺失,是细胞的一次灾变,这种染色体不稳定性与其癌症的发生是密切相关的。

当然也有不支持端粒—端粒酶学说的报道,某些小鼠终生保持较长的端粒,但并未因此而获得较长寿命;特别是剔除端粒酶基因的小鼠,其前5代中,迄今未观察到寿命的缩短。

（三）遗传程序说

遗传程序说认为,每一物种本身存在衰老的遗传基因程序,即衰老是由遗传控制的程序性过程。生物体内特定基因按照预定程序有序地开启和关闭,控制着个体的生长、发育、衰老和死亡。一些与衰老有关的基因生命早期并不表达,当进入到生命的一定阶段后被激活,其表达产物特异性决定生物的衰老与死亡。例如,胚胎发育早期,小鼠肝细胞表达A型丙氨酸转移酶(CAAT),衰老时则表达B型CAAT。在人类,青光眼、糖尿病、高脂血症、动脉粥样硬化、神经变性疾病等均在中老年期发病。

Erica D. Smith等认为,生物体内存在衰老基因,其表达产物是一种可抑制DNA和蛋白正常合成、促进衰老的抑制素。同时,正常细胞中还存在阻遏基因,其产物可阻碍衰老基因的表达。阻遏基因有许多拷贝,但拷贝数会随细胞分裂次数的增多而逐渐丢失。新生细胞中阻遏基因拷贝多,可形成足量的阻遏物质,抑制衰老基因表达抑制素。随着细胞增殖次数增多,阻遏基因拷贝逐渐丢失,阻遏物质的量不足以阻遏衰老基因表达时,细胞内抑制素大量合成,细胞的DNA和蛋白质合成受阻,细胞呈现衰老表现。

研究表明,生物体内也存在与衰老基因功能相反的抗衰老基因,也称为长寿基因(longevity gene)。例如,Klotho基因是近年来发现的一种新的抗衰老基因。Klotho基因缺陷小鼠出生后4周左右可出现一系列类似人类早衰症状,如生长阻滞、寿命缩短、骨质疏松、动脉硬化、皮肤萎缩等。Klotho基因的突变和低表达会引起衰老和相关老年性疾病,将Klotho基因转入到Klotho突变鼠模型上,可以改善衰老相关病症。

（四）其他细胞衰老学说

1. 大分子交联说　该学说认为,细胞内外一些大分子在多种因素作用下发生交联反应,此反应可发生在多核苷酸之间,也可发生在蛋白质原纤维之间,甚至在多核苷酸和蛋白质之间。这些大分子物质通过共价键连接成难以分解的聚合物,从而引起核酸与蛋白质功能下降,交联的蛋白质构象改变,进而影响其生物学功能,最终导致细胞衰老。引起大分子交联的物质有自由基和甲醛等,所以这种假说又和自由基学说有联系。老年人皮肤弹性差,就是由于皮肤中弹性蛋白交联度增强、弹性蛋白构型被固定所致。

2. 错误成灾说　该学说由 Leslie Orgeler 1973年提出。该学说认为,随着年龄的增长,由于翻译和转录过程中不可避免出现差错,细胞内经常会发生核酸与蛋白质合成错误,低水平的差错蛋白质的合成与日俱增,最终可能导致灾难性的后果。RNA聚合酶、氨酰-tRNA合成酶和核糖核蛋白等一旦发生差错,就会进一步引起转录或翻译的错误,使异常的蛋白质不断积累,甚至造成DNA的异常变化,从而导致功能降低,经多次循环,误差就会扩大成灾,最终引起细胞衰老。

例如,小鼠肝细胞和人成纤维细胞DNA聚合酶的精确性随年龄增加而降低,导致DNA复制率下降。有证据表明,体外培养的成纤维细胞传代到50～60代,就传不下去了;研究发现,这些细胞内DNA复制的速度下降,蛋白质合成有错误,酶的功能不正常。另外还发现,细胞传代至40～50代时,其DNA聚合酶的活力比正常细胞降低约1/5。但并非所有酶都是随年龄的增加而活性降低,例如,碱性磷酸酶的活性不随细胞衰老而变化,而溶酶体标志酶——酸性磷酸酶和β-葡萄糖苷酶的活性在衰老细胞中还显著升高。

第二节　细胞凋亡

死亡意味着生命活动的终止,是生物界的普遍现象。细胞死亡是指细胞生命活动不可逆的终止。细胞衰老的结果是细胞死亡,但细胞死亡并非都由细胞衰老引起。在多细胞生物,细胞死亡有两种不同形式:一种是坏死(necrosis)性死亡,是某些外界因素,如局部缺血、高热、物理化学损伤或感染等引起的细胞死亡,是一种被动性死亡,也称为病理性死亡。另一种是细胞凋亡(apoptosis),是指由死亡信号诱发的受调节的细胞死亡过程,是细胞生理性死亡的普遍形式。

凋亡(apoptosis)一词,源自希腊语,意指花瓣或树叶的脱落、凋零。细胞凋亡是多细胞生物调控机体发育、维护内环境稳定,由基因控制的主动的生理性细胞自杀行为。由于细胞凋亡受到严格的遗传机制决定的程序调控,所以,细胞凋亡又称为程序性细胞死亡(programmed cell death,PCD)。一般认为,细胞凋亡与程序性细胞死亡是同义语,但随着对细胞凋亡的研究深入,越来越多的人认为二者是有区别的:前者是形态学概念,后者是功能概念,是细胞在特定时间范围内,在基因程序控制下的细胞死亡过程,具有严格的基因时空性和细胞选择性。

早在 1896 年,John Beard 就在鱼类神经元发育过程中观察到细胞凋亡现象。Barbieri、Collin 和 Eranst 等分别于 1905 年、1906 年和 1926 年在两栖类和鸟类发育过程中相继观察到细胞退化和凋亡现象,但直到 1972 年,英国 Aberdeen 大学的病理学家 Kerr 等根据大量的观察和研究结果才首次提出了细胞凋亡的概念。目前,对细胞凋亡的机制已经有了较深入的了解,细胞凋亡与疾病关系的研究也已取得了长足的进展。

案例 13-4

2010 年,海地发生强烈地震,我国派出的国际救援队乘飞机,第一时间赶到现场。救援队员在施救过程中发现,被救伤员受伤部位有大量细胞死亡。

思考题:

伤员受伤部位细胞死亡属于细胞凋亡还是细胞坏死? 二者有什么区别?

一、细胞坏死与细胞凋亡

细胞坏死和细胞凋亡是细胞死亡的两种不同方式,在细胞死亡的原因、过程、结局及意义等方面,二者均有显著差异(图 13-1)。

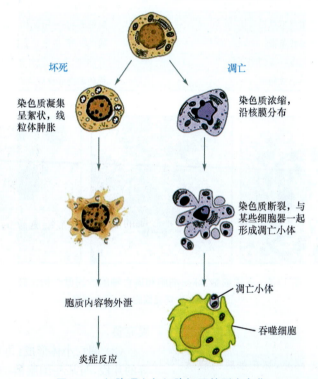

图 13-1　细胞凋亡与细胞坏死的形态变化

(一) 原因

细胞坏死是细胞受到外界急性强力伤害所致,如由于局部缺血、高热、物理、化学和生物因素等作用,使细胞出现一种被动性死亡,因此,细胞坏死没有潜伏期。

细胞凋亡是由死亡信号诱发的受调节的细胞死亡过程,是一种主动性细胞死亡,因此,往往有数小时的潜伏期。

(二) 过程

细胞坏死时,坏死细胞的膜通透性增高,细胞水肿,核固缩,核染色质断裂呈絮状,染色质 DNA 被随机降解为任意长度的片段,琼脂糖凝胶电泳呈弥散状

(smear)DNA 图谱;线粒体、内质网肿胀继而崩解;溶酶体膜破裂,酶溢出致细胞溶解,细胞内容物外溢。

细胞凋亡表现为细胞皱缩,但质膜保持良好的完整性;核染色质高度凝集并边缘化,染色质 DNA 裂解成长度为 180～200bp 及其倍数的 DNA 片段,琼脂糖凝胶电泳时,可见到特征性"梯状"条带(DNA ladder);胞质浓缩,胞膜反折包裹染色质碎片及细胞器,形成凋亡小体(apoptotic body);凋亡小体迅速被周围巨噬细胞吞噬。

(三) 结局

坏死细胞的膜破裂,释放出大量内容物,常引起严重的炎症反应;坏死细胞常成群丢失;在愈合过程中,常伴随组织器官的纤维化,形成瘢痕。

细胞凋亡过程中,凋亡细胞的膜及凋亡小体的膜完整性良好,没有内容物外溢,故不发生炎症反应;凋亡小体被邻近细胞或巨噬细胞识别吞噬的过程也不伴有炎症反应;细胞凋亡是单个细胞的丢失,组织中不形成瘢痕(表13-1)。

电镜下,正常细胞、坏死细胞和凋亡细胞比较,可见正常细胞胞核完整;坏死细胞胞核弥漫性降解,无细胞核轮廓;凋亡细胞染色质凝集,细胞核分解(图13-2)。

表 13-1　细胞凋亡和细胞坏死的比较

比较项目	细胞凋亡	细胞坏死
起因	特定的凋亡信号诱导,生理或病理性	毒素或缺氧等导致剧烈损伤或病理改变
范围	单个散在细胞丢失	大片成群细胞丢失
质膜	膜发泡,但结构完整	通透性增高,破损
细胞	固缩变小、与邻近细胞间连接丧失	肿胀变大
溶酶体	完整	破裂
线粒体	肿胀、通透性增高	肿胀、破裂
细胞核	皱缩	弥漫性降解
染色质	均一凝集,边集呈半月形	凝集不均一,呈絮状
DNA	降解,电泳呈梯状条带	随机降解,电泳呈涂抹状
凋亡小体	有,被邻近细胞或巨噬细胞吞噬	无,细胞自溶,残片被巨噬细胞吞噬
组织反应	无炎症反应,不形成瘢痕	有严重炎症反应,形成瘢痕

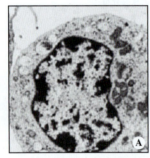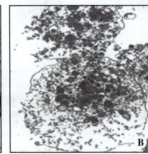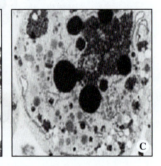

图 13-2　正常细胞、坏死细胞和凋亡细胞的超微结构比较
A. 正常细胞;B. 坏死细胞;C. 凋亡细胞

案例 13-4 分析
　　受伤部位细胞死亡是坏死,坏死细胞的膜破坏,内容物外溢引起炎症。坏死是病理性刺激引起的细胞损伤和死亡;细胞凋亡是生理性死亡,受基因调控,对个体有积极意义,凋亡过程中形成凋亡小体。二者的区别详见表13-1。

二、细胞凋亡的特征

(一) 形态特征

根据凋亡细胞的形态改变,细胞凋亡过程可分为3个阶段。

(1)凋亡起始:细胞变圆,细胞表面的特化结构如微绒毛、细胞间接触消失;内质网膨胀,并渐与质膜融合,导致膜发泡;核染色质固缩形成新月形,分布于核膜内缘,称为染色质边集;线粒体结构大致完整,质膜完整。

(2)凋亡小体形成:边集的染色质断裂为大小不等的片段,与某些细胞器一起被反折的质膜包围,形成许多芽状或泡状突起;继而,芽状或泡状突起与细胞分离,形成单个凋亡小体。

(3)凋亡小体被邻近有吞噬功能的细胞吞噬、清除。从细胞凋亡开始到凋亡小体形成只需数分钟,而整个细胞凋亡过程可延续长达4～9小时,这说明凋亡小体被吞噬过程耗时很长。

(二) 生化特征

1. 膜的生化改变　　细胞凋亡早期,质膜上磷脂酰丝氨酸由膜内侧翻转到外侧,此特征是早期凋亡细胞的标志,可用荧光素标记的annexin-V(一种Ca^{2+}依赖的磷脂结合蛋白)检测。质膜的这种特征性生化改变,有利于邻近细胞或巨噬细胞识别并吞噬。

2. 胱天蛋白酶级联反应　　胱天蛋白酶(caspase)是一组存在胞质溶胶中,结构上相关的半胱氨酸天冬氨酸特异性蛋白酶(cysteine aspartic acid specific protease,caspase)的简称。caspase家族共同结构特点是酶活性中心富含半胱氨酸,能特异切开天冬氨酸残基后的肽键,是参与细胞凋亡过程的重要酶类。在细胞凋亡过程中,胱天蛋白酶构成一系列级联反应,使靶蛋白活化或失活而介导各种凋亡事件。

3. DNA片段化降解　细胞凋亡后期,细胞内核酸内切酶活化,使染色质核小体之连接DNA断裂,裂解成长度为180~200bp及其倍数的DNA片段,即产生含有不同数目核小体单位的DNA片段;凋亡细胞提取的DNA琼脂糖凝胶电泳,可见到特征性DNA"梯状"条带(DNA ladder)(图13-3)。通常认为DNA梯状条带是鉴定细胞凋亡的可靠方法,但近年来发现,有些凋亡细胞的DNA并不降解,说明DNA梯状条带并不是细胞凋亡的必需标志。

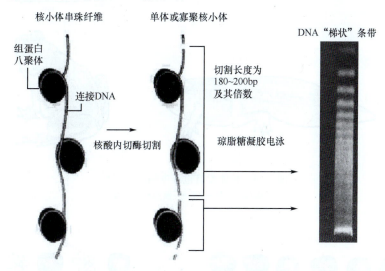

图13-3　凋亡细胞DNA梯状条带的形成

4. 消耗ATP　凋亡过程消耗ATP是细胞凋亡的重要特征,而细胞坏死时则不消耗ATP;在促凋亡信号作用下,如细胞内ATP储备不足,则细胞凋亡转化为细胞坏死。

三、细胞凋亡的生物学意义

细胞凋亡是生物界普遍存在的一种基本生命现象,贯穿个体生长、发育、衰老死亡的整个过程,也是维持细胞增殖与死亡平衡的重要方式。因此,细胞凋亡是从原虫到人类各种生物发育过程中细胞数量调控的基本方式。

(一)清除多余细胞

哺乳动物胚胎发育过程中,会出现祖先进化过程曾出现过的结构,如鳃、尾等,这些部位的细胞要通过细胞凋亡清除,确保机体正常生长发育。例如,指(趾)间组织通过细胞凋亡机制被逐渐消除,形成指(趾)间隙,最终发育为成形的手和足;蝌蚪发育为成蛙时,尾巴自然消失也是细胞有序凋亡的结果(图13-4)。

脊椎动物神经系统发育早期,脊髓背根运动神经元很多,当所支配的肌肉发育相对恒定后,多余的运动神经元相继凋亡被清除,这有利于神经元与靶细胞数量的匹配(图13-5)。这是通过靶细胞释放的存活因子实现的,那些得不到存活因子的神经元凋亡而被清除,剩下的神经元与靶细胞数量相当。脊椎动物神经系统发育过程中,15%~85%的神经元要通过凋亡而清除。

正常成年组织细胞,如上皮组织、血细胞的更新,衰老细胞的清除,月经期子宫内膜脱落等生理过程也都是通过细胞凋亡完成的。

(二)清除病变细胞

细胞凋亡还是一种生理性保护机制,能够对受损不能修复的细胞或突变细胞进行清除,发挥积极的防御功能,维持机体内环境稳定。当机体受到病原微生物感染时,受感染的宿主细胞主动凋亡,机体通过牺牲自身少数细胞清除病原体,以保持自身整体的稳定,起到防御作用。

细胞凋亡是保证机体正常发育和维持正常生理功能和自身稳定的重要机制。如果人体内细胞凋亡失调,包括细胞凋亡不足或过度凋亡,将引起疾病。

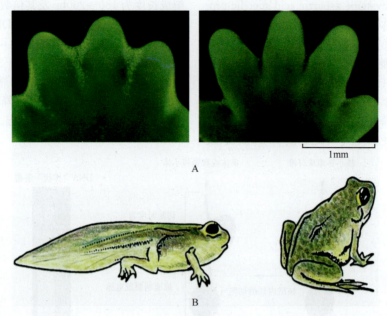

图 13-4　机体发育过程中的细胞凋亡
A. 指(趾)间隙形成;B. 蝌蚪尾巴消失

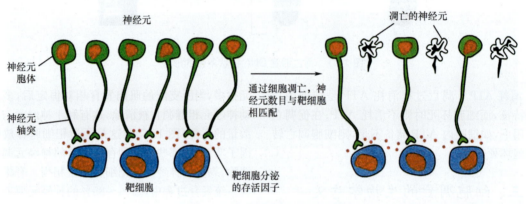

图 13-5　发育过程中神经元的凋亡

四、细胞凋亡的分子机制

细胞凋亡是单一性与多样性的统一。单一性表现为几乎所有凋亡细胞的形态与生化改变都是一致的,但不同环境、不同细胞或不同刺激作用下,细胞从触发凋亡信号到信号转导过程又是不同的,即具有多样性;凋亡的单一性表明凋亡是多细胞生物的普遍生命现象,多样性反映了细胞凋亡的发生机制非常复杂且受到精确调控。

凋亡信号触发的凋亡程序一旦启动,细胞凋亡将不可逆地发生。依据细胞凋亡发生的信号转导途径,将细胞凋亡分为死亡受体介导的外源凋亡途径和线粒体、溶酶体及内质网等介导的内源凋亡途径四类。其中,死亡受体和线粒体介导的细胞凋亡研究得较深入,在细胞凋亡中起重要作用。值得说明的是,不同

途径间存在交叉,并且与细胞增殖、细胞分化的调控存在一些共同通路。

大量研究资料表明,细胞凋亡与某些基因的调控作用密切相关,因此,将这些基因称为凋亡相关基因。

(一) 线虫细胞凋亡相关基因

有关细胞凋亡的基因研究,最早来自对线虫体细胞凋亡的研究,秀丽隐杆线虫(C. elegans)发育过程中共产生 1090 个体细胞,其中 131 个要凋亡。研究人员从受精卵起追踪每个胚胎细胞的分化和发育情况,目前已发现 15 个与线虫细胞凋亡相关的基因,即 ced (cell death abnormal)基因。根据功能,将这些基因分为 4 组。①第一组是与细胞凋亡直接相关的基因,分别是 ced-3、ced-4 和 ced-9。其中,ced-3 和 ced-4 促进细胞凋亡,ced-9 抑制细胞凋亡。②第二组是与死亡细胞吞噬有关的 7 个基因,即 ced-1、ced-2、ced-5、ced-6、ced-7、ced-8 和 ced-10。③第三组是核酸酶基因-1,

即 nuc-1。第四组是影响特异性细胞类型凋亡的基因，包括 ces-1、ces-2 以及 eg-1 和 her-1。

（二）人和哺乳动物细胞凋亡相关基因及产物

1. caspase 家族　研究表明，caspase 家族与线虫 ced-3 的基因产物同源。目前已发现的 caspase 家族成员有 15 种，每种 caspase 作用底物不同。根据在细胞凋亡级联反应过程中功能不同，caspase 分为两类：一是凋亡上游的起始者（apoptotic initiator caspase），或称为起始 caspase，包括 caspase-2、8、9、10 和 11，主要负责对执行者前体 caspase 进行切割，从而产生有活性的执行 caspase；二是凋亡下游的执行者（apoptotic executioner caspase）或称为执行 caspase，包括 caspase-3、6 和 7，负责切割细胞质及细胞核内重要的结构蛋白和调节蛋白。起始 caspase 和执行 caspase 组成细胞内凋亡信号的级联网络。

在正常细胞中，caspase 以无活性的前体 caspase，即 caspase 酶原（procaspase）形式存在于胞质中。细胞接受凋亡信号刺激后，caspase 前体在特异的天冬氨酸残基位点被切割，形成由 2 个小亚基和 2 个大亚基组成的四聚体，即有活性的 caspase。少量活化的起始 caspase，切割其下游的前体 caspase，产生大量活化的下游执行 caspase，使凋亡信号在短时间内迅速扩大，形成级联反应，传递到整个细胞，其中执行 caspase 切割细胞质及细胞核内重要结构和功能蛋白，产生凋亡效应（图 13-6）。

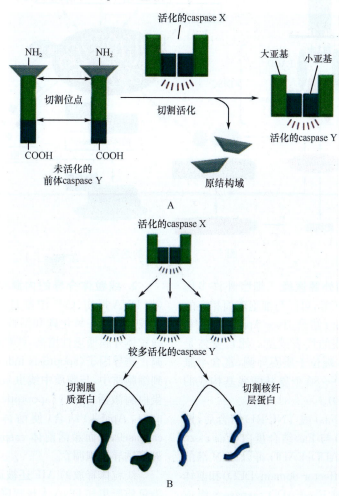

图 13-6　细胞凋亡过程的级联效应
A. caspase 前体的活化；B. caspase 级联效应

目前已知的执行 caspase 作用底物有 280 多种，执行 caspase 对这些底物的切割使细胞呈现出凋亡的一系列形态和分子生物学特征。例如，执行 caspase-3 可降解 caspase 激活的 DNA 酶（caspase-activated Dnase，CAD）抑制因子 ICAD（inhibitor of CAD），使 CAD 释放；CAD 在核小体间切割 DNA，形成长度为 180～200bp 及其倍数的 DNA 片段，即琼脂糖电泳显示的梯状条带。另外，执行 caspase 还可切割核纤层蛋白 LaminA、角蛋白 Keratin18，导致核纤层及细胞骨架崩解。

2. Bcl-2 家族　Bcl-2 因最初发现于人 B 淋巴细胞瘤/白血病-2（B cell lymphoma/leukemia-2，Bcl-2）

而得名。编码该蛋白的 Bcl-2 基因与线虫 ced-9 同源。Bcl-2 家族在线粒体介导的凋亡通路中居核心地位，在细胞凋亡过程中起至关重要的作用。

在结构上，Bcl-2 家族成员同源性很高，都含有一个或多个 BH（Bcl-2 homology）结构域，大多定位在线粒体外膜上，或受信号刺激后转移到线粒体外膜上。根据其功能分为两类：一类是抑制细胞凋亡的，如 Bcl-2、Bcl-X$_L$、Bcl-W 和 Mcl-1（myeloid cell leukemia-1）等；另一类是促进细胞凋亡的，如 Bax、Bak、Bid 和 Bad 等。

3. Fas 和 FasL　Fas 和 FasL 是自杀相关因子（factor associated suicide，Fas）和自杀相关因子配体（Fas liand，FasL）的简称。Fas 是广泛存在于人和哺乳动物正常细胞和肿瘤细胞质膜表面的凋亡信号受体，是肿瘤坏死因子（tumor necrosis factor，TNF）及神经生长因子（nerve growth factor，NGF）受体家族成员；FasL 是肿瘤坏死因子家族成员，仅在活化的 T 淋巴细胞表达。Fas 和 FasL 结合将导致携带 Fas 的细胞凋亡。

（三）细胞凋亡的途径

与细胞生长、分化一样，细胞凋亡过程一方面受到细胞内、外多种信号的调控；另一方面，多种信号在细胞间和细胞内的传递，使细胞凋亡得以实现（图 13-7）。

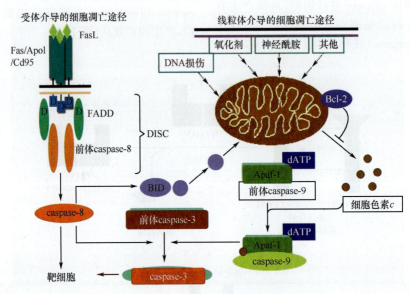

图 13-7　细胞凋亡的途径

1. 死亡受体介导的外源途径　细胞外许多信号，即配体，如 FasL、TNF 等，可以与细胞表面相应的死亡受体（death receptor）结合，Fas/Apol/CD95 和 TNF-R1 是死亡受体家族的代表成员。死亡受体是一种单次穿膜受体，其 N 端位于质膜外侧，富含半胱氨酸残基，胞质侧含有 60～80 个氨基酸残基构成的死亡域（death domain，DD）。

当配体与死亡受体 Fas（或 TNF-R1）结合后，诱导死亡受体胞质侧的 DD 与 Fas 结合蛋白（Fas-association protein）结合成 FADD；FADD 再以其 N 端的死亡效应结构域（death effector domain，DED）和前体 caspase-8 结合，从而形成 Fas-FADD caspase-8 组成的死亡诱导信号复合物（death inducing signal complex，DISC）；DISC 中的 caspase-8 前体通过自身切割而激活。

活化的 caspase-8 一方面作用于前体 caspase-3，使其激活为有活性的执行 caspase-3，诱导细胞凋亡；另一方面，催化 Bcl-2 家族成员的促凋亡因子 Bid 裂解，其中含 BH3 结构域的 C 端片段被运送到线粒体，引起线粒体内细胞色素 c 高效释放，进而经线粒体介导途径促细胞凋亡（后述）。

2. 线粒体介导的内源途径　当细胞受到内部（如 DNA 损伤、Ca^{2+} 浓度过高）或外部（如紫外线、γ 射线、药物、一氧化碳和活性氧等）凋亡信号刺激时，线粒体外膜通透性增高，线粒体内细胞色素 c（Ctyc）、凋亡诱导因子（apoptosis inducing factor，AIF）等释放到细胞质中，与胞质中线虫 ced-4 蛋白的同源物、凋亡蛋白酶激活因子 1（apoptotic protease-activating factor 1，Apaf-1）结合，使前体 caspase9 激活为执行 caspase9，进而激活前体 caspase-3 为执行 caspase-3，最终诱导细胞凋亡。

线粒体释放的 AIF 还被运送到细胞核，诱导核中染色质凝集和 DNA 大规模降解。线粒体在细胞凋亡调控中处于中心位置。Bcl-2 家族的许多成员都定位于线粒体外膜上，Bcl-2 通过阻止线粒体释放 Cty c，抑制细胞凋亡；而 Bax 通过与线粒体的膜通道结合，促使线粒体释放 Cty c，促进细胞凋亡。

五、细胞凋亡与疾病

细胞凋亡是机体维持自身稳定的一种生理机制。机体通过细胞凋亡清除损伤、衰老和突变的细胞，维持生理平衡。某些致病因子可使细胞凋亡的基因调控异常，导致细胞凋亡减弱或增强，破坏机体细胞自稳态，导致疾病发生。

（一）细胞凋亡过低

细胞凋亡过低，应凋亡而死的细胞未死，导致病变细胞增多，组织体积增大，器官功能异常，可导致肿瘤、自身免疫病等。细胞凋亡在肿瘤发病机制中占有重要地位，癌前病变细胞可通过凋亡清除，如果凋亡抑制基因或凋亡活化基因表达异常，癌前病变细胞没能通过凋亡清除，可进一步发展成肿瘤。

一般认为，恶性转化形成的肿瘤细胞是生长失控、过度增殖所致。从细胞凋亡角度看，肿瘤的发生是肿瘤细胞的凋亡异常所致。

肿瘤细胞中有一系列的原癌基因被激活，并呈过表达状态。这些原癌基因的激活和肿瘤的发生发展有极为密切的关系。癌基因的一大类属于生长因子家族，另一大类属于生长因子受体家族；这些基因的激活与表达，直接刺激肿瘤细胞的生长，这些癌基因及其表达产物也是细胞凋亡的重要调节因子；多种癌基因表达阻断了肿瘤细胞的凋亡过程，使肿瘤细胞数目增加。因此，从细胞凋亡角度看，肿瘤发生是肿瘤细胞凋亡受阻所致；重建肿瘤细胞的凋亡信号转递系统，即抑制肿瘤细胞生存基因表达，激活凋亡基因表达是肿瘤治疗的有效途径。

（二）细胞凋亡过度

在疾病发生发展过程中，很多致病因素不仅导致细胞坏死，也诱发细胞凋亡，细胞凋亡过度是某些疾病发生与演变的细胞学基础，例如心血管疾病心肌缺血-再灌注损伤、心力衰竭，神经系统退行性疾病阿尔茨海默病（Alsheimer Disease，AD）、帕金森病（Parkinson disease）、肌萎缩性侧索硬化症等，均存在正常神经元凋亡；人类免疫缺陷病毒（HIV）感染引起的艾滋病（AIDS），CD4+T淋巴细胞凋亡，导致免疫系统崩溃。

心力衰竭是以心脏收缩和（或）舒张功能受损为特征的器质性心脏病的终末阶段。心力衰竭发生发展的基本机制是心室重塑，表现为心肌结构、功能和表型的变化，包括心肌细胞肥大、凋亡，心肌细胞外基质的组成变化。现已证实，细胞凋亡引起的心肌细胞死亡，心肌细胞数量减少是心力衰竭发病的重要机制之一。

在心力衰竭发生、发展过程中，氧化应激、细胞因子和线粒体功能异常等病理因素均可诱导心肌细胞凋亡。氧自由基生成过多和/或抗氧化能力下降导致氧化应激，可致心肌细胞凋亡；细胞因子 TNF-α 负性肌力作用可通过自由基的生成诱导心肌细胞凋亡；心力衰竭导致的缺氧、能量代谢紊乱，使线粒体膜通透性增加，细胞色素 c、凋亡蛋白酶激活因子和凋亡诱导因子等细胞凋亡启动因子从线粒体内释放，引起细胞凋亡。

阿尔茨海默病，又称为老年性痴呆症，表现为记忆力减退，行为异常，易怒，最终表现为不能进行正常思维，生活不能自理。研究表明，老年性痴呆症与神经元凋亡加速有关，是神经系统不可逆的退行性病变，患者神经元内堆积的 β-淀粉样蛋白能诱导细胞凋亡，大脑神经元丢失是最基本的病理改变；该病与淀粉样前体蛋白（APP）、早老蛋白-1（PS1）和早老蛋白-2（PS2）等基因突变有关，是一种罕见的常染色体显性遗传病。

艾滋病是人类免疫缺陷病毒（HIV）引起的，侵犯和破坏辅助性 T 淋巴细胞，使机体细胞免疫功能缺损的全身性传染病。艾滋病的发病主要是 HIV 直接诱导 CD4+T 淋巴细胞凋亡，导致 CD4+T 淋巴细胞数量减少，机体的相关免疫功能缺陷所致，因此，患者易患感染及肿瘤。细胞凋亡与艾滋病的关系的阐明为艾滋病的治疗研究指明了方向。

（三）细胞凋亡不足与过度并存

人体组织器官由不同种类的细胞构成，由于细胞类型的差异，对致病因素的反应也有所不同。因此，在同一组织或器官，有些细胞表现为凋亡不足，有些细胞则表现为凋亡过度，同一组织或器官出现细胞凋亡不足与凋亡过度并存的现象。例如，动脉粥样硬化时，其血管内皮细胞凋亡过度，而血管平滑肌细胞凋亡不足。内皮细胞凋亡过度使血管内皮防止脂质沉积的屏障作用减弱，加速粥样斑块的形成；血管平滑肌细胞增殖幅度明显高于细胞凋亡的幅度，导致血管壁增厚、变硬。

细胞凋亡的研究，为疾病防治提供了新的思路，可根据凋亡发生的各个环节，探索针对性的疾病防治方法。例如，利用凋亡诱导因素治疗一些细胞凋亡不足所致的疾病，临床上用放疗、化疗、局部高温等诱导肿瘤细胞凋亡；用神经生长因子治疗老年性痴呆，以防治神经元凋亡等。如果能利用细胞凋亡的相关基因研究成果，开展基因治疗，无疑将使许多疾病的治疗取得突破性进展。

思 考 题

1. 何谓细胞衰老？
2. 细胞衰老的特征有哪些？
3. 衰老细胞有哪些变化？
4. 关于细胞衰老的机制有哪些？
5. 何为复制衰老？何为胁迫诱导的早熟型衰老？
6. 细胞凋亡与坏死有何区别？
7. 细胞凋亡可分为哪几个阶段？
8. 不同途径的细胞凋亡的机制如何？

（单长民 马 朋）

第十四章 细胞工程

细胞工程（cell engineering）是指应用细胞生物学、发育生物学、遗传学和分子生物学等方法，在细胞水平上，通过类似于工程学的步骤，按照人们的意愿，对细胞遗传性状进行人为修饰，以获得具有产业化价值或其他利用价值的细胞或细胞产品的综合性技术体系。

细胞工程也称为细胞技术，是现代生物技术（modern biotechnology）的基本组成部分之一。从应用角度，可将现代生物技术分为基因工程、细胞工程、酶工程、发酵工程等，其中，细胞工程是最为基本的技术体系，因为其他工程技术体系大都需要以细胞工程为基础。根据研究对象的不同，可将细胞工程分为微生物细胞工程，植物细胞工程和动物细胞工程。本章仅介绍动物（包括人体）细胞工程。

第一节 细胞工程相关技术

细胞工程涉及的技术很多，包括细胞培养、细胞融合、体细胞核移植、基因转移等。

一、大规模细胞培养

细胞培养是细胞工程中最基本、最常用的技术之一。大规模细胞培养（large-scale cell culture）是指在人工条件下（设定 pH、温度、氧溶等），使细胞高密度或高浓度生长，目的是制备大量细胞或以此生产更多的特殊细胞产品。大规模细胞培养始于 20 世纪 60 年代，如今已成为生物制药领域最重要的关键技术之一。大规模细胞培养的应用大大减少了用于疾病预防、治疗和诊断的实验动物，并为生产疫苗、细胞因子、蛋白质药物、生物产品乃至人造组织等产品提供了强有力的工具。

大规模细胞培养可采用贴壁培养、悬浮培养和固定化培养等 3 种培养方法，其基本流程如图 14-1 所示。

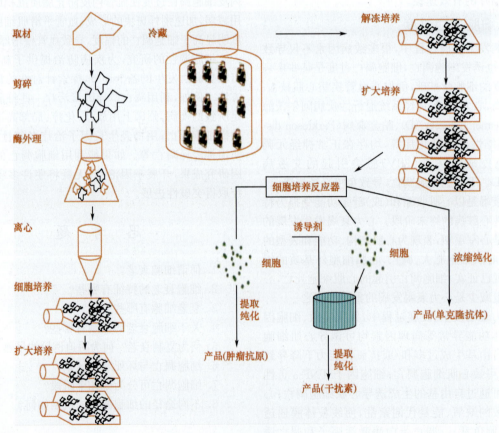

图 14-1　大规模细胞培养的工艺流程

将组织切成碎片后经酶处理,得到单个细胞,用离心法收集细胞;培养细胞至覆盖瓶壁表面,再用酶处理,将从瓶壁脱落的细胞接种到若干培养瓶中扩大培养;将培养所得的细胞"种子"冷藏于液氮中待用;从液氮中取出部分细胞"种子"解冻,扩大培养以获得足够的细胞量;最后将细胞接种于大规模生物反应器中进行大规模培养。

按照产物的不同形式进行细胞产物分离纯化:细胞内的产物,收集细胞并裂解,再经分离、纯化获得产物;由细胞分泌到培养液中的产物,通过浓缩、纯化培养液获得产品;对必须加入诱导剂进行培养,或病毒感染培养才能获得产物的细胞,在诱导剂诱导或病毒感染后,收集细胞,再经分离纯化产物。

二、细胞融合

细胞融合(cell fusion)是在自发或人工诱导下,2个或2个以上同种细胞或异种细胞融合形成1个细胞的过程。融合形成的细胞称为杂交细胞,杂交细胞含有参与融合的细胞的胞质和核遗传物质。基因型相同的杂交细胞称为同核体(homokaryon),不同基因型的杂交细胞则称为异核体(heterokaryon)。

实际工作中,常采用病毒类融合剂(如仙台病毒)、化学融合剂(如聚乙二醇)及电击融合法促进细胞融合。在细胞融合并经适当时间培养后,需要对两亲本细胞融合产生的具有增殖能力的细胞进行筛选。筛选的方法包括抗药性筛选、营养缺陷筛选及温度敏感筛选等。现简介抗药性筛选的方法。

抗药性筛选常用HAT培养液(HAT medium)。HAT培养液是次黄嘌呤(H)、氨基嘌呤(A)和胸苷(T)组成的培养液。抗药性筛选的原理是,一种胸苷激酶缺陷(TK^-)细胞与次黄嘌呤鸟嘌呤磷酸核糖转移酶缺陷($HGPRT^-$)细胞融合,形成既含TK酶,又含HGPRT酶的杂种细胞,只有这种基因互补的细胞才具有在选择培养液(HAT)中存活的能力。

细胞融合最典型的应用是单克隆抗体的制备(详见本章第二节)。

三、细胞核移植

细胞核移植是用显微注射的方法,将一个细胞核植入另一个去核细胞内,以获得重组细胞的技术体系。

(一) 基本操作方法

1. 选择受体细胞 在核移植发展的早期,多采用受精卵细胞作为受体细胞,后来发现,处于减数分裂ⅡM期的卵母细胞更适合作受体细胞。大量证据表明,受精卵及处于减数分裂ⅡM期的卵母细胞胞质,可使植入的细胞核基因组重编程(reprogramming),以至处于不同分化程度的供核细胞的核得以去分化、恢复到全能状态。由此获得的重构卵能够进入正常的发育程序,从而获得遗传背景完全源于供核细胞的动物个体。

2. 受体细胞去核 去除受体细胞的核是细胞核移植成功的关键与前提,目前采用的去核方法有如下几种。①盲吸法。根据减数分裂ⅡM期卵母细胞第一极体与细胞核的对位关系,在特定时间段内,通过去核针直接将第一极体及附近的胞质吸除,进而达到去除细胞核的目的。该法去核成功率达80%以上,是目前大多数核移植采用的去核方法。②高渗蔗糖处理法:该法以0.3~0.9mol/L的高渗蔗糖液处理卵母细胞一段时间后,通过去核针去除卵母细胞中透亮、微凸部分约30%胞质。此法去核成功率高达90%。③透明带打孔法:操作时,先用显微针在卵母细胞外透明带上打孔,然后以细胞松弛素处理后去核。这种先打孔再去核的方法,可大大提高去核后卵母细胞的存活率。

3. 选择供核细胞 早期核移植技术基本上采用胚胎细胞作为供核细胞;后来知道,除胚胎细胞外,未分化的原始生殖细胞、胚胎干细胞、胎儿体细胞、成体细胞,甚至高度分化的神经元、淋巴细胞等均可作为供核细胞,均可获得相应的克隆个体。当然,克隆效率随供核细胞分化程度的提高而下降。

4. 组建重构胚 组建重构胚有两种方法。其一,运用显微操作技术,直接将供核细胞移植到去核的减数分裂ⅡM期卵母细胞透明带下,然后经电融合或仙台病毒介导的融合法,使供核细胞和受体细胞融合,形成细胞核和细胞质重组的重构胚。其二,以显微针反复抽吸供核细胞,分离出胞核,然后将胞核直接注入去核的减数分裂ⅡM期卵母细胞,组建重构胚。

5. 激活重构胚 正常受精过程中,精子对卵母细胞有激活作用,因此,重构胚组建成功后,也必须模拟体内的自然受精过程,激活重构胚。通常采用化学激活或电激活的方法激活重构胚。

6. 重构胚的培养、移植与发育 激活的重构胚经一定时间体外培养或放入中间受体动物(家兔、山羊等)的输卵管内孵育培养数日,当重构胚发育至桑葚胚或囊胚时,将其移植至受体动物的子宫内发育至分娩,最终获得克隆个体。

(二) 细胞核移植技术的应用

1. 胚胎细胞核移植 细胞核移植技术已有几十年的历史。1938年,德国科学家H·Spemann最先提出并进行两栖类细胞核移植实验;1952年,R·Briggs和T·King首次成功进行了青蛙细胞核移植,但重构胚后来没有发育;1963年,中国胚胎学家童第周等将金鱼的囊胚细胞核植入去核未受精卵中,获得正常的胚胎和幼鱼。

哺乳动物的细胞核移植也早已引起人们的关注,因哺乳动物受精卵极小,故体外培养和细胞核移植技术难度大。1981年,K Illmensee和P Hoppe进行的哺乳动物细胞核移植实验获得成功。他们将小鼠胚胎的内细胞团细胞直接注入去原核的受精卵,最终得到了幼鼠。两年后,D Mcgrath和D Solter用核移植技术与细胞融合相结合的方法,将90%以上的移核卵培养到了囊胚期;经过胚胎移植,获得了核移植小鼠。

1984年,S Willadsen以未分化的胚胎细胞为供核细胞,获得了世界上第一只核移植绵羊。1995年,英国Roslin研究所的I Wilmut等用已分化的胚胎细胞为供核细胞,克隆了Megan和Morag两只绵羊。迄今为止,胚胎细胞核移植技术已在两栖类、昆虫和哺乳类获得成功,但鸟类、爬行类的胚胎细胞核移植实验尚未见报道。

2. 体细胞核移植 1962年,英国科学家GE Gurdon用紫外线照射法使一种非洲爪蟾未受精卵细胞核失活,然后,将同种非洲爪蟾的小肠上皮细胞核植入,最终有1%的重组卵发育为成熟的爪蟾。这标志着体细胞核培育动物的技术体系在两栖类获得了成功。

在体细胞核移植(somatic cell nuclear transfer)研究与实践中,最令人瞩目的是克隆羊多利(Dolly)的诞生(图12-1)。1996年7月5日,位于苏格兰爱丁堡市郊的Roslin研究所诞生了一只大个头羊羔,克隆羊项目组主管I Wilmut以著名乡村歌手Dolly命名这头羊。1997年2月23日,Roslin研究所正式宣布这一结果,震动了整个世界,美国《科学》杂志把多利的诞生评为当年世界十大科技进步首项。体细胞核移植成功是20世纪生物学突破性成就之一(图14-2)。

图14-2 多利和它的"代理"母亲

体细胞核移植(简称克隆技术)成功的实践意义在于:

(1) 开拓"治疗性克隆(therapeutic cloning)"的研究领域。治疗性克隆是核移植的克隆技术和人胚胎干细胞技术的结合,基本方法是:以患者的体细胞(如皮肤细胞)为供核细胞,以去核的人或其他动物的成熟卵母细胞为受体细胞,获得重构胚;当重构胚发育到囊胚期时,分离其内细胞团,得到遗传背景与患者遗传背景完全相同的胚胎干细胞系;通过胚胎干细胞体外培养和定向分化技术,获得大量可用于目标患者临床治疗的细胞(如产生多巴胺的神经元或产生胰岛素的胰岛B细胞)或工程化组织器官(如皮肤或肝脏等)。

目前,已通过此技术获得了胚胎干细胞,但下一步的定向分化和临床应用还依赖于干细胞生物学研究的进展。当然,治疗性克隆直接涉及人类,所获得的细胞是人的胚胎干细胞,因此,这一研究领域还存在着激烈的伦理之争。

(2) 建立实验动物模型,探索人类疾病的发病机制和发病规律。

(3) 繁殖优良物种。常规育种周期长,且无法保证100%的纯度;应用体细胞核移植的无性繁殖技术,能从同一个体中复制出大量完全相同的纯正品种,且花时少、选育的品种性状稳定。

(4) 拯救濒危动物,保护生态平衡。克隆技术的应用可望人为地调节自然界动物群体的兴衰,使之达到平衡发展。

四、基 因 转 移

基因转移是指将外源基因导入受体细胞并整合至受体细胞的基因组中,使受体细胞遗传性状及类型发生改变的技术。通过基因转移,可选择出所需的新型细胞乃至新的个体。基因转移技术主要包括以下环节:①选择与提取外源目的基因;②用一定方法将外源目的基因导入受体细胞;③对整合有目的基因的细胞进行筛选、扩增及鉴定;④若受体为卵细胞,则进行体外培育,并植入合适的动物子宫内;⑤筛选并获得转基因动物及进行后续研究。在以上诸环节中,外源目的基因导入受体细胞是本技术的核心(图14-3)。

基因转移的方法很多:物理学方法有显微注射法、电穿孔法等;化学方法有磷酸钙共沉淀法、脂质体包埋法等;生物学方法包括病毒介导法、体细胞核移植法、精子载体法及胚胎干细胞转染法等。

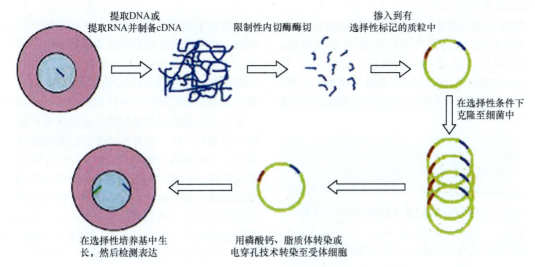

提取DNA或提取RNA并制备cDNA　　限制性内切酶酶切　　掺入到有选择性标记的质粒中

在选择性条件下克隆至细菌中

在选择性培养基中生长，然后检测表达　　用磷酸钙、脂质体转染或电穿孔技术转染至受体细胞

图 14-3　基因转移的基本步骤

第二节　细胞工程的应用

应用细胞工程技术对细胞的遗传表型进行定向改造，所获得的新型细胞或细胞产品，在医学实践中具有广阔的应用领域，为治疗人类以往难以治愈的疾病开辟了新的途径。

一、单克隆抗体的制备

自 1975 年英国科学家 C·Milstein 和 G·Kohler 创建杂交瘤（hybridoma）技术制备单克隆抗体（monoclonal antibody）以来，针对各种抗原的单克隆抗体已广泛应用于生命科学的各个领域。

单克隆抗体制备的基本方法是：取经某种抗原免疫的小鼠脾脏，分离获得 B 淋巴细胞。B 淋巴细胞能够产生特异性抗体，但存活时间有限，不能无限增殖；

骨髓瘤细胞有无限增殖能力，但不能产生抗体。将从小鼠脾脏获得的 B 淋巴细胞与培养的骨髓瘤细胞，在聚乙二醇作用下融合杂交；将杂交后的细胞在 HAT 选择培养液上培养，其中除含有杂交瘤细胞外，还含有未杂交的 B 淋巴细胞和骨髓瘤细胞。

由于骨髓瘤细胞缺乏 DNA 合成必需的次黄嘌呤鸟嘌呤磷酸核糖转移酶（HGPRT）和胸苷激酶（TK），因此，在含次黄嘌呤（H）、氨基嘌呤（A）和胸苷（T）的选择培养液（HAT）中不能存活。从脾脏分离获得的 B 淋巴细胞在 HAT 培养液中也只能存活数天；只有二者融合形成的杂交瘤细胞才能在 HAT 选择培养液中存活。杂交瘤细胞具有两亲本细胞的特性，既能产生特异性抗体，又能在体外无限增殖。这种杂交瘤细胞产生的抗体称为单克隆抗体。经筛选阳性克隆、进行克隆扩增，即可获得大量单克隆抗体（图 14-4）。

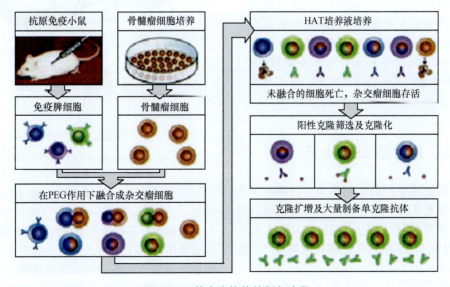

抗原免疫小鼠　　骨髓瘤细胞培养　　HAT培养液培养

免疫脾细胞　　骨髓瘤细胞　　未融合的细胞死亡，杂交瘤细胞存活

阳性克隆筛选及克隆化

在PEG作用下融合成杂交瘤细胞　　克隆扩增及大量制备单克隆抗体

图 14-4　单克隆抗体的制备流程

单克隆抗体的最优越之处在于具有专一性、均匀性、灵敏性以及无限制备的可能性，其用途包括：①作为体外诊断试剂，这是单克隆抗体最主要的用途；②作为体内诊断试剂，即用放射性核素标记单抗，使其在特定组织中成像，用于肿瘤、心血管畸形的诊断；③作为对病变部位有特异性的导向药物载体；④作为治疗药物。

视窗 14-1

基因改造乳牛，乳牛分泌"人奶"

2011 年 6 月，媒体报道：中国科学家已创造出能够生产近似"人奶"的基因改造乳牛。目前，已经有 300 头乳牛实验成功。

从事该研究的中国农业大学生物技术国家重点实验室主任李宁指出，基因改造乳牛即转基因乳牛，其生产的"人奶"与一般乳牛生产的奶一样安全，而且味道更浓；其脂肪含量比一般牛奶高约20%，乳固体水平亦经调整，更接近人奶成分，而且含有多种人奶蛋白质，包括保护初生婴儿免受细菌感染的溶菌酶（lysozyme），增加婴儿免疫细胞数量的乳铁蛋白（lactoferrin），以及较易被婴儿消化吸收的甲型乳清蛋白（alpha-lactalbumin）。因此，这种"人奶"能提供跟人奶一样的营养价值，可能成为人奶替代品。普通民众在 10 年后就有可能在超市买到这种基因改造乳牛所生产的"人奶"。

中国农业大学的研究人员利用转基因技术，先抽取来自荷尔斯泰恩品种（Holstein）优质乳牛的细胞，然后将人奶成分的人类基因植入乳牛细胞的 DNA，再以复制技术，把经过基因改造的细胞胚胎，植入代孕母牛体内，最终成功培育出基因改造乳牛。

英国《星期日电讯报》指出，目前中国对基因食品的研究领先全球，对相关科技限制亦较欧洲各国宽松。有环保人士质疑基因改造动物生产的奶类是否安全，英国诺丁汉大学生物学家 Keith Campbell 称，除非故意引入有毒基因，否则，基因改造动植物对人类并无危害。他认为基因改造食品如应用得当，可制造出更佳产品。

二、药用蛋白的生产

用生物工程技术生产的制剂称为生物制品。人体药用蛋白是最重要的一类生物制品，可通过哺乳动物细胞生物反应器（简称细胞反应器）和动物生物反应器生产，有投资少、污染少、工艺相对简单及产品特异性较高等优点。

细胞反应器是指在人工条件下，高密度、大量培养动物细胞并生产有应用价值的蛋白质产品的技术

及其设备，即前述的大规模细胞培养的技术和设备。

动物生物反应器是指能够生产目标蛋白的转基因动物。利用遗传工程手段对动物基因组的结构或组成进行人为修饰或改造，即在动物基因组中引入特定的外源基因，使外源基因与动物本身基因整合，培养出可将外源基因稳定传给下一代的转基因动物；然后，通过一定方式筛选出目的基因表达达到具有产业化价值的转基因动物个体。这种可产生目标蛋白的动物个体相当于一个传统的发酵罐，故也将其称为转基因动物生物反应器。如果目标蛋白在乳腺中特异性表达，该转基因动物个体可称之为乳腺细胞生物反应器。第一个由转基因动物细胞规模化生产的药用蛋白是组织纤溶酶原激活因子（tPA），tPA 是一种溶栓药物，可用于脑卒中、心肌梗死等血栓疾病的治疗（图 14-5）。

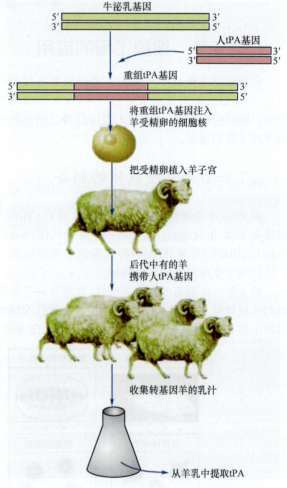

图 14-5　乳腺细胞生物反应器生产 tPA

三、疾病的细胞治疗

细胞治疗是将体外培养的具有正常功能的细胞植入患者体内，或直接导入患者的病变部位，以补偿病变细胞所丧失的功能；也可采用转基因的方式，在体外对细胞的遗传物质先进行修饰，然后再将修饰后的细胞植入患者体内，达到治疗疾病的目的（图 14-6）。

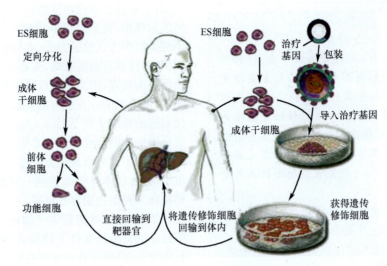

图 14-6 细胞治疗示意图

猪体内培育人体器官

2008 年,英国《泰晤士报》曾预言,3 年之内可以解决异种器官移植技术难题,10 年内猪器官移植到人身上可望实现。为什么看上了猪?因为猪和人的器官非常接近,猪和人的心脏、肾脏的相似度尤其高。

2011 年 5 月,浙江大学的肖磊教授介绍,他们培养的克隆猪夏天就可以出生,他们下一步将培育去除免疫排斥基因的克隆猪,让人类移植猪的器官成为现实。

和以往的利用胚胎干细胞培植克隆猪不同,浙江大学研究人员用猪的普通皮肤细胞,将其诱导成为具有多种功能的诱导多能干细胞(iPS cell)。诱导多能干细胞被称为"万能细胞",是一种具有较强分化潜力的干细胞,由皮肤细胞等体细胞经基因改造"诱导"发育而成。培养这类细胞不需要早期胚胎,而且可以无限增殖。经 iPS cell 诱导的猪出生后,用这只猪的 iPS cell 修饰猪的基因组,把造成免疫排斥的基因敲除,或者短期禁止免疫排斥基因表达,就可培育出可供人类器官移植的猪。

不仅可以通过"iPS cell"技术培育整猪,还可以利用"iPS cell"技术在猪身上培养特定器官。在发明"iPS cell"技术的日本,一个研究小组 2010 年 10 月宣布,将从 2011 年年初开始将这种技术用于在猪体内培育人胰脏。他们计划:通过控制遗传基因,使实验猪的胎猪出生前无法发育胰脏;然后向胎猪体内植入利用人的 iPS 细胞研制出的,能够生长为胰脏的细胞;胎猪体内本应发育成胰脏的部位,不会繁殖出猪的细胞,而将

长出由人体细胞构成的胰脏。

不过,超急性排斥反应只是异种器官移植的第一道障碍,第二道障碍是超急性排斥反应后的急性血管性排斥反应,也叫加速性排斥反应。这道障碍同样不好逾越。因为人和动物在基因方面有很大差别,基因的不同导致组织相容性抗原的不同,相容性抗原不同即不相容,不相容就会产生排斥,这个问题仍然需要解决。

(一) 干细胞工程

干细胞工程就是利用干细胞的增殖特性、多分化潜能及其增殖分化的高度有序性,通过对干细胞体外培养、诱导定向分化或利用转基因技术处理,改变干细胞的特性,达到应用于疾病治疗的目的(图 14-6)。

为数众多的神经系统疾病都涉及神经元的损伤或死亡,神经干细胞移植为此类疾病的治疗带来了希望。例如,帕金森病是由于黑质多巴胺能神经元变性、缺失所致,神经干细胞具有被诱导分化为多巴胺能神经元的潜能,将体外扩增的人神经干细胞移植至帕金森病大鼠模型,能在大鼠体内分化为多巴胺能神经元,并可建立突触连接,改善大鼠模型的帕金森病症状。

糖尿病是由于机体不能分泌胰岛素或胰岛素分泌不足或不能有效利用胰岛素所致。2001 年,美国科学家从小鼠胚胎干细胞中获得可分泌胰岛素的细胞,将它们注入糖尿病小鼠脾脏内,24 小时后发现,小鼠体内不仅产生了胰岛素,血糖也恢复正常。以色列学者证明,人胚胎干细胞能诱导出分泌胰岛素的细胞,这为糖尿病干细胞移植治疗提供了细胞来源。

视窗 14-3

人造膀胱

2006 年 4 月 4 日,英国著名医学杂志《柳叶刀》的研究报告介绍,美国科学家已经在实验室中成功培育出膀胱,并顺利移植到 7 名患者体内。由于用于移植的膀胱由接受移植者的体内细胞培育产生,所以移植后的膀胱不会在患者体内发生排异反应。媒体评论说,这是世界上第一次将实验室培育出的完整器官成功移植入患者体内。

据研究小组负责人阿塔拉介绍,这种"新膀胱"由三层物质构成:外层为肌肉、内层为膀胱上皮,中间是起连接作用的组织蛋白——胶原质。首先,研究人员通过组织活检的方式,从患者膀胱上取下普通邮票一半大小的活组织标本,经处理获得肌肉细胞和膀胱上皮细胞;将二者分别培养,一个星期后,将这两种组织细胞放在胶原质制成的、可生物降解的海绵状"支架"上;7 个星期后,原先的数万个细胞已经繁殖到 15 亿个左右,布满"支架",膀胱上皮在内,肌肉在外。最后,外科医师将"新膀胱"移植到患者膀胱上。在患者体内,"新膀胱"继续生长并与原膀胱"重组",取代原膀胱丧失功能的部分。

以前,人们只能培育并移植皮肤、骨骼和软骨等简单组织。用患者自己的组织细胞,在实验室里培育出"新膀胱"并移植成功,预示人类距离自我培育心脏、脾脏等复杂器官的日子不远了。

（二）组织工程

组织工程(tissue engineering)是应用细胞生物学和工程学的原理,研究开发用于修复或改善人体病损组织或器官的生物活性替代物的一门科学。人体组织损伤、缺损会导致功能障碍。传统的修复方法是自体组织移植,虽然可以取得满意疗效,却是以牺牲自体健康组织为代价的方法,会导致很多并发症及附加损伤;人体器官功能衰竭,需要器官移植,但供体器官来源极为有限,因免疫排斥反应需长期使用免疫抑制剂,由此带来的并发症有时是致命的。20 世纪 80 年代兴起的组织工程学技术,为众多组织缺损、器官功能衰竭病人的治疗带来了希望。

组织工程的原理和方法是,首先分离自体或异体组织细胞,经体外扩增达到一定数量后,将这些细胞种植在一种生物相容性良好、并可被机体吸收的聚合物骨架上,这种骨架提供了细胞三维生长的支架,使细胞在适宜生长条件下沿聚合物骨架迁移、铺展、生长和分化,最终发育形成具有特定形态及功能的工程组织。

将体外培育的具有特定形态及功能的工程组织,植入机体器官的病损部位,细胞在骨架成分被机体逐渐吸收过程中,形成新的具有相应形态结构和功能组织器官,从而达到修复创伤的目的。目前应用组织工程技术已在体外成功培养了人工软骨、皮肤等多种组织。

思 考 题

1. 简述细胞工程的基本概念。
2. 体细胞核移植(克隆技术)有何实践意义?
3. 简述核移植的基本技术路线。
4. 简述单克隆抗体的制备方法及其应用。
5. 试述组织工程的原理和基本方法。

（武 辉 朱志强 蔡绍京）

参 考 文 献

陈诗书,汤雪明.2004.医学细胞与分子生物学.第2版.北京:科学出版社

陈誉华.2008.医学细胞生物学.第4版.北京:人民卫生出版社

芬克尔 T,古特金 JS 主编.孙超,刘景生等译.彭学贤校.2006.信号转导与人类疾病.北京.化学工业出版社

高文和.2000.医学细胞生物学.天津:天津大学出版社

韩贻仁.2007.分子细胞生物学.第3版.北京:高等教育出版社

洪一江.2007.细胞生物学考研精解.北京:科学出版社

胡以平.2009.医学细胞生物学.北京:高等教育出版社

宋今丹.2004.医学细胞生物学.北京:人民卫生出版社

孙大业,郭艳林,马力耕等.2000.细胞信号转导.第2版.北京:科学出版社

王金发.2005.细胞生物学.北京:科学出版社

王培林,杨康鹃.2011.医学细胞生物学.第2版.北京:人民卫生出版社

细胞生物学名词.2009.细胞生物学名词审定委员会.第2版.北京:科学出版社

杨抚华,胡以平.2002.医学细胞生物学.第4版.北京:科学出版社

杨抚华.2007.医学细胞生物学.第5版.北京:科学出版社

杨建一.2006.医学细胞生物学.第2版.北京:科学出版社

杨恬.2010.细胞生物学.第2版.北京:人民卫生出版社

易静,汤雪明.2009.医学细胞生物学.上海:上海科学技术出版社

查锡良,周春燕.2008.生物化学.第7版.北京:人民卫生出版社

翟中和,王喜中,丁明孝.2011.细胞生物学.第4版.北京:高等教育出版社

翟中和,王喜忠,丁明孝.2007.细胞生物学.第3版.北京:高等教育出版社

左伋.2008.医学细胞生物学.第4版.上海:复旦大学出版社

Alberts B,Johnson A,Lewis J,et al.2008.Molecular biology of the cell.5th ed.New York & London:Garland Publishing,Inc

Alberts B.主编.张新跃、钱万强译.2008.细胞的分子生物学.北京:科学出版社

Andrew L,Harris L,Locke D.2009.Connexins.New York:Humana Press

Becker WM,Kleinsmith LJ,Hardin J,et al.2000.The World of the Cell.4th ed.Benjamin:Cummings Publishing Company

Bolsover SR,Hyams JS,Shephard EA,et al.2004.Cell Biology,A Short Course.2nd ed.Hoboken,New Jersey:John Wiley & Sons,Inc

Campbell,Neil A,Reece JB.2002.Biology.6th ed.San Francisco:Benjamin Cummings

Karp G.2002.Cell and Molecular Biology-Concepts and Experiments.3rd ed.New York:John Wiley & Sons,Inc

Lodish H,Berk A,Matsudaira P,et al.2004.Molecular Cell Biology.5th ed.New York:W.H.Freeman Company

Mecham RP.2011.The Extracellular Matrix:an Overview.Berlin:Springer Press

Raven PH,Johnson GB.2002.Biology.6nd ed.New York:McGraw-Hill Company

索　引

其　他